U0249313

Rhino

6

产品造型设计
基础教程

张铁成　孔祥富　编著

北京

内 容 简 介

本书主要讲述 Rhino 6 的基本操作及其在产品造型设计中的具体应用。首先采用循序渐进的方式对 Rhino 6 的常用命令及新功能进行重点讲解。其次详细介绍了 Rhino 基于新的渲染引擎的渲染流程及材质调节，也应用了 Rhino 6 新增加的细分曲面建模功能，扩展 Rhino 的建模方法，提高建模及渲染图制作速度与质量。再次介绍了实时渲染软件 KeyShot 的基本操作和产品渲染流程。最后通过玩具、小家电、有机曲面产品和家具等具体设计实例充分展示 Rhino 在产品造型设计中的具体方法和具体操作步骤，通过 KeyShot 渲染器完成了部分产品的渲染。

本书的配书资料中提供了所有实例的造型过程文件、结果文件及视频操作教程。所有实例文件突破了以往 Rhino 文件只能查看结果、不能查看造型过程的缺陷，可随时查看产品造型顺序、各部件的造型过程，增加对建模过程和方法的掌握；按照产品绘图流程提供的造型过程文件，可在不同造型过程文件的基础上完成后续内容的造型。

本书可作为工业设计、产品设计等设计类专业的学生计算机辅助设计课程的教材或参考资料，也可供从事工业产品造型设计的人员自学参考。

图书在版编目（CIP）数据

Rhino 6 产品造型设计基础教程/张铁成，孔祥富编著.—北京：清华大学出版社，2019（2024.1重印）
ISBN 978-7-302-53700-7

Ⅰ.①R…　Ⅱ.①张…　②孔…　Ⅲ.①产品设计–计算机辅助设计–应用软件–教材　Ⅳ.①TB472-39

中国版本图书馆 CIP 数据核字（2019）第 188054 号

责任编辑：冯　昕　赵从棉
封面设计：傅瑞学
责任校对：王淑云
责任印制：刘海龙

出版发行：清华大学出版社
网　　　　　址：https://www.tup.com.cn，https://www.wqxuetang.com
地　　　　　址：北京清华大学学研大厦 A 座　　　邮　　编：100084
社　总　机：010–83470000　　　　　　　　　　邮　购：010-62786544
投稿与读者服务：010-62776969，c-service@tup.tsinghua.edu.cn
质量反馈：010-62772015，zhiliang@tup.tsinghua.edu.cn
印 装 者：三河市天利华印刷装订有限公司
经　　销：全国新华书店
开　本：185mm×260mm　　印　张：18.5　　字　数：450 千字
版　次：2019 年 11 月第 1 版　　　　　　　　印　次：2024 年 1 月第 6 次印刷
定　价：54.00元

产品编号：082398–02

Rhino 是由美国 Robert McNeel 公司于 1998 年推出的一款基于 NURBS（Non-Uniform Rational B-Spline，非均匀有理 B 样条曲线）的三维建模软件，是一款强大的专业 3D 造型软件，广泛地应用于工业设计、产品设计、建筑艺术、汽车制造、机械设计、船舶设计、航空技术、珠宝首饰和太空技术等多个领域。

在工业设计，尤其是产品设计中，三维设计表现具有非常重要的作用，快速、准确地将创意表现出来是工业设计师必备的能力之一。Rhino 因其曲面功能强大、操作方便、入门快受到广大工业设计师和学生的欢迎，非常适合于工业产品设计早期阶段的设计方案快速呈现，在产品设计领域具有广泛的应用。

Rhino 6 在操作界面、操作方式及功能上有了较多的改进，在建模速度上有了较大的提高。为了系统地掌握 Rhino 的基本操作，熟悉 Rhino 6 新增加的功能，并将新功能应用到具体造型设计中，迫切需要一本涵盖从 Rhino 6 基础命令讲解到具体造型设计案例应用的教材，以满足工业设计、产品设计专业学生及相关设计人员在计算机辅助设计构思和表现方面的需要。

本书是一本系统讲授 Rhino 6 基础操作的教材，同时详细介绍了 Rhino 6 的渲染流程，制作了基于 Rhino 6 新增加的细分建模实例，扩展了 Rhino 的建模方法，其基础操作内容和相关的造型设计案例可作为高校教师教学的参考和学生自学的参考，是非常难得的学习资料。

全书共 14 章，各章内容简要介绍如下。

第 1 章（概述）：初步介绍 Rhino 的特点及工业设计常用的计算机辅助三维设计软件。

第 2 章（Rhino 6 界面）：主要介绍 Rhino 的工具列、工作视图、显示模式、建模辅助、图层、建构历史和 Rhino 选项及新功能——操作轴。

第 3 章（Rhino 基本操作）：主要介绍 Rhino 的基本选取工具和新增选取工具、移动、复制、旋转、缩放、镜像、组合、炸开、修剪、分割和群组等的基本操作。

第 4 章（线的绘制与编辑）：主要介绍点的建立与编辑、绘制线、从物件建立曲线、曲线工具和曲线阶数与连续性分析。

第 5 章（创建曲面、编辑与分析曲面）：详细介绍 Rhino 常用的曲面创建工具、常用的曲面编辑工具、曲面的连续性及曲面的检测与分析工具。

第 6 章（建立实体及实体工具）：详细介绍 Rhino 基本实体的创建、特殊实体的创建、常用实体编辑工具的使用。

第 7 章（变动工具）：主要介绍 Rhino 中常用的定位、阵列等变动工具。

第 8 章（Rhino 出图与渲染）：主要介绍 Rhino 2D 工程图制作方法，详细说明基于新的渲染引擎的 Rhino 6 的渲染流程、材质选择与调整、贴图及印花等。

第 9 章（Rhino 高级操作）：主要介绍在 Rhino 中导入参考图片的不同方法，常用的建模方法如实体法、塑形法，渐消面的创建，三边面的处理及不同的混接实例。

第 10 章（KeyShot 渲染）：从 KeyShot 渲染器的界面、渲染流程如导入模型、材质灯光及背景图的设置、相机的调整、渲染场景、动画制作等方面对 KeyShot 进行系统性的讲解。

第 11 章（玩具造型实例）：以造型相对简单的摇铃和洒水壶玩具为例，详细讲解 Rhino 具体的建模过程和方法。

第 12 章（小家电产品造型实例）：以电吹风和电水壶为例，详细讲解 Rhino 具体的建模过程和方法。

第 13 章（有机曲面产品造型实例）：以卡通台灯和小鸭玩具为例，详细讲解 Rhino 基础工具和 Rhino 6 新增加的细分曲面功能在有机曲面产品建模方法中的结合应用，充分发挥 Rhino 网格面及细分曲面的特点，快速完成复杂曲面的创建。

第 14 章（家具造型实例）：以沙发椅为例，详细讲解 Rhino 基础工具和 Rhino 6 新增加的细分曲面建模功能在有机形态家具造型中的具体应用，并使用 KeyShot 对沙发椅进行渲染。

配书资料说明

本书的配书资料提供了所有实例过程文件、结果文件及操作视频教程文件，读者可以在观看视频的过程中参照过程文件及结果文件进行练习，增强对知识点的理解与掌握。

所有实例文件突破了以往 Rhino 文件只能查看结果、不能查看造型过程的缺陷，本书率先采用图层管理的方式，将造型过程进行详细记录，可随时查看产品造型的详细步骤，增加对建模过程与方法的掌握，非常便于学习使用。

本书视频教程按照产品绘图流程将视频分解为多个小视频，一般时长为 10min 左右，便于在零散时间学习。

配书资料的实例过程文件，按照产品绘图流程提供了不同阶段的造型完成结果文件，可在不同造型结果文件的基础上完成后续内容的造型，非常便于学习。

本书作者与技术支持

本书第 1～7 章由沈阳航空航天大学设计艺术学院工业设计系主任孔祥富编写，其余章节由大连大学机械工程学院张铁成编写。

尽管编者尽了最大努力，但由于时间仓促，加之水平有限，书中难免存在疏漏之处，恳请广大读者、专家指正，可通过 E-mail：vrdesign@163.com 与我们联系。

编　者

2019 年 9 月

第①章

概　　述

1.1　Rhino 简介

Rhino 是由美国 Robert McNeel 公司于 1998 年推出的一款基于 NURBS（Non-Uniform Rational B-Spline，非均匀有理 B 样条曲线）的三维建模软件，是一款强大的专业 3D 造型软件，它可以广泛地应用于工业设计、产品设计、建筑艺术、汽车制造、机械设计、船舶设计、航空技术、珠宝首饰和太空技术等多个领域。

Rhino 是一款可以在系统中建立、编辑、分析和转换 NURBS 曲线、曲面和实体的三维多功能建模软件。Rhino 在建模时不受模型的复杂度、阶数以及尺寸的限制，并且支持多边形网格和点云。从设计稿、手绘到实际产品，或只是一个简单的构思，Rhino 所提供的曲面工具可以精确地制作所有用来作为渲染表现、动画、工程图、分析评估以及生产用的模型。新版本内置了可视化编程语言 Grasshopper，为大量第三方组件提供了一个基础平台，这些第三方组件的应用范围覆盖了从物理仿真到机器人控制等很多行业。

在最新版中优化了上百个建模工具的交互界面，使更多的命令支持建构历史，操作更加直观，建模更加自由、高效；Rhino 6 的显示效果显著提高，其基于最新的图像显示技术，可在相同的硬件下体验更加顺滑、畅快的显示效果；新版本的渲染更加易用，可达到准照片级的渲染效果，轻松的几步操作即可达到超乎想象的效果，让渲染更简单明了；其工程图出图功能更完善，图纸布局更便捷，2D 出图成倍加速，标注功能更丰富，能更好地创建工程图/施工图，更好地与下游工作进行对接。

Rhino 有丰富的插件，在建模、渲染及专业领域都有相关的插件扩展 Rhino 的功能，主要有以下几种。

（1）Grasshopper：Grasshopper 是一款在 Rhino 环境下运行的采用程序算法生成模型的插件，是一款参数化设计的软件，已集成到 Rhino 6 中。目前主要应用在建筑设计领域，在国内刚刚兴起，主要用于建筑表皮效果制作和构建复杂曲面造型。使用 Grasshopper 不需要太多程序语言的知识，可以通过一些简单的流程方法达到设计师所想要的模型。

（2）T-Splines：T-Splines 是由 Autodesk 公司领导开发的一种具有革命性的崭新建模技术，它结合了 NURBS 和细分表面建模技术的特点，虽然和 NURBS 很相似，但极大地减少了模型表面上的控制点数目，可以局部细分和合并两个 NURBS 面片等操作，使建模操作速度和渲染速度都得到提升。其 T 曲面是继网格曲面、NURBS 曲面的下一代曲面建模技术。因 Autodesk 公司开发了 Fusion 360，将 T-Splines 的功能整合到该软件中，停止了 T-Splines 对 Rhino 新版本的支持，目前 Rhino 6 不能安装该插件，在 Rhino 5.0 版本中可使用该插件。

　　（3）KeyShot：KeyShot 是一个互动性的光线追踪与全域光渲染程序，是一款采用 CIE（国际照明协会）认证过的渲染引擎的渲染器，它采用科学光学标准的真实世界的灯光及材质，通过科学而准确的算法，可以在很短的时间内，无须复杂的设定即可产生相片级真实的 3D 渲染影像。同时具有动画制作功能，可满足工业产品展示中位置、旋转、缩放等动画制作的需要，最新版中提供了全景图制作工具，可制作全景图来对产品进行全方位的展示。KeyShot 也提供了多种三维建模软件的 plugins（插件）接口，KeyShot for Rhino 是 KeyShot 官方提供的 Rhino 接口插件，在 Rhino 中安装 KeyShot 渲染器后，Rhino 的菜单栏中会出现有关 KeyShot 渲染器的选项，模型导入 KeyShot 后，在 Rhino 模型中的修改通过推送按钮，KeyShot 场景文件会自动更新。

　　（4）V-Ray：V-Ray 是由 Chaosgroup 和 Asgvis 公司出品的一款高质量渲染软件，是建筑表现、CG 等设计领域最受欢迎的渲染引擎之一。基于 V-Ray 内核开发的有 V-Ray for 3dsMax、V-Ray for Maya、V-Ray for SketchUp、V-Ray for Rhino 等诸多版本，为不同领域的优秀 3D 建模软件提供了高质量的图片和动画渲染工具。

1.2　工业设计常用三维软件介绍

1. Creo

　　Creo 是美国 PTC 公司于 2010 年 10 月推出、整合了 PTC 公司 Pro/Engineer 的参数化技术、CoCreate 的直接建模技术和 ProductView 的三维可视化技术的新型 CAD 设计软件包，是目前主流的 CAD/CAM/CAE 软件之一，在国内产品设计领域占据重要位置，作为当今世界机械 CAD/CAE/CAM 领域的新标准而得到业界的认可和推广。它第一个提出了参数化设计的概念，并且采用了单一数据库来解决特征的相关性问题；采用模块化方式，可以分别进行草图绘制、零件制作、装配设计、钣金设计、加工处理等，保证用户可以按照自己的需要选择使用；其基于特征的方式，能够将设计至生产全过程集成到一起，实现并行工程设计。

　　Cero Parametric 中提供了工业设计专用的自由曲面造型功能。自由曲面造型功能是一种直观且交互式的设计环境，用于创建嵌入 Creo Elements/Pro 参数化环境内的自由曲线和曲面。这种超级特征在零件层创建，并允许使用任意多或少的约束建立模型曲线和曲面。四个视图的布局允许在多个视图中同时进行操作，独特的软件技术可创建更灵活多变的曲线。编辑控制实现了与模型的快速、直观和动态的交互作用。设计者和工程师可以快速、轻松地创建极为准确并具有独特美感的产品设计，从而根据需求而不是软件的限制来进行设计。

　　最新版的 Creo 有自由式曲面特征，具有快速、柔性和易于使用的自由造型建模能力，这些自由式曲面设计可以直接用到后续的设计中，无须重新建立模型。

2. Alias

　　Autodesk Alias Studio 软件是目前世界上最先进的工业造型设计软件，是全球汽车、消费品造型设计行业的标准设计工具。目前 Alias 2019 产品线全新整合，并且重新使用"Alias"

为产品名称，以前的 AliasStudio、DesignStudio、SurfaceStudio 等不再使用，取而代之的是更加具有市场针对性的 Alias Design、Alias Surface 及 Alias AutoStudio，分别针对产品设计、曲面设计以及汽车设计三大市场，提供了从早期的草图绘制、造型，一直到制作可供加工采用的最终模型各个阶段的设计工具。

Alias 软件从本质上区别于 CAD 类软件，位于产品设计的前端。其价值在于对外形设计的高自由度及其效率。Alias 软件巧妙地将设计与工程、艺术和科学连接起来，整个设计流程天衣无缝，将设计、创意与生产一元化，成为全球工业设计师梦寐以求的设计工具。应用 Alias 软件，可以进行上至飞机、卫星，下至汽车、日用化工产品（如口红）等各种产品的造型开发设计，在欧美国家也广泛用于最先进的军需品的造型设计。

3. Unigraphics NX

UG NX（Unigraphics NX）是 Siemens PLM Software 公司出品的一个产品工程解决方案，它为用户的产品设计及加工过程提供了数字化造型和验证手段。UG NX 包含了企业中应用最广泛的集成应用套件，用于产品设计、工程和制造等全线的开发过程。UG NX 的主要功能如下。

（1）工业设计和风格造型：UG NX 为那些培养创造性和产品技术革新的工业设计和风格提供了强有力的解决方案。利用 NX 建模，工业设计师能够快速地建立和改进复杂的产品形状，并且使用先进的渲染和可视化工具来最大限度地满足设计概念的审美要求。

（2）产品设计：UG NX 包括了世界上最强大、使用最广泛的产品设计应用模块。NX 具有高性能的机械设计和制图功能，为制造设计提供了高性能和灵活性，以满足用户设计任何复杂产品的需要。NX 优于通用的设计工具，具有专业的管路和线路设计系统、钣金模块、专用塑料件设计模块和其他行业设计所需的专业应用程序。

（3）仿真、确认和优化：UG NX 允许制造商以数字化的方式仿真、确认和优化产品及其开发过程。通过在开发周期中较早地运用数字化仿真性能，制造商可以改善产品质量，同时减少或消除对于物理样机的昂贵耗时的设计、构建，以及对变更周期的依赖。

（4）NC 加工：UG NX 加工基础模块提供联接 UG 所有加工模块的基础框架，为 UG NX 所有加工模块提供一个相同的、界面友好的图形化窗口环境，用户可以在图形方式下观测刀具沿轨迹运动的情况，并可对其进行图形化修改。UG 软件所有模块都可在实体模型上直接生成加工程序，并保持与实体模型全相关。

（5）模具设计：因其强大的功能，UG 是当今较为流行的一种模具设计软件。

4. CATIA

CATIA 是法国达索公司的产品开发旗舰解决方案，作为 PLM 协同解决方案的一个重要组成部分，它可以帮助制造商设计他们未来的产品，并支持从项目前阶段，具体的设计、分析、模拟、组装，到维护在内的全部工业设计流程。模块化的 CATIA 系列产品旨在满足客户在产品开发活动中的需要，包括风格和外形设计、机械设计、设备与系统工程、管理数字样机、机械加工、分析和模拟。

CATIA 拥有强大的曲面设计模块，主要包括以下几个。

（1）创成式造型（Generic Shape Design）：简称 GSD，完全参数化操作。非常完整的曲线操作工具和最基础的曲面构造工具，除了可以完成所有曲线操作以外，还可以完成拉伸、旋转、扫描、边界填补、桥接、修补碎片、拼接、凸点、裁剪、光顺、投影和高级投影、倒角等功能，连续性最高达到 G2，生成封闭片体，完全达到普通三维 CAD 软件的曲面造型功能。

（2）自由风格造型（Free Style Surface）：简称 FSS，几乎完全非参数化。除了包括 GSD 中的所有功能以外，还可完成诸如曲面控制点（可实现多曲面到整个产品外形同步调整控制点、变形），自由约束边界，去除参数，达到汽车 A 面标准的曲面桥接、倒角、光顺等功能，所有命令都可以非常轻松地达到 G2。

（3）汽车 A 级曲面（Automotive Class A）：简称 ACA，完全非参数化。此模块提供了强大的曲线、曲面编辑功能和一键曲面光顺功能。几乎所有命令可达到 G3，而且不破坏原有光顺外形。可实现多曲面甚至整个产品外形的同步曲面操作（控制点拖动、光顺、倒角等）。目前只有纯造型软件，如 Alias、Rhino 可以达到这个阶数要求，却达不到 CATIA 的高精度。

（4）自由风格草图绘制（Free Style Sketch Tracer）：简称 FST，可根据产品的三视图或照片描出基本外形曲线。

（5）塑形曲面（Image & Shape）：可以像捏橡皮泥一样拖动、拉伸、扭转产品外形、增加"橡皮泥块"等方式以达到理想的设计外形，可以极其快速地完成产品外形概念设计。

5. Fusion 360

Fusion 360 是 Autodesk 发布的一款基于云的，整合三维 CAD、CAM 和 CAE 的工具，同时适用于 Mac 和 PC 平台，将整个产品开发流程紧密衔接在一起，是为那些想把美的艺术设计与好的产品设计结合的人们特别准备的。Fusion 360 于 2012 年 11 月首次展示，作为下一代设计与工程软件，将机械、工业与概念设计工具融为一体，可支持协作式产品开发。

Fusion 360 CAD 工具中对 T-spline for Rhino 插件进行了重新开发，将自由式曲面与参数化曲面完美融合，将非常快速轻松的有机建模与精确的实体建模相结合，让设计成为可制造的设计。

Fusion 360 设置了设计、工程仿真、CAM 等功能模块，其设计模块提供了自由形状建模和造型、实体建模、参数化建模、网格建模、零件库和内容等建模功能，使用造型工具快速对设计理念进行迭代，探索形状和建模工具，从而创建精加工特征；其工程和仿真模块包括数据转换、部件建模、联调和运动分析、渲染、仿真和测试、动画等功能，可完成测试配合和运动、执行仿真、创建部件、创造逼真的渲染和动画效果；其 CAM 模块提供了 2 轴、2.5 轴和 3 轴加工，3D 打印实用程序，绘图等功能，可创建刀具路径以加工零部件或使用 3D 打印工作流制作样机；协作和管理模块提供了共享或发布数据和设计、同步审阅、设计变化（含分支和合并）、API 可扩展性等功能，使设计团队在混合环境中紧密协作，并在合理的情况下使用本地资源。

第2章

Rhino 6 界面

2.1 Rhino 安装与授权

  Rhino 最新版可在 Rhino 官方网站 www.rhino3d.com 下载。可购买商业版、教育版，或者下载 90 天试用版，如下载 90 天试用版，在下载页面输入有效的电子邮箱，网站将发送试用许可证等信息到填入的邮箱，在邮件中会告知软件下载地址、试用版授权码及试用有效期，按照邮件中的步骤下载试用版并安装，安装完成后，运行 Rhino 6 选择合适的授权方式（图 2-1）、输入邮箱并联网至授权服务器验证授权，授权验证通过后即可正常试用。

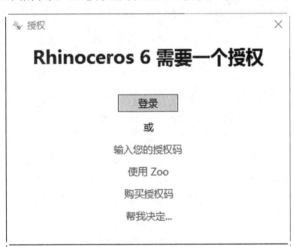

图 2-1   Rhino 6 授权方式

  在 Rhino 官方网站下载 Rhino 软件时可选择所需 Rhino 软件的语言版本，如安装 Rhino 6 多语言版本时，在安装过程中可选择"简体中文"，安装后 Rhino 界面为简体中文，如安装过程中未选择简体中文，界面可能是英文，转换成中文界面的步骤如下：

  （1）启动 Rhino，选择 File（文件）| Document Properties（文件属性）命令，打开 Document Properties 对话框。

  （2）在对话框左侧的列表中选择 Appearance（外观）栏，然后在右侧的 Language used for display（显示语言）下拉列表框中选择"中文（简体，中国）"选项，如果下拉列表框中未出现"中文（简体，中国）"选项，则须将简体中文语言包"2052.XML"文件复制到 Rhino 6 安装后的 System 目录中的 Language 文件夹中。

  （3）重新启动 Rhino，将显示中文界面。

2.2 Rhino 窗口

Rhino 6 的界面主要由菜单、命令历史窗口、工作视窗标题、状态列、工作视窗、工具列、命令提示和主窗口标题组成（图 2-2）。在学习 Rhino 前，首先要熟悉界面，以便能快速找到所需命令与工具的位置。

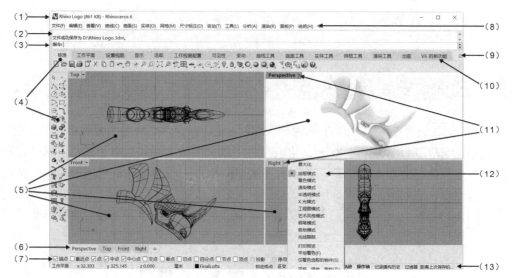

图 2-2　Rhino 6 界面组成

（1）Windows 标题栏：显示当前打开模型的文件名称及文件大小。

（2）命令历史窗口：显示执行过的命令及提示记录，可复制命令历史记录的文字，粘贴到命令行、宏编辑器、按钮的宏字段或其他可以接受粘贴文字的程序。

（3）命令提示：显示命令的提示，允许输入命令名称及选项。

（4）工具列：含有命令图标的按钮，用以执行命令。

（5）工作视窗：显示 Rhino 的工作环境，包括物件、工作视窗标题、背景、工作平面网格线、世界坐标轴图示。

（6）工作视窗选项卡：管理四个常用建模视角的多页面输出风格。

（7）捕捉控制开关：包含捕捉到端点、中点等的开关。

（8）菜单：依功能将 Rhino 的命令归类。

（9）工具列图标：打开工具列。

（10）工具列组：管理工具列的设置。

（11）工作视窗标题：单击工作视窗标题，该工作视窗会变为使用中的工作视窗，但不会取消已选取的物件，右击工作视窗标题则可显示工作视窗菜单。

（12）视窗标题菜单：每一个视窗都有一个标题菜单，右击此标题或单击视窗标题菜单的箭头设置视窗的显示风格。

（13）状态列：显示目前的坐标系统（"工作平面坐标"或"世界坐标"）、光标的 X、Y、Z 坐标及状态列面板（当前的图层及颜色、锁定格点切换、正交模式切换、物件锁点工具列切换、记录建构历史）。

2.3　Rhino 工具列

Rhino 运行后会打开预设的工具列配置，预设的工具列中只包含常用的工具，可以通过菜单命令"工具"｜"工具列配置"来打开"工具列"对话框，如图 2-3 所示，在其中勾选，打开其他的工具列。也可单击"工具列"对话框底部的"还原默认值"按钮恢复系统默认的工具列配置。

图 2-3　"工具列"对话框

在 Rhino 的工具列中，部分工具图标的右下角有个深灰色的三角形（图 2-4），单击该图标，会弹出该工具连接的子工具列，如图 2-5 所示为弹出的"连接曲面"子工具列。

图 2-4　单击深灰色小三角形　　　图 2-5　弹出的"连接曲面"子工具列

在 Rhino 6 中工具列属性的设置中，单击连接工具列右上角的 ⚙ 图标，在弹出的菜单中选择"属性"，如图 2-6 所示，会弹出"工具列属性"对话框（图 2-7），其中最重要的设置是"工具列按钮外观"，主要有三种显示方式："只显示图标""只显示文字"和"显示图标与文字"。默认按钮外观是"只显示图标"。初学者可先使用"显示图标与文字"的按钮外观，同时显示命令的文字和图标，以熟悉各工具的名称和功能，待熟悉各图标含义后，再将工具列按钮外观修改回系统默认的"只显示图标"，以节省屏幕空间。

图 2-6　"工具列"属性

图 2-7　"工具列属性"对话框

2.4　Rhino 工作视图

默认状态下 Rhino 的界面分为 Top（顶视图）、Perspective（透视图）、Front（前视图）和 Right（右视图）四个视图，具体建模的操作与显示都是在视图区中完成。

1．视图最大化/最小化切换操作

双击视图名称可将使用中的视图最大化或还原为非最大化，即屏幕上由默认状态下的四个视图切换为一个视图，或切换回四个视图。

2．视图切换操作

如将 Top 视图修改为 Front 视图，只需右击视图左上角的 Top 字样，在弹出的菜单中选择"设置视图"｜Front 命令。

如在视图最大化状态下，也可通过视图窗口左下角的标签控制列（图 2-8）来快速切换工作视窗，单击标签控制列中的其他视图名称，快速切换为其他视图。

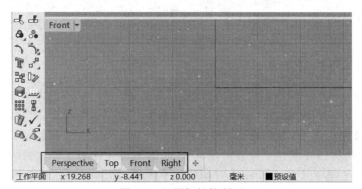

图 2-8　视图标签控制列

3．视图大小调整

将鼠标放在两个视图的交界处，会出现如图 2-9 所示的双方向箭头，按住鼠标左键拖动即可调整两个视图大小，如将鼠标放在四个视图的交界处，会出现四方向箭头，按住鼠标左键拖动即可一次调整四个视图的大小。

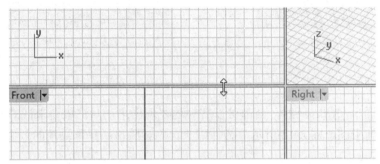

图 2-9　拖动调整两个视图大小

4．激活视图

单击视图任意区域即可激活当前视图，进行绘制及编辑等各种操作，也可在视图工具列上单击标签控制列的视图名称来激活视图。

5．恢复系统默认的四个视图

单击任意工作视图的视图名称标签，在弹出的快捷菜单中选择"工作视图配置"子菜单的"四个工作视图"，可恢复系统默认的四个视图。

2.5　显示模式

工作视窗显示模式主要有线框模式、着色模式、渲染模式、半透明模式、其他模式（工程图模式、艺术风格模式、钢笔模式、极地模式、光线跟踪）等。可以依据需要使用不同的显示方式来查看模型，线框模式有最快的显示速度，着色模式可以将物件着色，可看见曲面及实体。

右击视图窗口左上角的视图名称或者单击视图名称上的黑色三角箭头，会弹出"显示模式"菜单，常用的显示模式具体说明如下。

1．线框模式

设置工作视窗以无着色网格的线框显示。在此模式下，必须单击物件的结构线才能选取物件（图 2-10）。

2．着色模式

设置工作视窗为不透明的着色模式。在着色工作视窗里，可以点选着色物件的任何部分将其选取（图 2-11）。

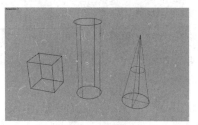

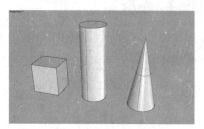

图 2-10　线框模式　　　　　　　　　　　图 2-11　着色模式

3．渲染模式

物件的贴图、凹凸、反射、全都可以直观地表现出来，对渲染要求低的输出，直接截图就可以获取渲染图，图 2-12 所示为物件赋予黄色塑胶材质皮革纹理的效果。

4．半透明模式

设置工作视窗以半透明显示，可以透过曲面隐约看到曲面后面的物件（图 2-13）。

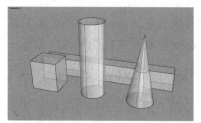

图 2-12　渲染模式　　　　　　　　　　　图 2-13　半透明模式

5．极地模式

极地模式为 Rhino 6 新增加的显示模式（图 2-14），几乎可以达到真实的渲染效果，在达到预期的渲染效果后可截图使用。

6．光线跟踪模式

光线跟踪模式为 Rhino 6 新增加的显示模式，可以在工作视窗中使用快速交互式的光线跟踪，在支持 CUDA 和 OpenCL 的高级显卡上获得加速，是在 Rhino 6 中快速得到产品效果图的一种方式，图 2-15 所示为在光线跟踪显示模式下，运行约 10min 后得到的图像。

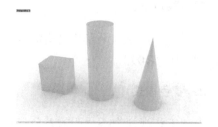

图 2-14　极地模式　　　　　　　　　　　图 2-15　光线跟踪模式

2.6　建模辅助

1．物件锁点

利用"物件锁点"命令可将光标锁定在物件上的某一点，如圆的中心点或直线的端点、中点等。

单击状态列上的"物件锁点"，当这四个字为粗体显示时，会显示"物件锁点"工具列（图 2-16），在工具列中可选中或取消选中不同物件锁点模式的复选框。

图 2-16　"物件锁点"工具列

"物件锁点"可以持续性使用，也可以单次使用。可同时启用数种持续性的物件锁点模式。所有物件锁点模式的特性基本类似，区别为锁定物件的位置不同，如锁定物件的端点、中点、中心点等。

2．隐藏、显示和锁定物件

单击工具列"隐藏物件"图标 的灰色小三角，会弹出"可见性"工具列，如图 2-17 所示。

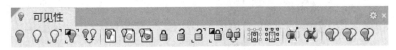

图 2-17　"可见性"工具列

3．快捷键

Rhino 的菜单中会显示某些命令的快捷键，在"选项"对话框的"键盘"页面中，也可设置快捷键的属性，常用的快捷键有以下几种。

1）视图操作

放大/缩小视图	使用鼠标滚轮或 Ctrl + 鼠标右键上下拖曳
放大视图	PageUp
缩小视图	PageDn
调整透视图相机的镜头焦距（缩小视野）	Shift + PageUp
调整透视图相机的镜头焦距（扩大视野）	Shift + PageDn
平移视图	Shift + 鼠标右键拖曳
在视线轴上向前移动相机及目标点	Alt + 鼠标滚轮
在视线轴上向后移动相机及目标点	Alt + 鼠标滚轮
以相机为中心旋转视图	Ctrl + Alt + 鼠标右键拖曳
以目标点为中心旋转视图	Ctrl + Shift + 鼠标右键拖曳

2）选取物件快捷键

加选单一物件   Shift + 鼠标左键单击

减选单一物件   Ctrl + 鼠标左键单击

以跨选/框选加选物件   Shift + 鼠标左键拖曳

以跨选/框选减选物件   Ctrl + 鼠标左键拖曳

选取多重曲面/曲面中的面、边缘、边界和群组里的物件   Ctrl + Shift + 鼠标左键单击

3）其他

暂时启用/停用物件锁点   Alt

结束命令或重复命令   空格或 Enter 键

在 Rhino "文件属性" ｜ "Rhino 选项" ｜ "键盘" 选项中可设置指令巨集（一连串的命令）。

4. 建构历史

记录建构历史，更新有建构历史记录的物件。

绘制曲线后（图 2-18），在使用 "放样" 命令前，单击状态列上的 "记录建构历史" 图标，会启动 "建构历史"，使用 "放样" 命令以三条曲线建立曲面，形成曲面如图 2-19 所示，编辑输入曲线（图 2-20），放样的曲面会随着更新，如图 2-21 所示。

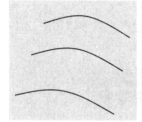 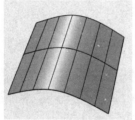  

图 2-18 原曲线   图 2-19 放样曲面   图 2-20 调整曲线   图 2-21 曲面随着更新

状态列上的记录建构历史面板会反映出目前记录建构历史的状态，面板上的文字为粗体时代表记录建构历史已启用，细体时代表已停用。单击该面板可以暂时切换（启用/停用）目前的命令或下一个命令是否记录建构历史，如图 2-22 所示。

图 2-22 启动 "记录建构历史"

支持建构历史功能的命令主要有：矩形阵列，环形阵列，复制，曲线分段，以二、三或四个边缘曲线建立曲面，挤出封闭的平面曲线，挤出曲面，沿着曲线流动，物件交集，放样，镜像，从网线建立曲面，投影至曲面，对称等。

部分包含复制选项的命令也支持构建历史命令，如镜像、定位（Orient）、旋转成形、沿路径旋转、2D 旋转、3D 旋转、缩放、倾斜等选择复制选项时的操作。

5．操作轴

状态列上的"操作轴"字体为粗体时（图 2-23），选择物件后会自动显示操作轴，通过操作轴可快速移动、选择或缩放物件、曲面和节点。操作轴可看作"移动""2D 旋转""单轴缩放"等命令的集成，完全可以替代这几个工具（图 2-24、图 2-25）。

图 2-23　状态列上的"操作轴"

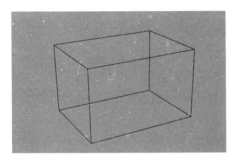

图 2-24　未选择物件

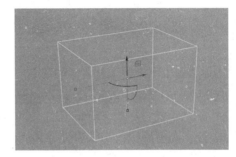

图 2-25　选择物件后出现操作轴

操作轴的含义：

Rhino 默认设置的绿色轴代表 Y 轴，红色轴代表 X 轴，蓝色轴代表 Z 轴，轴的颜色可在"Rhino 选项"|"建模辅助"|"颜色"中设置。

轴端点的箭头代表移动物件，端点的小方框代表缩放物件，轴线交点处的小方框代表可沿三个方向移动物件，"田字"图标代表平面移动，弧线代表旋转，图 2-26 所示为 Top（顶视图）的操作轴含义，图 2-27 所示为 Perspective（透视图）操作轴的含义。

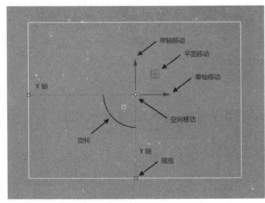

图 2-26　Top 视图

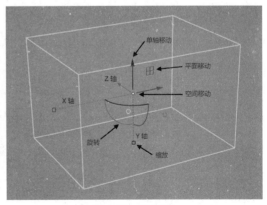

图 2-27　透视图

双击操作轴会出现数字输入对话框，可输入精确的移动距离、缩放倍数或旋转角度，其缩放或旋转的中心点为物件的几何中心。

使用 Rhino 6 版本的操作轴也可将点直接挤出成线，将线直接挤出成面，选取物件（点或线）后拖动操作轴上新增加的点，就完成挤出成线（图 2-28）或面（图 2-29、图 2-30）的操作，如按住 Shift 键拖动操作轴上的点，可以执行双向挤出。

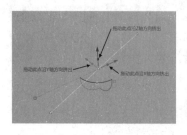
图 2-28　使用操作轴将点挤出成线

图 2-29　挤出前的线

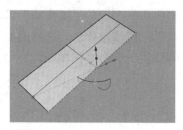
图 2-30　使用操作轴将线挤出成面

2.7　图层

"图层"可以用来组织物件，同时对一个图层中的所有物件做同样的改变，例如关闭一个图层就会隐藏该图层中的所有物件，改变一个图层中所有物件的显示颜色，一次选取一个图层中的所有物件。将 Rhino 文件导入 KeyShot 渲染软件中，也可根据图层来区分物件的材质，即一个图层中的物件将被 KeyShot 自动识别为一种材质。"图层"工具列如图 2-31 所示。

图 2-31　"图层"工具列

单击位于视图窗口最底部"状态列"的图层面板，可显示快捷图层列表，如图 2-32 所示，默认显示"预设图层"名称。

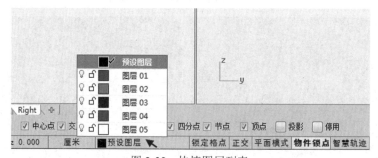
图 2-32　快捷图层列表

在工具列中单击"图层"图标 或右击状态列的图层面板，会打开 Rhinoceros 工具面板中的"图层"对话框，如图 2-33 所示，使用"图层"对话框中的工具来管理模型里的图层。

1. 图层工具选项

（1）新图层：新图层以递增的尾数自动命名，可以使用鼠标右键的快捷菜单或选取一个图层再点选图层名称的方式编辑图层名称，在图层名称反白后即可输入新的图层名称。

（2）新子图层：在选取的图层之下建立子图层。

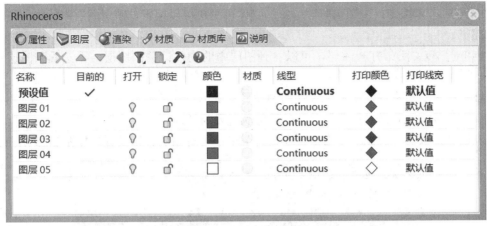

图 2-33　"图层"对话框

（3）✖删除图层：删除选取的图层，如果有物件位于要删除的图层上会弹出警告。

（4）▲上移：将选取的图层在图层列表中往上移。

（5）▼下移：将选取的图层在图层列表中往下移。

（6）◀上移一个父图层：将选取的子图层移出它的父图层。

2．图层工具

图层"工具"中提供了常用的图层管理工具，主要有全选、反选、选取物件、选取物件图层、改变物件图层等。该"工具"中的功能可通过"图层"选项中的"编辑图层"命令快速实现，或单击图层面板中的 🔧 图标，会弹出图层工具的快捷菜单，如图 2-34 所示。

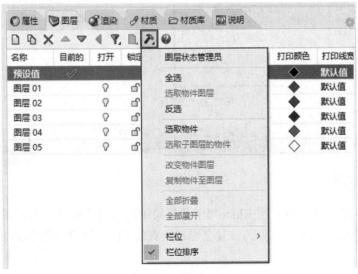

图 2-34　图层工具

3．图层选项

（1）设为目前的图层：有勾号及底色变成蓝色（预设的颜色）的图层为目前的图层。

（2）名称：修改图层名称。

（3）锁定/未锁定：未锁定时图层中的物件可见也可以编辑，锁定图层中的物件可见但无法编辑。

（4）打开/关闭：打开图层，可以看到图层中的物件；关闭图层，无法看到图层中的物件。

（5）颜色：设置图层中所有物件的预设显示颜色。

（6）材质：设置图层中所有物件的渲染颜色及材质。

在图层面板的任意图层中右击，在快捷菜单中可对图层进行设置，如图 2-35 所示。

图 2-35 "图层"选项

2.8　Rhino 选项和文件属性

1．Rhino 选项

管理 Rhino 的整体选项，在 Rhino "工具"菜单的选项中或者"文件属性"对话框中，可设置 Rhino 的整体选项，此处的设置会影响所有的 Rhino 文件（图 2-36）。

2．文件属性

在"文件属性"对话框中管理目前模型的设置，主要有单位、附注、格线、剖面线、网格、网页浏览器、位置、线型、渲染和注解样式等，如图 2-37 所示。经常使用的设置是单位和格线的属性设置，如使用 Rhino 6 新的渲染功能，可在"渲染"选项卡中设置"目前的渲染器"、渲染的"视图"、解析度与品质、渲染的背景、照明等。

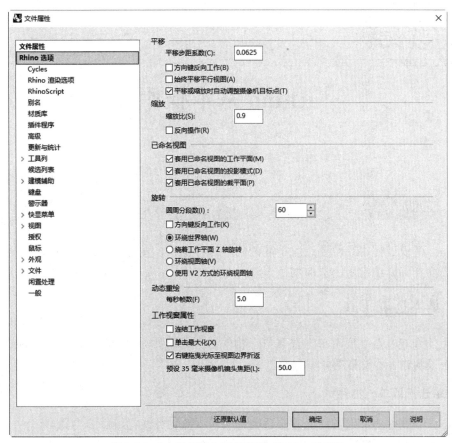

图 2-36　"文件属性"对话框的"Rhino 选项"

图 2-37　"文件属性"对话框

2.9　本章小结

欲熟练使用 Rhino，首先必须熟悉 Rhino 的界面。对于初学者，可修改工具列的属性，以"显示图标与文字"的方式显示工具列按钮外观，以快速掌握图标的含义，待熟悉所有图标的含义后，再恢复到"只显示图标"的工具列按钮外观，以节省工具列所占用的空间。

掌握图层、建构历史、操作轴的使用在一定程度上会提高造型的效率。

Rhino 基本操作

3.1 选取物件

Rhino 建模过程中经常要选取不同的物件进行操作，掌握选取的方法和技巧是非常必要的，下面详细介绍常用的选取物件方法。

3.1.1 基本选取工具

常用的选取方法主要有单击选取单一物件、框选物件、跨选物件、加选及减选物件、候选列表及通过命令选取等。

1. 单击选取单一物件

单击一个物件将其选取，此方法适合选取较少的物件或群组后的物件。

2. 框选物件

以框选选取时，只有完全落在选取方框内的物件才会被选取。一般通过按住鼠标左键由左至右拉出一个矩形的方框来进行框选（图 3-1～图 3-3）。

 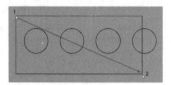 

图 3-1　框选选取前　　　　图 3-2　框选选取中　　　　图 3-3　框选选取后

3. 跨选物件

以跨选选取时，完全或是部分落在选取方框内的物件都会被选取。一般通过按住鼠标左键由右至左拉出一个矩形的方框来进行跨选（图 3-4～图 3-6）。

 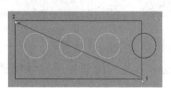 

图 3-4　跨选选取前　　　　图 3-5　跨选选取中　　　　图 3-6　跨选选取后

系统默认设置选取方式为"复合"，如果只想使用框选或跨选，可在"Rhino 选项"｜"鼠标"｜"鼠标群组选取"中进行设置（图3-7）。

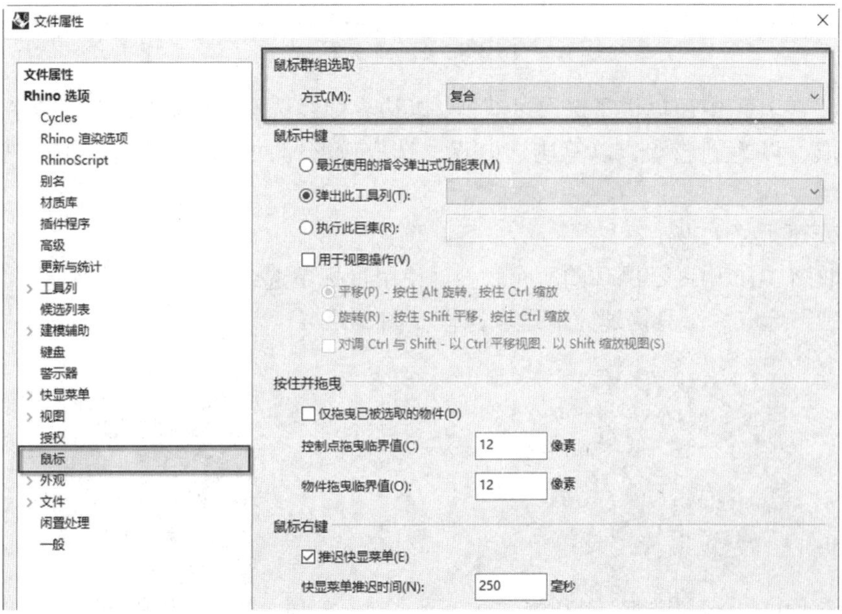

图 3-7　鼠标群组选取方式

4．加选及减选物件

加入物件至选取集合：按住 Shift 键，单击物件、使用框选或跨选。
从选取集合中删除物件：按住 Ctrl 键，单击物件、使用框选或跨选。

5．取消选取

单击物件外其他位置可以取消选取已选取的物件，按 Esc 键也可以全部取消选取，或者用右击工具栏中的"全部选取"图标，执行"全部取消选取"。

6．候选列表

当单击光标的位置附近有许多非常接近的物件时，Rhino 无法判断想要选取的物件，这种情况下会弹出候选列表。在候选列表中，当前选取的物件会有醒目的提示（图3-8）。

在候选列表中，通过移动鼠标位置切换候选列表中醒目提示的物件，单击即可选取醒目提示的物件，或单击"无"，取消选取工作。

图 3-8　候选列表

7．选取工具箱

单击并长时间按住工具栏中的"全部选取"图标会弹出选取工具箱（图3-9）。选取工具箱主要有全部选取、全部取消选取、选取曲线、选取多重面、选取曲面等功能，可一次选取相同性质的物件。

图 3-9　选取工具箱

"选取"工具箱中还提供了选取过滤器、以边界曲线选取、以圆形选取、以立方体选取、以球体选取、以笔刷选取、以笔刷选取点、选取遮蔽平面、以尺寸标注型式选取等选取功能。

"以圆形选取"实例：

如选取图 3-10 中内部圆环的所有物件，使用鼠标单选或框选都需要重复操作，这时可使用"以圆形选取"工具快速完成选取操作（图 3-11）。

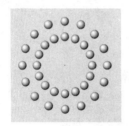

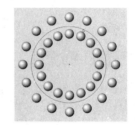

图 3-10　"以圆形选取"选取前　　　　　　图 3-11　"以圆形选取"选取中

3.1.2　Rhino 6 新增加的选取工具

在 Rhino 6 中新增加了选取图像、选取平面曲面、以插件文本索引选取、以插件文本值选取、以插件文本索引和值选取、选取平面曲线、选取控制点范围、以封闭的体积选取物件、选取子曲线、使用无限平面、篱选等选取工具，如图 3-12 所示。

图 3-12　Rhino 6 新增加的选取工具

1．选取图像

在"V6 的新功能"的工具列组中单击 图标，可选取所有的图像平面，以便于管理图像平面。

2．选取平面曲面

在"V6 的新功能"的工具列组中单击 图标，可选取所有的平面曲面，以用于检查曲面是否为平面。

3．选取平面曲线

在"V6 的新功能"的工具列组中单击 图标，可选取所有的平面曲线，以用于检查曲线是否为平面曲线。

4．篱选

在"V6 的新功能"的工具列组中单击 图标，按住并拖曳，或连续指定数个点篱选物件（图 3-13～图 3-15）。

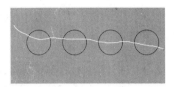

图 3-13　选取前　　　　　图 3-14　选取中　　　　　图 3-15　选取后

3.2　可见性

单击"标准"工具列组中的 图标，弹出"可见性"工具列（图 3-16），修改工具列属性，将工具列按钮外观设置为"显示图标与文字"（图 3-17）。

图 3-16　可见性工具列

图 3-17　可见性工具列（工具列按钮外观设置为"显示图标与文字"）

1．隐藏/显示物件

隐藏物件：隐藏选取的物件。
显示物件：显示已经隐藏的物件。

2．显示选取的物件

从已经隐藏的物件中选取要显示的物件。

3．隔离/取消隔离物件

隔离物件：仅显示当前选取的物件，未选取的其他物件将隐藏。
取消隔离物件：显示已经隔离的物件。

4．对调隐藏与显示的物件

隐藏所有可见的物件，并重新显示所有之前被隐藏的物件。

5．锁定/解除锁定物件

锁定物件：锁定物件，让物件无法被选取、编辑。物件锁定后将以暗色线显示。

解除锁定物件：解除锁定所有锁定的物件。

6．解除锁定选取的物件

解除锁定选取的锁定物件。

7．隔离锁定物件/取消隔离锁定物件

隔离锁定物件：仅显示当前选取的物件，未选取的其他物件将锁定。
取消隔离锁定物件：恢复显示已经隔离并锁定的物件。

8．对调锁定与未锁定的物件

锁定所有未锁定的物件，并解除锁定所有之前被锁定的物件。

9．隐藏组

系统默认提供了三个隐藏组 A、B、C，把物件分组，分组隐藏或显示物件。

10．截平面

利用"截平面"命令可在一个工作视窗中建立一个无限延伸的平面作为遮蔽平面，位于截平面后面的物件完全隐藏或局部隐藏。截平面物件只用来指出截平面的位置和方向，位于截平面指示线方向的物件为可见物件。图 3-18 所示为 Top 视图中截平面在场景中的位置和方向，图 3-19 为透视图中查看遮蔽情况，位于截平面后的物件部分可见，结合"操作轴"工具，拖动截平面，可动态查看平面的遮蔽效果。

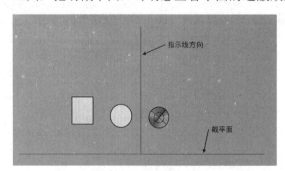

图 3-18　截平面位置

图 3-19　截平面后的物件局部隐藏

使用"停用截平面"命令可以取消截平面的遮蔽效果。

3.3　移动

应用"移动" 命令，可将物件从一个位置移动到另一个位置。
在 Rhino 中移动物件，只要选择相应的物件后，在视图窗口中拖动即可。如在透视图中拖动，物件将在三个方向上移动；在正视图（如 Top、Front、Left 等）中拖动，物件将沿着两个方向移动。如先按 F8 键，或单击窗口底部的"正交"开启正交模式（图 3-20），就限制在水平或垂直方向上移动。

图 3-20　正交模式

单击"移动"命令后，选取要移动的物件，根据命令行提示选择一个移动的起点，再指定移动的终点。

在选择移动起点和移动终点时可使用"物件锁点"工具捕捉现有物件，或确定移动起点后，输入移动距离和确定移动方向。

3.4　复制

应用"复制" 命令，可复制选取的物件。

单击"复制"图标，选取要复制的物件，然后指定一点为物件复制的起点，再指定另一点为物件复制的终点，继续指定另一点为物件复制的终点或按 Enter 键结束"复制"命令。

在 Rhino 中，可以用常规的组合键 Ctrl+C 来实现复制选取的物件，然后按组合键 Ctrl+V 进行粘贴，在原地复制物件，然后对复制的物件进行其他操作；利用某些带有复制功能的命令也可进行复制，如"旋转""缩放"命令中的复制选项。

3.5　旋转

1．2D 旋转

2D 旋转 是将物件绕着和工作平面垂直的中心轴旋转，也可在选项中选择"复制"，实现旋转并复制。

在 2D 旋转操作中，选取物件执行旋转命令后，首先指定旋转中心点，然后可以通过输入要旋转的角度值来旋转物件，或者指定第一参考点、第二参考点来确定要旋转的角度。

2．3D 旋转

3D 旋转是将物件绕着三维空间中的中心轴旋转。

3.6　缩放

缩放 命令有三轴缩放、二轴缩放、单轴缩放和不等比缩放四种。

1．三轴缩放

在工作平面的 X、Y、Z 三个轴向上以同比例缩放选取的物件（图 3-21～图 3-24）。

2．二轴缩放

在工作平面的 X、Y 方向上缩放选取的物件。物件只会在工作平面的 X、Y 方向上缩放，而不会整体缩放（图 3-25～图 3-27）。

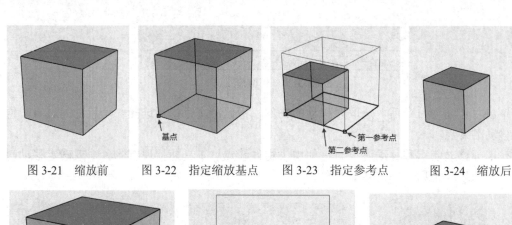

图 3-21 缩放前　　图 3-22 指定缩放基点　　图 3-23 指定参考点　　图 3-24 缩放后

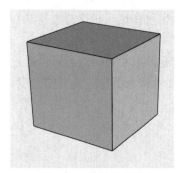
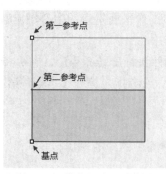

图 3-25 二轴缩放前　　　　图 3-26 指定基点和参考点　　　　图 3-27 二轴缩放后

3. 单轴缩放

在指定的方向上缩放选取的物件。物件只会在指定的方向上缩放,而不会整体缩放(图 3-28～图 3-30)。

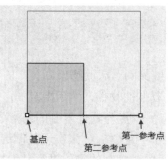
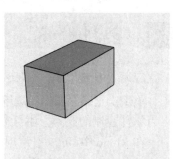

图 3-28 单轴缩放前　　　　图 3-29 指定基点和参考点　　　　图 3-30 单轴缩放后

4. 不等比缩放

在 X、Y、Z 三个轴向上以不同的比例缩放选取的物件。物件的三个轴向会以指定的缩放比进行缩放。

3.7 镜像

以选定的镜像平面将原物件进行镜像复制。镜像步骤比较简单,选取物件后,指定镜像平面的起点和终点即可。

3.8 组合

"组合" ![icon] 命令将不同的物件组合在一起成为单一物件。数条直线可以组合成多重直线，数条曲线可以组合成多重曲线，多个曲面或多重曲面可以组合成多重曲面或实体。

"组合"操作和"群组"操作不同，必须都是曲线、曲面或者体才能进行组合操作，同时物件必须相接，否则不能进行组合。

使用组合命令时要及时查看"组合"命令提示行，查看组合后的状态。

3.9 炸开

"炸开" ![icon] 命令将组合在一起的物件打散成为单独的物件。选择被炸开的物件，执行"炸开"命令即可。

在"炸开"命令图标上右击，会执行"抽离曲面"命令，可抽离选取的曲面，抽离曲面后，可使用操作轴等对抽离的曲面进行操作。

3.10 修剪

1. 修剪

"修剪" ![icon] 命令可以删除一个物件与另一个物件交集处内侧或外侧的部分。对图 3-31 所示椭球体进行修剪操作，执行"修剪"命令后，首先选择切割用物件，如图 3-32 中所示的两个椭圆，再选取要修剪掉的部分，如图 3-32 中所示椭圆内部区域，修剪后如图 3-33 所示。

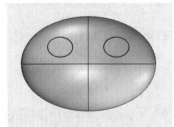
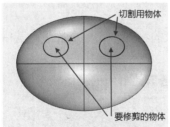
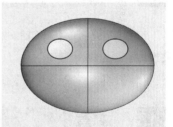

图 3-31 修剪前   图 3-32 选取切割用物件及要被   图 3-33 修剪后
　　　　　　　　　　　　　　　修剪的物件

修剪一般在正视图（如 Top、Front、Right）中进行，在 Perspective 视图中可使用投影到曲面上的线作为修剪用物件。如修建物件与被修剪物件不相交，可在选取切割用物件时，在命令提示行中设置"视角交点=是"来完成空间物件的修剪。

2. 取消修剪

"取消修剪" ![icon] 命令可删除曲面的修剪边界，执行命令后选取曲面的修剪边缘，即可恢复到修剪前的状态（图 3-34～图 3-36）。

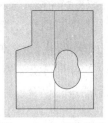 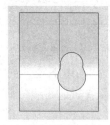 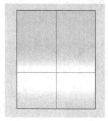

图 3-34　取消修剪前　　　图 3-35　取消修剪(左上角处)　　　图 3-36　取消修剪（内部曲线处）

3.11　分割

"分割"命令以一个物件分割另一个物件。首先选取被分割的物件，可以一次选取多个；然后再选取分割用物件（可理解为刀具），也可以一次选取多个；确定后即完成物件的分割（图 3-37），图 3-38 所示为分割后向上移动后的效果。

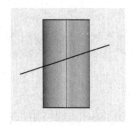 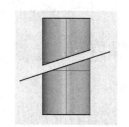

图 3-37　分割　　　　　　　　　图 3-38　分割后向上移动

3.12　群组/解散群组

"群组"命令可将选取的物件组成一个群组，其中所有物件可以被当成一个物件来选取。

"解散群组"命令可去除所选取的群组的群组状态。

3.13　本章小结

Rhino 中对物件进行操作，必须通过选取进行，要用恰当的方法快速选取物件，掌握选取技巧非常必要。移动、复制、旋转、缩放、镜像、组合、炸开、修剪和分割等操作也是经常使用的工具，为 Rhino 的最基本操作，大部分建模过程都会用到这些工具。

第4章

线的绘制与编辑

4.1 点的建立与点的编辑

4.1.1 点的建立

点物件一般用作建模的辅助，如在原点放置一个点，绘制直线时以点作为参考，或将曲线按照距离或段数进行等分。也可通过直接输入点的坐标得到点，通过"物件交集"工具求得物件的交点。

4.1.2 点的编辑

点的编辑在 Rhino 中非常重要，绘制曲线时需要对曲线进行调节，点的编辑是经常使用的方法。单击左侧工具列中的 🐾 图标右下角的三角形，拖曳弹出的"点的编辑"工具列的拖曳区，放开鼠标放置工具列，使"点的编辑"工具列浮动（图 4-1），设置"点的编辑"工具列属性为"显示图标与文字"的工具列按钮外观效果（图 4-2）。

图 4-1 "点的编辑"工具列

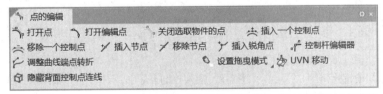

图 4-2 "点的编辑"工具列（工具列按钮外观设置为"显示图标与文字"）

1. 打开点/关闭点

打开点/关闭点 ⬚ 命令用于显示或关闭曲线/曲面的控制点，显示控制点后可对控制点进行编辑，改变曲线的形状来满足造型的需要（图 4-3、图 4-4）。

右击"打开点"图标，可执行"关闭点"命令，关闭曲线或曲面的控制点的显示。

2. 打开编辑点/关闭点

打开编辑点/关闭点 ⬚ 命令用于显示曲线上由节点平均值计算得到的点（图 4-5、图 4-6）。编辑点并不是节点。编辑点和控制点类似，但编辑点是位于曲线上的，而且移动

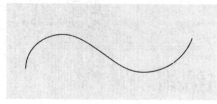

图 4-3　曲线

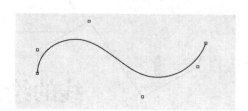

图 4-4　显示控制点

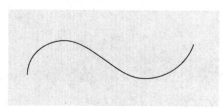

图 4-5　曲线

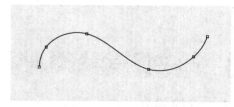

图 4-6　打开编辑点

一个编辑点通常会改变整条曲线的形状（移动控制点只会改变曲线某一范围内的形状）。编辑点适用于需要让一条曲线通过某一个点的情况，而编辑控制点可以改变曲线的形状并同时保持曲线的平整度。

3．关闭选取物件的点

从已开启物件点的物件中，关闭选取物件的点。

4．插入一个控制点

选取一条曲线后，指定要加入一个控制点的位置，可在曲线上加入控制点；选取一个曲面后，指定要加入一排控制点的位置，可在曲面的 U 或 V 方向上插入控制点。插入控制点后会改变曲线或曲面的形状，如图 4-7～图 4-9 所示。

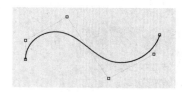

图 4-7　插入控制点前

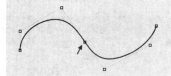

图 4-8　插入控制点后

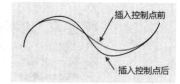

图 4-9　对比效果

5．移除一个控制点

移除曲线上的一个控制点或者曲面的一排控制点，移除控制点会影响曲线或曲面的形状。

6．插入节点

在曲线或曲面上插入节点，插入节点会增加控制点，但不会改变曲线或曲面的形状（图 4-10～图 4-12）。

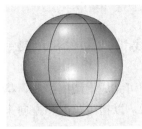
图 4-10　插入节点前

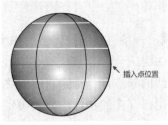
图 4-11　插入节点中

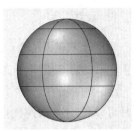
图 4-12　插入节点后

7．移除节点

从曲线或曲面上移除节点。

8．插入锐角点

在曲线上插入锐角点。在图 4-13 中的曲线插入锐角点（图 4-14），移动插入点后效果如图 4-15 所示。

图 4-13　曲线

图 4-14　插入锐角点

图 4-15　移动插入点

4.2　绘制线

Rhino 提供了丰富的绘制线条的工具，利用这些工具可以绘制不同类型的线条，如直线、曲线、圆形、椭圆、弧线、矩形、多边形和星形等，绘制过程比较简单。

4.2.1　直线

Rhino 提供了多种绘制直线的方式，可根据需要采用合适的方式绘制直线，如图 4-16、图 4-17 所示为直线工具。

图 4-16　直线工具

图 4-17　直线工具（工具列按钮外观设置为"显示图标与文字"）

1．直线

利用"直线" ✐ 命令可画出一条直线线段，一般作为辅助线。可以按住 Shift 键或开启正交模式绘制出垂直或水平的线。

绘制直线的步骤：指定直线的起点，再指定直线的终点，即可完成直线的绘制，指定点时可以使用"物件锁点"锁定已存在的物件，或者确定起点后，以指定长度和方向来确定下一点的位置。

2．多重直线

利用"多重直线" ︿ 命令可画出一条由数条直线线段或曲线线段组合而成的多重直线或多重曲线，此工具经常被使用，可绘制物件轮廓或辅助线。修改命令行选项中的"模式为圆弧"，可绘制圆弧，如图 4-18、图 4-19 所示。也可选择选项中的"持续封闭＝是"绘制封闭的多重直线。

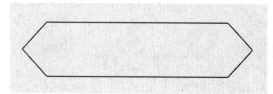
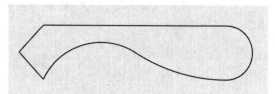

图 4-18　模式为直线　　　　　　　图 4-19　模式为圆弧

3．直线：从中点

利用"直线：从中点" ✐ 命令可从中点向两侧绘制对称的直线（图 4-20、图 4-21），如使用输入数值确定曲线长度，则绘制的直线长是输入数值的 2 倍。

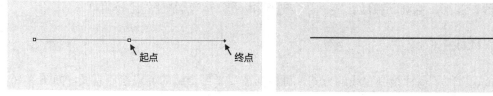

图 4-20　绘制中　　　　　　　图 4-21　绘制后

4.2.2　曲线

Rhino 的曲线工具也很多，可直接绘制曲线或在曲面上绘制各种曲线，一般绘制曲线后需要使用曲线调节工具进行调节，如图 4-22、图 4-23 所示为曲线工具，可根据绘图需要选择合适的绘制曲线工具。

图 4-22　"曲线"工具

图 4-23　"曲线"工具（工具列按钮外观设置为"显示图标与文字"）

1．控制点曲线

利用"控制点曲线" ▱ 命令可通过放置控制点画出曲线，因控制点在曲线外部，不容易控制曲线形状，如图 4-24、图 4-25 所示。

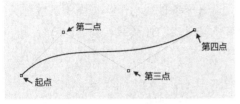

图 4-24　控制点曲线

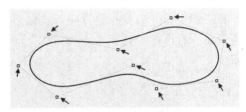

图 4-25　控制点位置

2．内插点曲线

利用"内插点曲线" ▱ 命令可画出一条通过指定点的曲线，此方法最为常用，能很好地控制曲线的形状（图 4-26、图 4-27）。

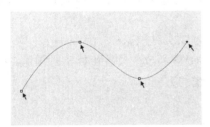

图 4-26　通过四个点绘制曲线

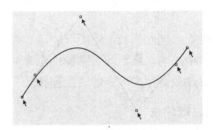

图 4-27　显示控制点效果

在"内插点曲线"的命令行选项中，可设置绘制曲线的阶数，当设置"持续封闭＝是"时，建立曲线时会自动形成封闭的区域，如图 4-28 所示。

起点相切：画出起点与其他曲线相切的曲线，如图 4-29、图 4-30 所示。

终点相切：画出终点与其他曲线相切的曲线，选择切线终点后，还需要确定切线方向，如图 4-30 所示。

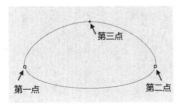

图 4-28　持续封闭＝是

图 4-29　现有曲线

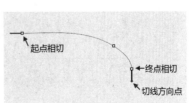

图 4-30　起点相切和终点相切

3. 弹簧线

利用"弹簧线" 命令可画出一条弹簧线。绘制弹簧线的步骤为：首先指定轴的起点，再指定轴的终点，然后指定半径点，或输入半径数值即可完成，如图 4-31、图 4-32 所示。

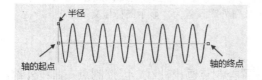

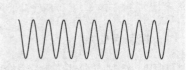

图 4-31　绘制弹簧线过程　　　　　　　　　　　图 4-32　弹簧线

在"弹簧线"命令行选项中可设置"垂直"，画出一条轴线与工作平面垂直的弹簧线；也可在命令行选项中选择"环绕曲线"，画出一条环绕曲线的弹簧线，如图 4-33、图 4-34 所示。

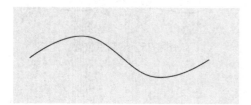

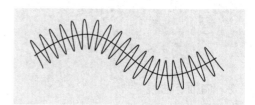

图 4-33　曲线　　　　　　　　　　　　　　图 4-34　环绕曲线

在确定轴的起点、终点和半径后，可以修改选项中绘制弹簧线的模式为圈数或螺距。其中：

圈数：输入圈数，螺距会自动调整，改变设置可以实时预览。

螺距：输入螺距（每一圈的距离），圈数会自动调整，改变设置可以实时预览。

通过命令行选项中的"反向扭转"可改变弹簧线的方向。

4. 螺旋线

利用"螺旋线" 命令可画出一条螺旋线，螺旋线一般用作扫掠的轨迹线（图 4-35、图 4-36）。

"螺旋线"选项与"弹簧线"选项基本相同，也可设置垂直或环绕曲线，以圈数或螺距绘制螺旋线，通过"方向扭转"改变方向。

螺旋线和弹簧线的区别是弹簧线直径相同，螺旋线直径可不同。

在螺旋线图标右击或在"螺旋线"选项选"平坦"，可绘制平坦螺旋线（图 4-37）。

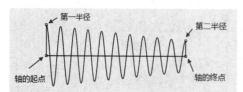

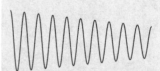

图 4-35　绘制螺旋线　　　　　　　图 4-36　螺旋线　　　图 4-37　平坦螺旋线

4.2.3　圆

绘制圆比较简单，主要有以下几种方式（图 4-38）：①中心点、半径；②直径；③三点；④环绕曲线；⑤正切、正切、半径；⑥与数条曲线正切；⑦与工作平面垂直、中心点、半径；⑧与工作平面垂直、直径；⑨可塑形的；⑩配合点。

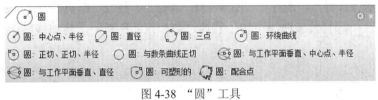

图 4-38　"圆"工具

绘制圆时，在命令行选择选项后，会提示下一步该如何做，未选择的选项命令会使用预设的选项。

4.2.4　椭圆

画出一条封闭的椭圆曲线。绘制椭圆的方式主要有以下几种（图 4-39）：①从中心点（图 4-40）；②直径（图 4-41）；③从焦点（图 4-42）；④环绕曲线（图 4-43）；⑤角（图 4-44）。

图 4-39　"椭圆"工具

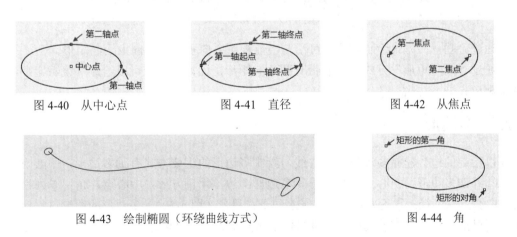

图 4-40　从中心点　　　　图 4-41　直径　　　　图 4-42　从焦点

图 4-43　绘制椭圆（环绕曲线方式）　　　　图 4-44　角

绘制椭圆时，选择合适的绘制方式后，按照提示进行下一步操作，即可完成椭圆的绘制。

使用环绕曲线方式绘制椭圆时，选取要环绕的曲线，然后在曲线上选取椭圆中心点，可沿该点与曲线垂直方向上绘制椭圆，通过确定第一轴终点、第二轴终点方式确定椭圆大小。

4.2.5　圆弧

画出圆弧曲线。绘制圆弧的主要方式有以下几种（图 4-45）：①中心点、起点、角度

图 4-45　"圆弧"工具

（图 4-46）；②起点、终点、通过点（图 4-47）；③起点、终点、起点的方向（图 4-48）；④起点、终点、半径；⑤与数条曲线正切；⑥通过数个点的圆弧；⑦将曲线转换为圆弧。

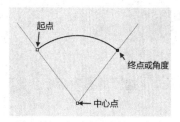

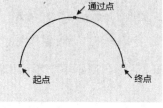

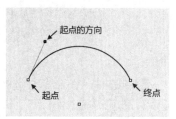

图 4-46　中心点、起点、角度　　　图 4-47　起点、终点、通过点　　　图 4-48　起点、终点、起点的方向

4.2.6　矩形

画出一个封闭的矩形多重直线。绘制矩形的主要方式有：①角对角；②中心点、角；③三点；④垂直；⑤圆角矩形。见图 4-49。

图 4-49　"矩形"工具

通过"垂直"方式绘制矩形，可沿与当前视图方向垂直的方向上绘制矩形。

通过"圆角矩形"方式可绘制带有圆角的矩形，此方式中也可以绘制环绕特定曲线的圆角矩形。

4.2.7　多边形

以指定的边数建立多边形多重直线。绘制多边形的主要方式有①多边形：中心点、半径；②外切多边形：中心点、半径；③多边形：边；④正方形：中心点、角；⑤外切正方形：中心点、半径；⑥正方形：边；⑦多边形：星形（图 4-50）。多边形的绘制过程比较简单，可根据命令行的提示进行下一步操作，部分绘制方式里可选择"垂直""环绕曲线"等设置。

图 4-50　"多边形"工具

4.3　从物件建立曲线

在 Rhino 中，除直接绘制曲线外，还提供了从现有物件中建立曲线的工具，通过将曲线投影到曲面上、复制边缘、复制边框等方法得到新的曲线（图 4-51、图 4-52）。

图 4-51　"从物件建立曲线"工具

图 4-52　"从物件建立曲线"工具（工具列按钮外观设置为"显示图标与文字"）

4.3.1　投影曲线与将曲线拉至曲面

1．投影曲线

利用"投影曲线" ⬡ 命令将曲线或点物件向工作平面的方向投影到曲面上（图 4-53），在正视图中看起来投影后的曲线和原曲线一样，投影后可在 Perspective 视图中使用投影后的曲线对曲面进行修剪（图 4-54）。投影至曲面上的曲线结构非常复杂，可使用"重建曲线"命令将曲线简化，设置合适的控制点数重建曲线，避免曲线变形过大。

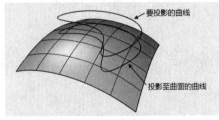

图 4-53　投影至曲面

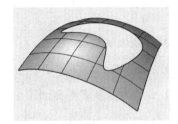

图 4-54　使用投影后的曲线修剪曲面

2．将曲线拉至曲面

利用"将曲线拉至曲面" ⬡ 命令以曲面的法线方向将曲线拉回到曲面上，可将环绕曲面的曲线拉至曲面上作为修剪曲线（图 4-55～图 4-57）。

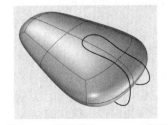

图 4-55　原曲线和 T-Spline 曲面

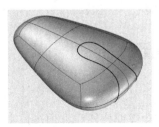

图 4-56　将曲线拉至曲面

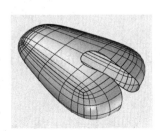

图 4-57　修剪

如果知道曲面上曲线的大概位置，可使用曲线命令画出一条曲线，移动曲线的控制点或编辑点调整曲线，使曲线的形状接近曲面，再使用"将曲线拉至曲面"命令将曲线拉至曲面上。

4.3.2　复制边缘、复制边框、复制面的边框

1. 复制边缘

利用"复制边缘" 命令可复制曲面的边缘为曲线。执行该命令后，选取曲面的边缘即可完成边缘的复制。从曲面的修剪边缘复制而来的曲线的控制点数及结构与之前用来修剪曲面的曲线不同。

2. 复制边框

利用"复制边框" 命令可复制曲面、多重曲面或网格的边框为独立的曲线，对于多重曲面会复制所有的边框（图 4-58、图 4-59）。

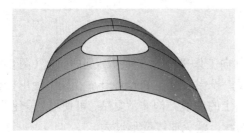 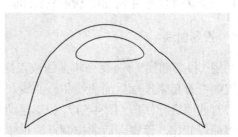

图 4-58　单个曲面　　　　　　　　　图 4-59　复制边框后

3. 复制面的边框

利用"复制面的边框" 命令可复制多重曲面中个别曲面的边框为曲线，如图 4-60、图 4-61 所示为复制多重曲面中单个面的边框的效果。

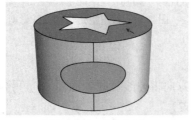 

图 4-60　多重曲面　　　　　　　　　图 4-61　复制面的边框

4.3.3　抽离结构线与抽离线框

1. 抽离结构线

利用"抽离结构线" 命令可抽离曲面上指定位置的结构线为曲线。建立的是完全贴在曲面上 U 方向、V 方向或两个方向的曲线。

操作步骤：

（1）选取一个曲面（图 4-62），鼠标的移动会被限制在曲面上，并显示曲面上通过光标位置的结构线，如图 4-63 所示。

（2）指定一点建立曲线，如图 4-64 所示，在指定点时可借助"物件锁点"功能，也可在选项中通过"切换"在 U 或 V 方向上切换（图 4-65）。

   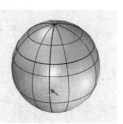

| 图 4-62　曲面 | 图 4-63　抽离结构线中 | 图 4-64　方向 U | 图 4-65　方向 V |

2．抽离线框

利用"抽离线框" 命令可复制曲面或多重曲面在线框显示模式中可见的所有结构线（图 4-66、图 4-67）。

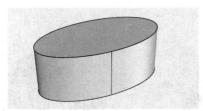 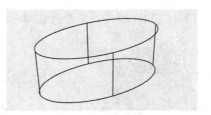

| 图 4-66　多重曲面着色显示模式 | 图 4-67　抽离线框 |

4.3.4　快速曲线垂直混接

利用"快速曲线垂直混接"命令可在两条曲线之间建立平滑的混接曲线（图 4-68、图 4-69）。

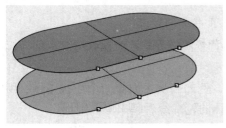 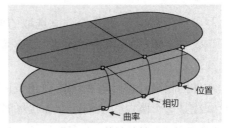

| 图 4-68　两个曲面 | 图 4-69　选择不同混接连续性建立的曲线效果 |

4.3.5　物件交集

利用"物件交集"命令可在曲线或曲面交集的位置建立相交的点或曲线。对图 4-70 中所示的圆柱面和平面使用"物件交集"命令后得到的曲线如图 4-71 所示。

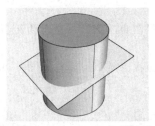

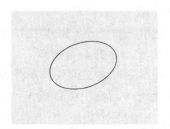

图 4-70　圆柱体和相交的平面　　　　　图 4-71　物件交集形成的曲线

4.3.6　断面线

利用"断面线" ![icon] 命令以一个切割平面与曲线、曲面、多重曲面或网格的交集建立平面曲线或点物件。

操作步骤：

（1）选取要建立断面线的物件（图 4-72）；

（2）指定断面平面的起点（图 4-73）；

（3）指定断面平面的终点，建立的断面线或断面点是一个与使用的工作平面垂直的平面和选取物件的交线；

（4）按 Enter 键完成命令（图 4-74）。

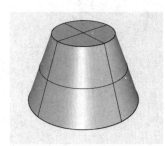

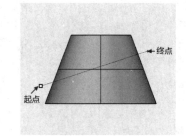

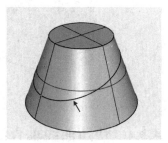

图 4-72　原曲面　　　　　图 4-73　切割平面　　　　　图 4-74　断面线

4.3.7　轮廓线

利用"轮廓线" ![icon] 命令建立选取的曲面或多重曲面的轮廓线。

当看一个模型时，"视觉边缘"指的是模型与背景的交界，这个视觉边缘也称为模型的轮廓线。

物件的轮廓线由目前视图的视角方向所画出。例如当从上面看一个环状体时，环状体的轮廓线是两个圆；当从侧面看环状体时，环状体的轮廓线看起来像椭圆形。

4.4　曲线工具

使用绘制曲线命令绘制曲线后，一般需要使用曲线工具对曲线进行调整，才能得到需要的曲线（图 4-75、图 4-76）。

图 4-75　"曲线工具"工具列

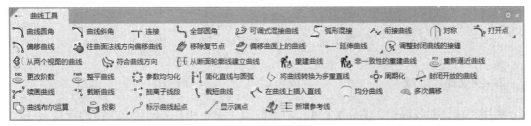

图 4-76　"曲线工具"工具列（工具列按钮外观设置为"显示图标与文字"）

4.4.1　曲线圆角、曲线斜角及全部圆角

1．曲线圆角

利用"曲线圆角" 命令可在两条曲线的交点处以圆弧建立圆角。

对曲线进行圆角操作时，首先选取第一条曲线，选取位置要靠近圆角端点处；然后选取第二条曲线，选取位置也要靠近圆角端点处；在命令行中设置合适的圆角半径值，选择合适的选项，即可完成曲线的圆角操作。

建立曲线圆角后，可使用鼠标右击"曲线圆角"图标，执行"曲线圆角（重复执行）"命令，重复执行曲线圆角操作。

2．曲线斜角

利用"曲线斜角" 命令可在两条曲线之间以一条直线建立斜角，也可使用鼠标右击"曲线斜角"图标，执行"曲线斜角（重复执行）"命令，重复执行曲线斜角操作。

3．全部圆角

利用"全部圆角" 命令以单一半径在多重曲线或多重直线的每一个角建立圆角。

4.4.2　连接

通过"连接" 命令可将两条曲线延伸并相交，在交点处终止延伸，可在选项里设置连接后是否组合及延伸圆弧时的方式。

4.4.3　曲线混接

1．可调式混接曲线

利用"可调式混接曲线" 命令在两条曲线或曲面边缘建立可以动态调整的混接曲线。对图 4-77 中两条曲线使用"可调式混接曲线"命令进行混接，在"调整曲线混接"对话框（图 4-78）中选择"曲率"，得到混接曲线（图 4-79），可调整控制点的位置，控制混接形状。

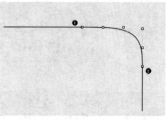

图 4-77　两条曲线　　　图 4-78　可调式混接曲线选项　　　图 4-79　可调式混接曲线

2. 快速曲线混接

利用"快速曲线混接"  命令可在两条曲线（图 4-80）之间建立平滑的混接曲线，不能调整曲线控制点的位置，可设置连续性为"曲率连续"（图 4-81）或"位置连续"（图 4-82）。

图 4-80　两条曲线　　　　图 4-81　连续性：曲率连续　　　　图 4-82　连续性：位置连续

4.4.4　弧形混接

利用"弧形混接" 命令，在两条曲线间以圆弧方式混接，可调整弧形混接点，控制混接弧的大小。

4.4.5　衔接曲线

利用"衔接曲线" 命令衔接曲线或曲面边缘（图 4-83～图 4-85）。

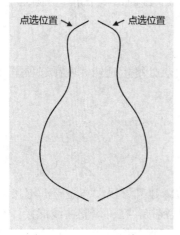
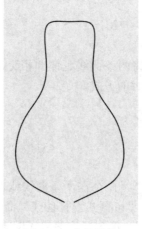
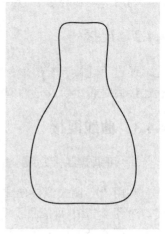

图 4-83　两条曲线　　　　　图 4-84　上部衔接　　　　　图 4-85　下部衔接

4.4.6 对称

利用"对称" 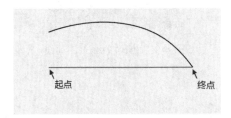 命令镜像曲线使两侧的曲线相切（图 4-86～图 4-87）。

图 4-86 对称轴

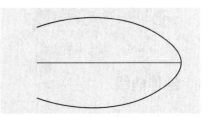

图 4-87 对称后

4.4.7 曲线偏移

1. 偏移曲线

利用"偏移曲线" 命令以等距离偏移复制一条曲线。曲线的偏移距离必须适当，偏移距离过大时，偏移曲线可能会产生自交（图 4-88～图 4-90）。使用鼠标右击"偏移曲线"图标，可执行"多次偏移"命令。

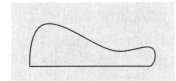

图 4-88 原曲线

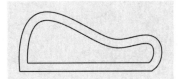

图 4-89 向外偏移

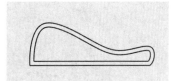

图 4-90 向内偏移

2. 往曲面法线方向偏移曲线

利用"往曲面法线方向偏移曲线" 命令将在曲面上的曲线沿曲面法线方向偏移（图 4-91～图 4-93）。

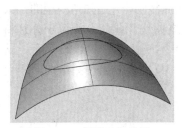

图 4-91 曲面上的曲线

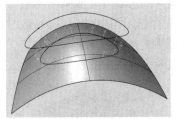

图 4-92 偏移中

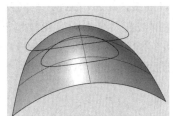

图 4-93 偏移后

3. 偏移曲面上的曲线

利用"偏移曲面上的曲线" 命令将曲面上的一条曲线沿着曲面以等距离偏移复制（图 4-94～图 4-95）。

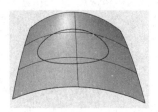

图 4-94   曲面上的曲线

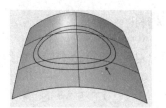

图 4-95   偏移曲面上的曲线

4.4.8   延伸曲线

单击"曲线工具"工具列中"延伸"图标 ▭┅┅ 右下角的白色三角形，会弹出"延伸"工具列，修改工具列属性中"工具列按钮外观"为"显示图标与文字"（图 4-96），以便于查看图标具体含义。延长曲线至选取的边界、以指定的长度延长或拖曳曲线端点至新位置（图 4-97、图 4-98）。

图 4-96   "延伸"工具列

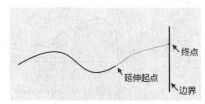

图 4-97   延伸曲线操作示意图

图 4-98   延伸曲线后

4.4.9   从两个视图的曲线

利用"从两个视图的曲线" 🦋 命令可从两条位于不同工作平面上的平面曲线建立一条 3D 曲线，此 3D 曲线在不同视图中的形状会与原来的两条平面曲线吻合。当知道模型的一条轮廓线在两个不同方向看起来的样子时可以使用这种方法建立曲线。此命令类似于分别将两个视图中的曲线（图 4-99）使用"挤出封闭的平面曲线"命令挤出，如图 4-100 所示，挤出后两曲面的交线就是应用"从两个视图的曲线"命令形成的 3D 曲线效果（图 4-101）。

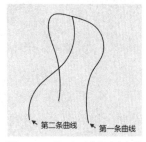

图 4-99   位于两个视图中的曲线

图 4-100   两条曲线分别使用"挤出封闭的平面曲线"挤出后的交线

图 4-101   应用"从两个视图的曲线"命令形成的 3D 曲线效果

4.4.10　对齐轮廓线

"对齐轮廓线"命令以曲线的边框方块为依据，调整一条曲线的长度使其对齐另一条曲线（图 4-102、图 4-103）。在命令行输入 AlignProfiles 可执行该命令。要操作的所有曲线必须是平面曲线，且它们所在的平面必须和世界工作平面（Top、Front、Right 等）平行。

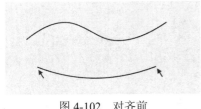

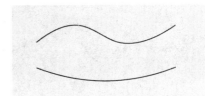

图 4-102　对齐前　　　　　　　　　　　　图 4-103　对齐后

4.4.11　从断面轮廓线建立曲线

利用"从断面轮廓线建立曲线" 命令建立通过数条轮廓线的断面线。在建立数条断面曲线后，可使用"放样"或其他命令以这些断面线建立曲面。

操作步骤：

（1）使用任何建立曲线的命令画出数条轮廓线（轮廓线上、下端点尽量对齐）（图 4-104）；

（2）执行命令后按顺序选取数条轮廓曲线；

（3）指定用来定义断面平面的直线起点（图 4-105），此断面平面会与使用中的工作平面垂直，打开正交或锁定格点会比较方便；

（4）指定断面平面的终点（图 4-105），建立通过每一个断面平面与轮廓线交点的曲线；

（5）按 Enter 键完成命令（图 4-106）。

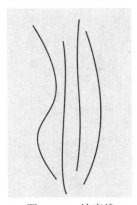

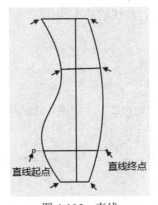

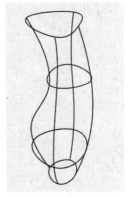

图 4-104　轮廓线　　　　　图 4-105　直线　　　　　图 4-106　断面线

注意： 定义断面平面的直线必须跨越所有被选取的轮廓曲线，建立分布平均的轮廓线会有比较好的断面线效果。

4.4.12　重建曲线

"重建曲线" 命令以指定的阶数和控制点数重建选取的曲线，重建后的曲线的节点分布会比较均匀。

可一次重建一条或数条曲线，所有的曲线都会以指定的阶数和控制点数重建。图 4-107 中原曲线点数为 10，重建曲线后阶数设置保持不变，图 4-108 中控制点数修改为 12，图 4-109 中控制点数修改为 8。

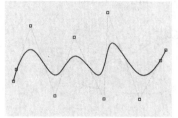
图 4-107　原曲线（点数 10）

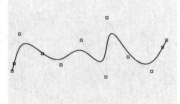
图 4-108　重建曲线（点数 12）

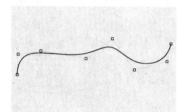
图 4-109　重建曲线（点数 8）

4.5　曲线阶数与连续性

曲线的质量对建立曲面有极为重大的影响，因为曲面是由参考曲线建立的，所以曲线的质量会影响由这些曲线所建立的曲面的质量。

4.5.1　曲线的阶数

曲线的阶数关系到一个控制点对一条曲线的影响范围，阶数越高的曲线的控制点对曲线形状的影响力越弱，但影响范围越广。

在图 4-110～图 4-113 中，4 条曲线上同样有 6 个控制点，并且控制点位置相同，只是在使用"控制点曲线"绘制曲线时选择了不同的阶数；图 4-114～图 4-116 显示了对曲线使用"打开曲率图形"命令后显示的曲线的曲率图形。

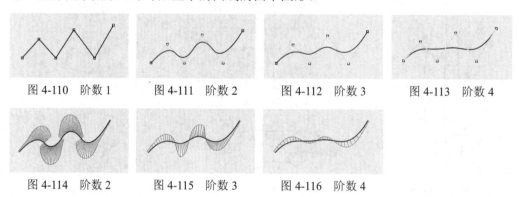

图 4-110　阶数 1　　　　图 4-111　阶数 2　　　　图 4-112　阶数 3　　　　图 4-113　阶数 4

图 4-114　阶数 2　　　　图 4-115　阶数 3　　　　图 4-116　阶数 4

4.5.2　曲线的连续性

大部分曲面是通过参考曲线建立的，必须有高质量的曲线才能建立高质量的曲面。多花些时间了解曲线与曲线之间连续性的概念对建立曲面会有非常大的帮助。

按照常见的曲线建立的要求，可以将连续性分为以下四个等级：

1．不连续

两条曲线的端点未相接，所以物件之间并没有连续性可言，也不能组合在一起。

2．位置连续（G0）

位置连续是指两条曲线在相接的共享点处形成一个锐角。在 Rhino 里，可以将这两条曲线组合成为一条多重曲线，在这条多重曲线上会有一个锐角点，而且这条多重曲线仍然可以被炸开成为两条单独的曲线。

3．相切连续（G1）

两条曲线在相接端点的切线方向一致，在两条曲线之间没有锐角。

两条曲线是否形成相切连续是由两条曲线端点的切线方向决定的。形成相切连续时，两条曲线在端点的切线方向是一致的。或者说，当两条曲线在相接点的切线是同一直线时，这两条曲线会被视为以相切连续相接。曲线端点的切线方向是由曲线端点的前两个控制点所控制的，这两个控制点之间的连接（直线）就是曲线端点的切线方向（图 4-117、图 4-118）。

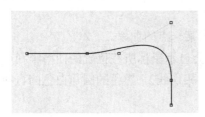
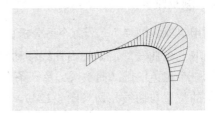

图 4-117 相切连续　　　　　　　图 4-118 相切连续曲率分析效果

4．曲率连续（G2）

两条曲线的相接端点除了切线方向一致以外，曲率圆半径大小也一致。

曲率连续除了必须符合 G0 与 G1 的条件以外，还要达到两条曲线相接端点的曲率圆半径大小一致的要求（图 4-119、图 4-120）。曲率连续是可以控制的最平滑的状态，当然也存在比曲率连续更平滑的连续性相接的可能性。

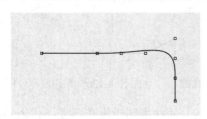
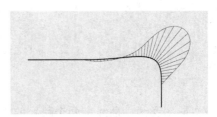

图 4-119 曲率连续　　　　　　　图 4-120 曲率连续曲率分析效果

4.6 曲线分析

1．方向分析

显示物件的方向，执行"显示方向"命令，选取物件后箭头会指出法线方向。也可以在"方向分析"命令对话框中，改变物件法线的方向，设置方向箭头的颜色（图4-121～图4-123）。通过右击"方向分析"图标，可反转物件的法线方向。

图 4-121 "方向分析"对话框

图 4-122 方向向右

图 4-123 方向向左

2. 测量曲率

利用"测量曲率" 命令可分析曲线或曲面上某一点的曲率。

选取一条曲线后，鼠标沿曲线移动时，状态列会显示鼠标所在位置的曲率半径，同时会显示一个黑色的圆（曲率圆）及一条白色的直线（相切线），黑色的圆与白色的直线在鼠标所在的位置与曲线相切（图4-124）。

3. 开启曲率图形

利用"开启曲率图形" 命令可显示曲率图形，查看曲线连续状态。

（1）相切连续：即使曲线的两个跨距之间的连续性为相切，曲率图形在节点处也可能会有落差（图4-125、图4-126）。

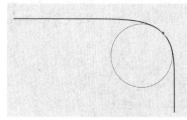

图 4-124 测量曲率

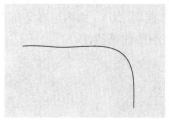

图 4-125 相切曲线

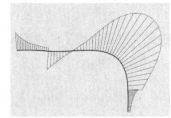

图 4-126 相切曲率分析效果

（2）曲率连续：曲线上两个跨距的相接点（节点）的曲率图形没有落差，代表曲线的两个跨距是以曲率连续（G2）相接。虽然两个跨距在相接点的曲率一致，但曲率变化率不一致（图4-127、图4-128）。

除了直线以外，曲线上的任何一点都会有一个最近似的圆（曲率圆），这个圆与曲线上该点的切线方向一致。曲率图形指示线长度为这个圆的半径的倒数，但可以在曲率图形对话框中设置指示线的缩放比。如果曲率图形平顺地变化，代表曲线较"平滑"或"平整"。曲率线图形出现落差，代表曲线的曲率有不连续的变化。

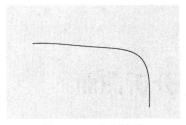

图 4-127　曲率连续

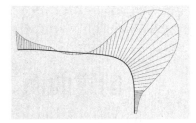

图 4-128　曲率连续曲线的曲率分析效果

4．关闭曲率图形

右击"打开曲率图形" 图标，可关闭曲线或曲面的曲率图形。

5．显示曲线端点

在 Rhino 的"V6 的新功能"工具列组中或在"曲线工具"中单击 图标，将以设定的方式高亮显示选定线的端点，右击该图标将关闭曲线端点的显示。

4.7　本章小结

曲线是建立曲面的基础，只有好的曲线，才能创建优质的曲面。在掌握直线、曲线的常用命令后，结合曲线编辑工具进行各种曲线的练习。曲线分析在提高曲线质量上具有重要的作用，必须掌握各种曲线的分析方法。

创建曲面、编辑与分析曲面

曲面的创建

Rhino 提供了非常丰富的创建曲面的工具，使用这些工具可以满足各种建模的需求。一个曲面通常有多种创建方法，一般根据个人的习惯和经验来选择恰当的曲面建模工具。图 5-1 所示为"建立曲面"工具面板，图 5-2 所示为设置"建立曲面"工具列属性为"显示图标与文字"的工具列按钮外观效果。下面结合实例详细介绍常用的创建曲面工具的使用方法和技巧。

图 5-1 "建立曲面"工具面板

图 5-2 "建立曲面"工具面板（工具列按钮外观设置为"显示图标与文字"）

5.1.1 指定三或四个角建立曲面

"指定三或四个角建立曲面" 命令可以通过指定三个或四个角来创建曲面，指定的四个角不一定完全位于一个平面内，在指定角时也可以跨越到其他工作视窗。

5.1.2 以平面曲线建立曲面

"以平面曲线建立曲面" 命令可将一个或多个同一平面内的闭合曲线创建为平面，并且创建的面是剪切曲面，将如图 5-3 所示的平面曲线使用该命令建立的曲面效果如图 5-4 所示。

如果曲线有部分重叠，每条曲线都会建立一个平面（图 5-5～图 5-7）。

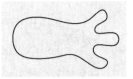

图 5-3 平面曲线

图 5-4 平面

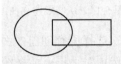

图 5-5 部分重叠曲线

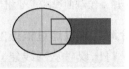

图 5-6 形成两个曲面

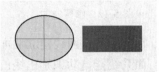

图 5-7 曲面移动后效果

如果一条曲线完全位于另一条曲线内部，该曲线会被当成洞的边界，如图 5-8、图 5-9 所示。

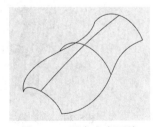

图 5-8 一条曲线位于另一曲线内部

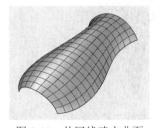

图 5-9 洞

在使用"以平面曲线建立曲面"命令时，可使用 Rhino 6 新功能的"选取平面曲线"命令，检测所绘制的曲线是否为平面曲线。

5.1.3 从网线建立曲面

"从网线建立曲面"![icon]命令建立曲面的条件为：所有在同一方向的曲线必须和另一方向上所有的曲线交错，不能和同一方向上的曲线交错。两个方向上的曲线数目没有限制（图 5-10、图 5-11）。

图 5-10 两个方向网线

图 5-11 从网线建立曲面

"从网线建立曲面"命令可以使用现有曲面的边界作为曲线（图 5-12），并可以控制新建立曲面与原曲面的连续性，如图 5-13 所示箭头所指处的曲线和原曲面结构线相切，图 5-14 所示为在现有曲面上使用"从网线建立曲面"命令，以曲面边缘为网线，创建消失面的效果。

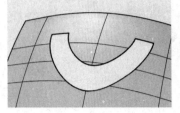
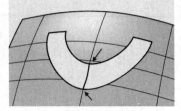
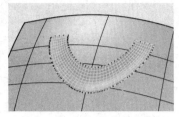

图 5-12 修剪曲面　　　图 5-13 绘制曲线端点处相切　　　图 5-14 从网线建立曲面

在使用"从网线建立曲面"命令时，可以通过框选的方式一次选择所有创建曲面的网线，如系统能自动识别出线的方向，将出现"从网线建立曲面"选项对话框；如系统不能识别出曲面的方向，则需要根据命令提示行的提示重新确定第一方向的曲线后，再确定第二方向的曲线才能进行下一步的操作。

　　"从网线建立曲面"实例：

（1）绘制如图 5-15 所示的曲线 1，注意曲线互相连接。

（2）绘制如图 5-16 所示的曲线 2，曲线 2 与曲线 1 共享中间的曲线。

（3）使用"从网线建立曲面"命令从曲线 1 建立曲面 1，注意按方向分别选择曲线，如图 5-17、图 5-18 所示。

（4）继续使用"从网线建立曲面"命令将曲线 2 和曲面 1 的边界建立曲面，在选项中选中相交处的连续性为"曲率"，最终曲面如图 5-19 所示，其渲染模式如图 5-20 所示。

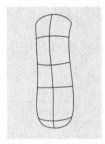

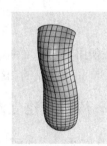

图 5-15 曲线 1　　　图 5-16 曲线 2　　　图 5-17 从网线建立曲面 1

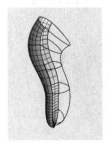
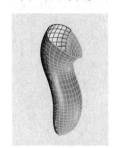

图 5-18 曲线 2 和曲面 1　　　图 5-19 从网线建立曲面 2　　　图 5-20 渲染模式截图效果

5.1.4 放样

利用"放样"命令可建立一个通过多条断面曲线的曲面（图 5-21、图 5-22），放样的起始断面也可以是点（图 5-23～图 5-25）。

依序选取曲面要通过的断面曲线，如使用多条开放的断面曲线需要点选于同一侧，否则会出现曲面扭曲现象；如将数条封闭的断面曲线进行放样，可以调整曲线接缝的位置。

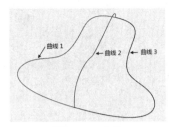

图 5-21　曲线

图 5-22　放样曲面

图 5-23　点和截面曲线

图 5-24　放样 3 条截面曲线

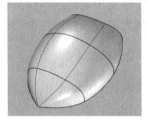

图 5-25　放样点和 3 条截面曲线

"放样"选项主要有"样式"和"断面曲线选项"两项设置（图 5-26）。

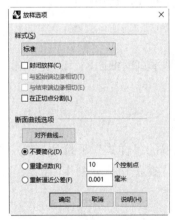

图 5-26　"放样选项"对话框

在"放样选项"对话框的"样式"下拉列表中，可设定曲面的节点与控制点的结构，有标准、松弛、紧绷、平直区域和均匀五种样式，对图 5-27 所示的曲线使用"放样"命令，选择不同的样式形成的曲面如图 5-28～图 5-32 所示。

图 5-27　截面曲线

图 5-28　样式：标准

图 5-29　样式：松弛

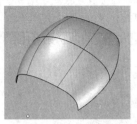  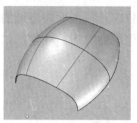

图 5-30　样式：紧绷　　　　图 5-31　样式：平直区段　　　　图 5-32　样式：均匀

1．标准

断面曲线之间的曲面以均量延展，当想建立的曲面是比较平缓或断面曲线之间的距离比较大时可以使用这个选项。

2．松弛

放样曲面的控制点会放在断面曲线的控制点上，这个选项可以建立比较平滑、容易编辑的曲面，但该曲面不会通过所有断面曲线。

3．紧绷

放样曲面更紧绷地通过断面曲线，适用于建立转角处的曲面。

4．平直区段

放样曲面在断面曲线之间是平直的曲面。

5．均匀

使用一致的参数间距。

也可在"放样选项"对话框的"样式"下拉列表框中设置"封闭放样""与起始端边缘相切""与结束端边缘相切""在正切点分割"。

1．封闭放样

建立封闭的曲面，曲面在通过最后一条断面曲线后会再回到第一条断面曲线，这个选项必须有三条或以上的断面曲线才可以使用，将图 5-33 所示的曲线，使用"放样"命令，未选中"封闭放样"选项形成的曲面效果如图 5-34 所示，选中"封闭放样"选项形成的曲面效果如图 5-35 所示。

 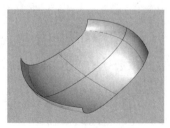 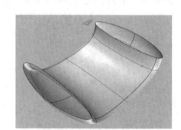

图 5-33　曲线　　　　　图 5-34　未封闭放样　　　　　图 5-35　封闭放样

2．与起始端边缘相切

如果第一条断面曲线是曲面的边缘（图 5-36），放样曲面可以与该边缘所属的曲面形成相切。将图 5-36 所示的曲面边缘进行放样，未选中"与起始端相切"形成的曲面效果见图 5-37，选中"与起始端相切"形成的曲面效果见图 5-38。

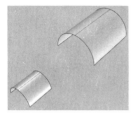

图 5-36　曲面

图 5-37　放样曲面

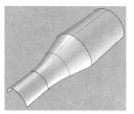

图 5-38　样式选项：与起始端边缘相切

3．与结束端边缘相切

如果最后一条断面曲线是曲面的边缘，放样曲面可以与该边缘所属的曲面形成相切（图 5-39）。

4．在正切点分割

输入的曲线为多重曲线时，设定是否在线段与线段正切的顶点将建立的曲面分割成为多重曲面。

"放样选项"的"断面曲线选项"中，可设置"对齐曲线"、是否重建断面曲线（不要简化、重建点数、重建逼近公差），当放样曲面发生扭转时，点选断面曲线的端点处可以反转曲线的对齐方向。

图 5-39　样式选项：与起始端边缘
相切、与结束端边缘相切

图 5-40　曲线

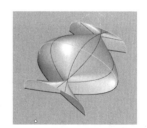

图 5-41　曲面发生扭转

5.1.5　以二、三或四个边缘曲线建立曲面

"以二、三或四个边缘曲线建立曲面" 命令可以使用二至四条曲线或曲面边缘来建立曲面，该命令所形成曲面的优点是曲面结构线简单，通常用来建立大块简单的曲面，如图 5-42 和图 5-43 所示为使用四条首尾相连的曲线创建曲面。

即使曲线端点不相连，也可以使用该命令形成曲面，但这时生成的曲面边缘会与原始曲线有偏差，不易得到预期的曲面，如图 5-44 和图 5-45 所示。

使用二条或三条曲线建立的曲面会产生三边面（图 5-46、图 5-47），应尽量避免这种情况的出现。

图 5-42　曲线首尾相连

图 5-43　以二、三或四个边缘曲线建立曲面

图 5-44　曲线端点不相连

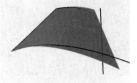
图 5-45　非预期曲面

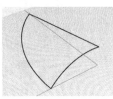
图 5-46　三条曲线

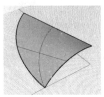
图 5-47　三边面

5.1.6　矩形平面

利用"矩形平面" ▦ 命令可以通过角对角、两个相邻的角和距离、与工作平面垂直、从中心点等不同的方式创建 NURBS 矩形平面；执行"矩形平面"命令后，在命令选项中除确定绘制矩形的方式外，还可以设置沿环绕曲线绘制矩形平面（图 5-48、图 5-49）、绘制可塑形的矩形平面。

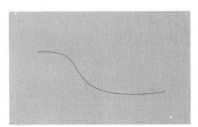
图 5-48　曲线

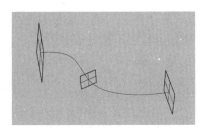
图 5-49　沿环绕曲线绘制矩形平面

5.1.7　切割用平面

利用"切割用平面" 🏳 命令建立通过物件某一个点的平面，此平面可以切断该物件。建立的切割用平面会和使用中的工作平面垂直，且大于选取的物件，然后使用"修剪"或"分割"命令将物件切断（图 5-50～图 5-53）。

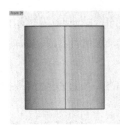
图 5-50　切割物件

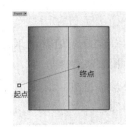
图 5-51　"切割用平面"线的起点和终点

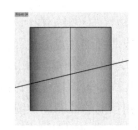
图 5-52　自动延伸

图 5-53　切割用平面

5.1.8 图像

利用"图像" 命令可打开一个图片文件，建立一个附有该图片文件的矩形平面，并且矩形平面的长宽比例会保持与图片长宽比例一致，其绘制选项和绘制过程与"矩形平面"命令基本相同。此功能可快速将参考图以平面物件的方式导入到场景中，可像物件一样放入指定的图层中，进行隐藏或显示等的管理，或使用"变换"等工具进行缩放、移动等操作。

"图像"可导入的图片文件类型有 JPEG、PNG、PCX、Targa、TIFF、Windows 位图。

5.1.9 挤出

Rhino 提供了多种挤出曲线创建曲面的方法，单击工具箱中的"挤出" 图标，可弹出如图 5-54 所示的"挤出"工具列；或选择菜单命令"曲面"｜"挤出曲线"，可显示同样的工具列。

图 5-54 "挤出"工具列

1．直线挤出

利用"直线挤出" 命令将开放的或封闭的曲线向与工作平面垂直的方向笔直地挤出建立曲面或实体。选取一条曲线后，可设置挤出方向、是否双侧挤出、是否加盖，以及是否删除输入物件（挤出的曲线），再确定挤出距离（图 5-55～图 5-58）。

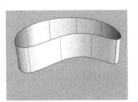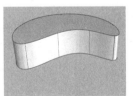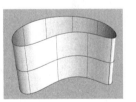

图 5-55 曲线　　　图 5-56 直线挤出　　　图 5-57 加盖　　　图 5-58 双侧挤出

2．沿着曲线挤出

利用"沿着曲线挤出" 命令沿着一条路径曲线挤出截面曲线（图 5-59，图 5-60）。

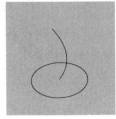

图 5-59 曲线　　　　　　　图 5-60 沿着曲线挤出

3．挤出至点

利用"挤出至点"▲命令通过挤出曲线至一点的方式建立曲面、实体或多重曲面（图 5-61）。

4．挤出曲线成锥状

利用"挤出曲线成锥状"▲命令挤出曲线建立锥状的曲面、实体或多重曲面（图 5-62，图 5-63）。

图 5-61　挤出至点　　　　　图 5-62　曲线　　　　　图 5-63　挤出曲线成锥状

5．往曲面法线方向挤出曲线

利用"往曲面法线方向挤出曲线"▲命令挤出曲面上的边界曲线来建立曲面，挤出方向为曲面的法线方向（图 5-64～图 5-66）。

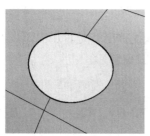 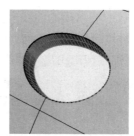 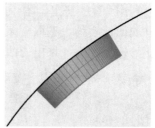

图 5-64　修剪曲面　　　　　图 5-65　曲面法向挤出　　　　　图 5-66　法向挤出方向

使用"直线挤出"命令对修剪后的曲面边缘（图 5-67）挤出，挤出效果如图 5-68 和图 5-69 所示，可明显看出挤出方向的区别。

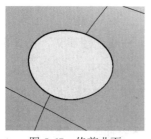 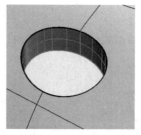 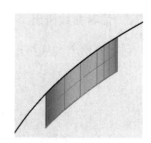

图 5-67　修剪曲面　　　　　图 5-68　直线挤出　　　　　图 5-69　直线挤出方向

从图 5-70 和图 5-71 中可明显看出沿曲面法线方向挤出后圆角效果明显好于直线挤出后圆角效果，直线挤出在制作产品分模线时会在局部产生比较大的缝隙。

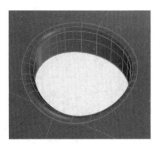

图 5-70 沿曲面法线方向挤出后圆角   图 5-71 直线挤出后圆角效果

5.1.10 单轨扫掠

执行"单轨扫掠" 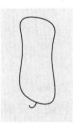 命令，通过数条定义曲面形状的断面曲线沿着一条路径扫掠建立曲面。

执行命令后首先选择一条曲线作为路径曲线，然后依照曲面通过的顺序选取数条断面曲线，如断面曲线为封闭曲线，可根据需要调整曲线接缝位置，即可完成单轨扫掠曲面的创建（图 5-72、图 5-73）。

图 5-72 曲线   图 5-73 单轨扫掠

使用单轨扫掠的曲线需要满足以下条件：

（1）断面曲线和路径曲线在空间上交错，但截面曲线之间不能交错；

（2）断面曲线的数量没有限制；

（3）路径曲线只能有一条。

使用单轨扫掠创建剃须刀头部的修剪用曲面，如图 5-74～图 5-76 所示。

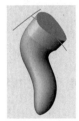

图 5-74 路径曲线与截面曲线   图 5-75 单轨扫掠面   图 5-76 修剪曲面

5.1.11 双轨扫掠

执行"双轨扫掠"  命令，通过数条定义曲面形状的断面曲线沿着两条路径扫掠建立

曲面。

首先选择两条路径曲线，然后依照曲面通过的顺序选取数条断面曲线，如断面为封闭时，可以调整曲线接缝位置，最后调整选项，完成曲面的创建，如图5-77、图5-78所示。

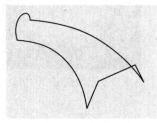

图5-77 曲线

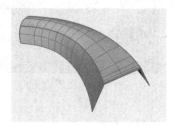

图5-78 双轨扫掠曲面

如果每条路径曲线由多段线相接组成，在选择路径时，可选择命令行中的"连锁边缘"选项，设置自动连锁，或者选择路径的一段后，使用"下一个"继续选择该路径的下一段曲线，然后再确定第二条路径，最后确定断面曲线。

技巧提示：按住 Ctrl+鼠标左键可以取消选取自动连锁选取的最后一段曲线。

也可将点作为断面曲线，在命令行中选择"点"后，可建立以点开始或结束的曲面，这一选项只能用于曲面开始或结束的位置。

5.1.12 旋转成形

1."旋转成形"

执行"旋转成形" 命令，以一条轮廓曲线绕着旋转轴旋转建立曲面。选取轮廓曲线，指定旋转轴的起点和终点，再选择旋转选项即可完成旋转面的创建（图5-79～图5-81）。

"旋转"的命令行中主要有删除输入物件、可塑形的、360°、设置起始角度和分割正切点等选项。

图5-79 曲线

图5-80 旋转成形（360°）

图5-81 旋转成形（180°）

技巧提示：如轮廓曲线为封闭曲线，且其旋转轴与轮廓线部分重叠，必须将轮廓曲线炸开，删除与旋转轴重叠的曲线，才能不产生多余的曲面。

2."沿着路径旋转"

执行"沿着路径旋转" 命令，绕旋转轴并沿路径曲线旋转一条轮廓曲线建立曲面。首先选取一条轮廓曲线，然后选取路径曲线，指定旋转轴的起点和终点，根据需要设置选项，即可完成"沿路径旋转"曲面的创建，如图5-82、图5-83所示。

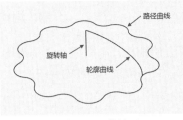

图 5-82　曲线

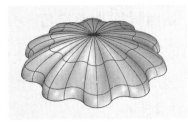

图 5-83　沿路径旋转

5.1.13　可展开放样

在 Rhino 的"V6 的新功能"工具列群组中单击 图标，执行"可展开放样"命令，可从两曲线建立可展开放样（图 5-84、图 5-85）。适用于建立的放样曲面需要使用 "摊平曲面"命令展开的情形（图 5-86），这样的放样曲面展开时不会有延展的问题。

并不是所有的曲线都可以建立这样的放样曲面，有可能无法建立曲面或只建立部分的曲面；两条不平行的直线是无法展开的。

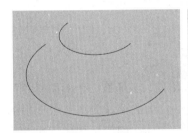

图 5-84　曲线

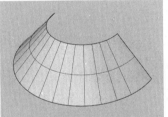

图 5-85　可展开放样

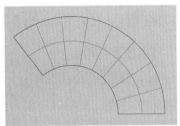

图 5-86　摊平曲面

5.2　曲面的编辑

Rhino 提供了多种曲面编辑工具对创建的曲面进行编辑，以得到复杂的曲面效果，曲面的编辑过程是对造型的补充和细化。在工具箱中单击 图标右下角的三角形，会弹出"曲面工具"工具列，如图 5-87、图 5-88 所示。

图 5-87　"曲面工具"（工具列）

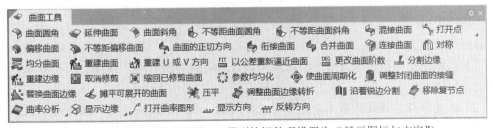

图 5-88　"曲面工具"工具列（工具列按钮外观设置为"显示图标与文字"）

5.2.1　曲面圆角/曲面斜角

在产品建模过程中需要对产品的锐边进行圆角或直角处理,可利用"曲面圆角""曲面斜角"命令完成,曲面之间的连续性为 G1(相切)或 G0(位置)。

1. 曲面圆角

利用"曲面圆角"命令在两个曲面之间建立单一半径的相切圆角曲面,修剪原来的曲面并与圆角曲面组合在一起。

"曲面圆角"命令就像是以一个指定半径的球体沿着曲面的边缘滚动,如果曲面转角的半径小于这个球体的半径,就会造成圆角工作失败。因此曲面圆角的半径值必须合适,过大或过小将使圆角失败。如执行命令后,未出现圆角效果,可查看命令行中的提示,修改圆角半径值。

2. 不等距曲面圆角

利用"不等距曲面圆角"命令在两个曲面之间建立不等半径的相切圆角曲面,修剪原来的曲面并与圆角曲面组合在一起。

3. 曲面斜角

利用"曲面斜角"命令在两个有交集的曲面之间建立斜角。点选第一个曲面斜角后要保留的一侧;然后确定斜角距离,第一个斜角距离是从两个曲面的交线到第一个曲面的修剪边缘的距离,第二个斜角距离是从两个曲面的交线到第二个曲面的修剪边缘的距离;再单击选取第二个曲面斜角完成后要保留的一侧。

4. 不等距曲面斜角

利用"不等距曲面斜角"命令在两个有交集的曲面之间建立不等距离的斜角。

5.2.2　延伸曲面

利用"延伸曲面"命令以指定的方式延伸未修剪的曲面边缘。有直线和平滑两种延伸方式,选取一个边缘后,可输入数值或指定两个点来设置延伸系数以确定延伸的距离。

5.2.3　混接曲面

利用"混接曲面"命令在两个曲面之间建立平滑的混接曲面,在选项中可设置与原曲面形成 G0(位置)、G1(相切)、G2(曲率)或 G3、G4 的连续。

其操作步骤为:

(1)选取一个曲面边缘,或继续选取与该边相连的曲面边缘,按 Enter 键结束第一个边缘的选取;

(2)再选取与其混接的第二个边缘,或继续选取相邻的混接边缘,按 Enter 键结束第二个边缘的选取;

（3）再调整断面控制点，即完成曲面的构建（图 5-89、图 5-90）。

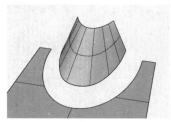

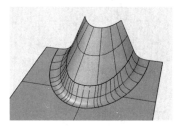

图 5-89 混接前　　　　　　　　　　　　图 5-90 混接后

"混接曲面"的主要选项如下：

（1）自动连锁：选取曲面边缘时，会自动选取所有与它以"连锁连续性"选项设置的连续性相接的线段，"连锁连续性"选项有 G0、G1 和 G2 连续。

选取两个混接边缘后，按 Enter 键会出现"调整曲面混接"对话框（图 5-91），主要有调整混接转折滑块、连续性（位置、正切、曲率、G3、G4）、内部断面、平面断面、加入断面、相同高度等选项。

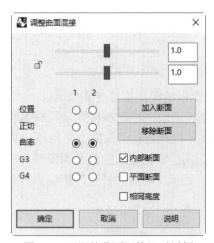

图 5-91 "调整曲面混接"对话框

（2）滑块：可以改变混接曲面转折大小，图标为锁定时，混接曲面两侧转折通过滑动条（图 5-91）可以作对称性的调整；图标为开锁时，可分别调整混接曲面两侧转折大小的滑动条。

（3）连续性：设置混接曲面的连续性，可为位置（G0）、相切（G1）、曲率（G2）、G3 或 G4。

（4）平面断面：强迫混接曲面的所有断面为平面并与指定的方向平行。

（5）加入断面：加入额外的断面控制混接曲面的形状。当混接曲面过于扭曲时，可以使用这个功能控制混接曲面更多位置的形状（图 5-92～图 5-94）。

（6）相同高度：当混接的两个曲面边缘之间的距离有变化时，这个选项可以让混接曲面的高度维持不变。将图 5-95 所示曲面使用"混接曲面"命令生成混接曲面，图 5-96 为混接曲面时未选中"相同高度"的混接曲面效果，图 5-97 为选中了"相同高度"时的曲面效果。

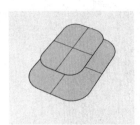
图 5-92　两个曲面

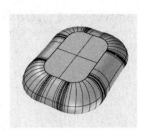
图 5-93　未加入断面

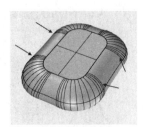
图 5-94　加入 4 个断面

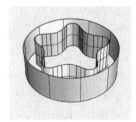
图 5-95　曲面

图 5-96　未选中"相同高度"

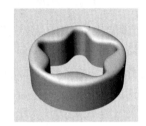
图 5-97　选中"相同高度"

5.2.4　偏移曲面

1. 偏移曲面

利用"偏移曲面" 命令以等距离偏移复制曲面。

在选项中可输入偏移距离、通过"全部反转"来反转偏移的方向，其曲面上箭头的方向为正的偏移方向，正数的偏移距离是往箭头的方向偏移，负数是往箭头的反方向偏移。

在选项中也可修改"实体＝是"，将原来的曲面和偏移后的曲面边缘放样并组合成封闭的实体，如图 5-98～图 5-100 所示；设置"松弛"使偏移后曲面和原曲面的结构相同，也可同时向两侧偏移。

图 5-98　原曲面

图 5-99　向内偏移曲面

图 5-100　偏移成实体

2. 不等距偏移曲面

利用"不等距偏移曲面" 命令以不等距离偏移复制一个曲面。先选取一个曲面，再选取并移动控制杆上的点来调整偏移距离。

在命令行选项中使用"反转"设置偏移方向，"设置全部"为等距离偏移，使用"连结控制杆"以同样的比例调整所有控制杆的距离，使用"新增控制杆"来增加控制点（图 5-101～图 5-105）。

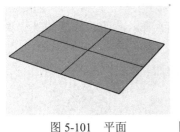
图 5-101　平面

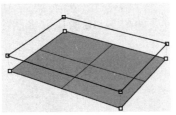
图 5-102　执行"不等距偏移曲面"

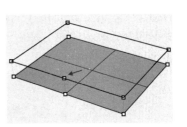
图 5-103　新增控制杆

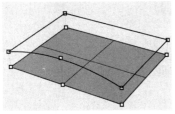
图 5-104　调整新增加的控制点

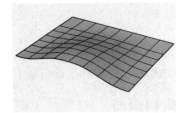
图 5-105　偏移后曲面

5.2.5　衔接曲面

利用"衔接曲面" 命令可以调整选取曲面的边缘和其他曲面形成位置、相切或曲率连续，只有未修剪过的曲面边缘才能与其他曲面进行衔接，目标曲面则没有修剪的限定。

在执行命令时，首先选择一个未修剪的曲面边缘，然后再选取衔接的目标曲面边缘，再选择"衔接曲面"选项。选取时注意，单击的两个曲面边缘必须位于同一侧，否则会出现衔接曲面交叉的现象。

5.2.6　合并曲面

利用"合并曲面" 命令可将两个未修剪的且共享边缘、边缘两端端点互相对齐的曲面合并成为单一曲面，两个曲面的接合处在合并后会变平滑，并去除两个曲面之间的接缝，合并后的曲面可以使用控制点编辑（图 5-106、图 5-107）。图 5-108 为使用"镜像"命令将图 5-106 中曲面镜像，曲面接合处未发生变化。

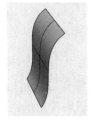
图 5-106　曲面

图 5-107　合并曲面

图 5-108　镜像曲面

5.2.7　对称

利用"对称" 命令可将曲线或曲面镜像，并使两侧的曲线或曲面相切，当编辑一侧的物件时，另一侧的物件会做对称性的改变，这个命令的操作方式和"镜像"命令类似。将图 5-109 所示曲线对称后的效果如图 5-110 所示，将图 5-111 所示曲面对称后的效果如图 5-112 所示。

 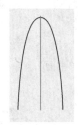  

图 5-109　曲线　　　图 5-110　曲线对称　　　图 5-111　曲面　　　图 5-112　曲面对称

曲面对称时，曲面应尽量位于对称轴的一侧，否则两曲面间会出现扭曲。

5.2.8　重建曲面

1. 重建曲面

利用"重建曲面" 命令以指定的阶数和控制点数重建选取的曲面，可分别设置 U 和 V 方向上的点数，曲面重建后的节点分布比较平均。图 5-113～图 5-115 所示为对同一曲面重建曲面时阶数设置为 1，选择不同 U、V 设置数的曲面结构线效果。

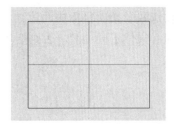 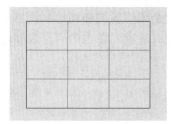 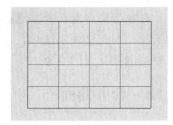

图 5-113　阶数 1，$U=3$，$V=3$　　图 5-114　阶数 1，$U=4$，$V=4$　　图 5-115　阶数 1，$U=5$，$V=5$

2. 重建 U 或 V 方向

利用"重建 U 或 V 方向"命令以指定的阶数和控制点数重建选取的曲面的 U 或 V 方向上的点数。

5.2.9　缩回已修剪曲面

利用"缩回已修剪曲面"命令使原始曲面的边缘缩回到曲面的修剪边缘附近，以符合曲面修剪边界的大小。缩回曲面就像平滑地逆向延伸曲面，曲面缩回后多余的控制点与节点将被删除。

在 Rhino 中，修剪过的曲面由原始曲面与修剪边界曲线定义，如图 5-116、图 5-117 所示修剪曲面，显示的控制点为原始曲面的控制点位置（图 5-118），使用"缩回已修剪曲面"后的控制点效果如图 5-119 所示。

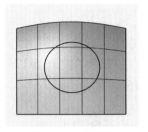
图 5-116　修剪前

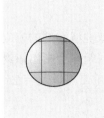
图 5-117　修剪后

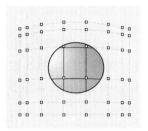
图 5-118　原曲面控制点

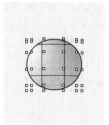
图 5-119　缩回

5.2.10　摊平可展开的曲面

利用"摊平可展开的曲面" 命令将 U、V 两个方向之中只有一个方向有曲率（不是直的）的曲面或多重曲面摊开为平面（图 5-120）。

可展开的曲面一般是把无法延展、分离或收缩的材质卷起来后再展开的曲面，例如：圆柱体、圆锥体及钢板船壳，展开后的曲面可以作为钢板的切割路径。像球体或双向都有曲率的自由造型曲面无法展开，使用高斯曲率分析判断曲面双向都有曲率的部分（无法展开的部分）。

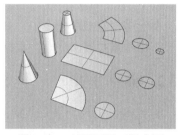
图 5-120　摊平可展开的曲面

利用"摊平可展开的曲面"命令也可摊平可展开曲面上的曲线（图 5-121～图 5-123）。

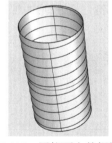
图 5-121　圆柱面上的螺旋线

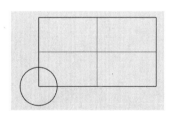
图 5-122　摊平曲面

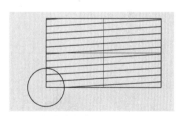
图 5-123　摊平曲面及曲线

5.3　曲面的检测与分析

Rhino 利用 OpenGL 的显示功能，使用假色检查曲面的曲率和曲面之间的连续性。常用的曲面分析工具有方向分析、曲率分析、斑马纹分析和拔模角度分析等，这些工具位于分析菜单中的"曲面分析"子菜单下（图 5-124），下面进行具体说明。

图 5-124　"曲面分析"工具列

5.3.1　显示方向

利用"显示方向" 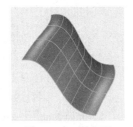 命令可以显示曲面或曲线物件的方向，也可以改变物件的方向。执行"显示方向"命令，选取物件（图 5-125），箭头会指出该物件的法线方向（图 5-126），将光标移动到物件上会显示动态的方向箭头，单击可以反转法线方向，如图 5-127 所示。

图 5-125　原曲面　　　　　图 5-126　分析方向中　　　　　图 5-127　反转方向

在一些创建曲面命令中，如创建曲面后方向不准确或布尔运算操作不是预期的结果，需要对物件进行方向分析，根据需要反转物件的曲面方向。

5.3.2　曲率分析

利用"曲率分析"  命令可以分析曲线或曲面的曲率，在曲面上显示曲率分析的假色，可以显示曲面的各种类型的曲率信息，也可以找出曲面形状不正常的位置，如突起、凹洞、平坦、波浪状或曲面的某个部分的曲率大于或小于周围的曲率，需要时可以对曲面形状做修正（图 5-128）。

执行"曲率分析"命令，选取要做曲率分析的物件，按 Enter 键，会出现"曲率"对话框（图 5-129）。

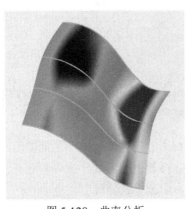 

图 5-128　曲率分析　　　　　　　　图 5-129　"曲率"对话框

"曲率"类型主要有高斯、平均、最大半径和最小半径。

1）高斯

曲面上的每一点都会以设置的曲率范围渐层颜色显示。例如，曲率位于曲率范围中间的曲面会以绿色显示，曲率超出红色范围的曲面会以红色显示，曲率超出蓝色范围的曲面会以蓝色显示。

在下面几个图中，图 5-130 所示曲率分析红色部分的高斯曲率为正数，曲面向外凸，形状类似碗状；图 5-131 所示曲率分析蓝色部分的高斯曲率为负数，曲面向内凹；图 5-132 所示曲率分析绿色部分的高斯曲率为 0，曲面至少有一个方向是直的，如平面、圆柱体的底面和侧面、圆锥体侧面的高斯曲率都是 0。

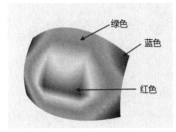 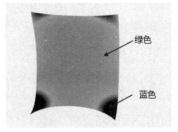 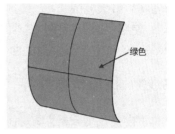

图 5-130　曲率为正数　　　　图 5-131　曲率为负数　　　　图 5-132　曲率为 0

2）平均

显示平均曲率的绝对值，适用于找出曲面曲率变化较大的部分。

3）最大半径

适用于找出曲面较平坦的部分。将蓝色的数值设得大一点（以 10 或 100 甚至 1000 为基数递增），红色的数值设为接近无限大，曲面上红色的区域为近似平面的部分，曲率几乎等于 0。

4）最小半径

如果想将曲面偏移一个特定距离 r，或使用半径为 r 的球状刀具加工，曲面上任何半径小于 r 的部分将会出现问题。曲面上半径小于偏移距离的部分在曲面偏移后会发生自交，小于加工时使用的球状刀具的半径时，刀具会切除应该保留的部分。

对图 5-133 所示曲面进行最小半径曲率分析，在"曲率"命令的"样式"下拉列表框（图 5-134）中选择"最小半径"，设置红色半径为 10，蓝色半径为 1.5×10，从图 5-135 可看出，曲面上的红色区域是在偏移或加工时一定会发生问题的部分，蓝色区域为安全的部分，蓝色与红色之间的渐变区域为可能发生问题的部分。

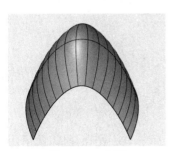  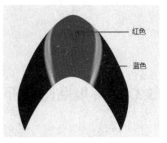

图 5-133　曲面　　　图 5-134　最小半径曲率分析　　　图 5-135　曲率分析结果

5）自动范围

"曲率分析"命令会将假色以曲率值对应至曲面上。先以自动范围设置曲率范围，再调整曲率范围的两个数值，使它比自动范围更能突显分析目的。曲率分析选项会自动记忆上次分析曲面时所使用的设置及曲率范围。如果物件的形状有较大改变或分析不同的物件，自动记忆的设置值可能并不适用。遇到这种情况时，可以使用"自动范围"选项，自动计算曲率范围，得到较好的对应颜色分布。

6）最大范围

使用"最大范围"选项将红色对应到曲面上曲率最大的部分，将蓝色对应到曲面上曲率最小的部分。当曲面的曲率有剧烈的变化时，产生的结果可能没有参考价值。

5.3.3 拔模角度分析

"拔模角度分析" ⊙ 命令使用 NURBS 曲面的评估技术以假色显示拔模角度。操作过程比较简单：选取要进行拔模分析的物件，在"拔模角度"对话框中，设置显示颜色的角度（图 5-136）。

物件的拔模角度以工作平面为计算依据。当曲面与工作平面垂直时，拔模角度为 0°；当曲面与工作平面平行时，拔模角度为 90°。

拔模方向是命令启动时使用的工作视窗工作平面的 Z 轴，执行"拔模角度分析"命令前改变工作平面的方向，可任意定义拔模方向。曲面的法线方向和模具的拔模方向是一致的，可以用"分析方向"命令检查。

当通过拔模角度分析的颜色显示无法看出细节时，可通过选项中的"调整网格"进行设置，以提高分析网格的密度。

如果将最小角度和最大角度设成一样的数值，物件上所有超过该角度值的部分都会显示为红色，如图 5-137 所示。

图 5-136　拔模角度设置

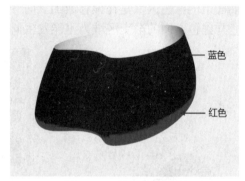

图 5-137　拔模角度分析

5.3.4 环境贴图分析

"环境贴图分析" ⊙ 是众多视觉分析曲面的命令之一。使用 NURBS 曲面评估和渲染技术帮助分析曲面的平滑度、曲率和其他重要的属性。

环境贴图是一种渲染模式，看起来就像打磨得非常光滑的金属表面反射周围环境（图 5-138、图 5-139）。在某些特殊情况下，使用环境贴图可以看出"斑马纹分析"（Zebra）命令和旋转视图所看不出的曲面缺陷。

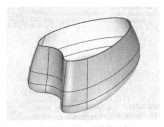

图 5-138　原曲面

图 5-139　环境贴图分析

5.3.5　斑马纹分析

"斑马纹分析" 也是视觉分析曲面的命令，在曲面或网格上显示分析条纹（斑马纹）（图 5-140、图 5-141）。

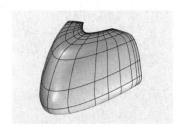

图 5-140　原曲面

图 5-141　斑马纹分析

斑马纹形状的意义如下：

（1）位置连续（G0）：如果两个曲面相接时边缘处的斑马纹相互错开，代表两个曲面以 G0（位置）连续性相接（图 5-142）。

图 5-142　位置连续（G0）

（2）相切但曲率不同（G1）：如果两个曲面相接边缘处的斑马纹相接但有锐角，两个曲面的相接边缘位置相同，切线方向也一样，代表两个曲面以 G1（位置+相切）连续性相接，以"边缘圆角"命令建立的曲面就具有这样的特性，对圆角后的曲面（图 5-143）使用"斑马纹分析"的效果（图 5-144），可看出曲面相接处的条纹未错开，但不平顺。

（3）位置、相切、曲率相同（G2）：如果两个曲面相接边缘处的斑马纹平顺地连接（图 5-146），两个曲面的相接边缘除了位置和切线方向相同外，曲率也相同，代表两个曲面以 G2（位置+相切+曲率）连续性相接（图 5-145）。"混接曲面""衔接曲面"及"从网线

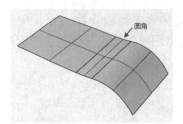

图 5-143　圆角

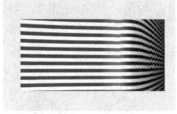

图 5-144　斑马纹分析

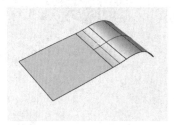

图 5-145　曲率连续的曲面

图 5-146　斑马纹平顺地连接

建立曲面"命令可以建立具有这样特性的曲面。当"从网线建立曲面"命令使用的边缘曲线为曲面边缘时，可以选择 G1 和 G2 连续性。

5.3.6　厚度分析

"厚度分析"命令使用 NURBS 曲面的评估与渲染技术以假色显示实体物件的厚度（图 5-147，图 5-148）。

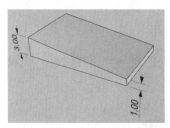

图 5-147　物件

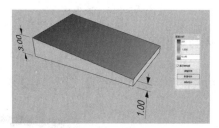

图 5-148　厚度分析

5.4　本章小结

　　复杂的产品曲面可分解为多个简单的曲面，通过简单曲面的拼接，最终完成复杂的曲面。在掌握了各种曲面创建命令的操作过程后，还需要分析由各命令所形成曲面的特点，其适合表现什么曲面，才能熟练应用 Rhino 进行各种造型工作。曲面编辑工具也非常重要，在造型过程中，需要不断对曲面进行编辑才能得到预期的效果，编辑曲面是创建曲面工具的补充。为了得到高质量的曲面，使其具有更好的美观性，符合生产等环节的要求，曲面分析在造型过程中也占有重要的地位，此部分内容也需要熟练掌握。

　　掌握了曲面创建、曲面编辑和分析的操作后，可完成一般简单曲面的产品造型设计，部分细节设计还需在后续章节中继续学习才能完成。

建立实体及实体工具

建立实体

  Rhino 是一款以 NURBS 建模为主要特色的软件,在建模过程中,单纯使用基本体进行操作比较少,一般使用实体为基本形,炸开后使用曲面工具对得到的面继续进行编辑。多个面组成的封闭空间,使用"组合"工具组合后即由面变为体。实体倒角相对"曲面圆角"操作更加方便,将多个面转换成实体后,直接使用体倒角来实现快速倒角的目的。本章主要介绍常用的实体创建方法和技巧。

6.1.1 基本实体的建立

  "建立实体"工具面板如图 6-1、图 6-2 所示。"建立实体"工具的使用方法比较简单,下面进行简要介绍。

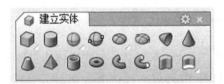

图 6-1 "建立实体"工具面板

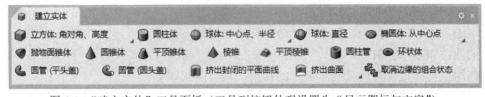

图 6-2 "建立实体"工具面板(工具列按钮外观设置为"显示图标与文字")

1. 立方体

常用的立方体创建方式有以下几种。

1)立方体:角对角、高度 ⬡

按住鼠标左键拖曳出一个矩形框作为立方体的底面,然后向上拉动到一定高度,即建立一个立方体。

2)立方体:对角线 ⬢

先指定第一角的位置,再指定第二角的位置,最后指定角的高度。

3）立方体：三点、高度 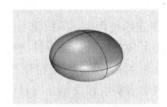（图标在文字中）

以三点方式确定底面的长方形，再指定立方体的高度。

4）立方体：底面中心点、高度

以中心点和另一角或长宽的方式确定底面的长方形，再指定立方体的高度。

5）边框盒子

以多重曲线或多重曲面的方式建立一个可以容纳被选取物件的立方体。通过此命令可快速获得物件的最大边界。

如果选取的物件是平面且与建立边框盒子时设定的坐标平面平行，建立的边框盒子为由多重曲线构成的矩形；否则建立的是由多重曲面构成的立方体。椭球（图 6-3）的边框盒子效果如图 6-4 所示。

图 6-3　椭球

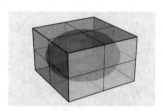

图 6-4　椭球的边框盒子

2．圆柱体

应用"圆柱体" 命令首先绘制圆柱底面的圆，绘制方法与曲线工具中的"圆"相同，确定圆后，再指定圆柱体的高度，即可完成圆柱体的创建。

3．球体

应用球体工具可以创建不同大小的球体。创建球体的主要方式有：①中心点/半径；②直径（两点）；③三点；④四点；⑤环绕曲线；⑥相切；⑦配合点。

4．椭圆体

可通过中心点、直径、焦点、对角、环绕曲线等不同的方式建立椭圆体。

椭圆按钮制作实例

使用"椭圆体"工具可创建常见的按钮，具体步骤如下：

（1）在 Top 视图中使用"椭圆体"工具绘制扁椭圆体，如图 6-5、图 6-6 所示；

（2）在 Front 视图中绘制如图 6-7 所示的直线；

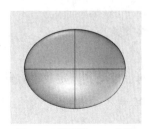

图 6-5　椭圆体 Top 视图

图 6-6　椭圆体 Front 视图

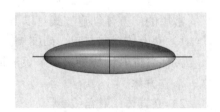

图 6-7　绘制直线

（3）使用"修剪"工具将刚绘制的椭圆体修剪，仅保留上半部分，如图 6-8 所示；

（4）使用"挤出封闭的平面曲线"将得到的椭圆体边进行挤出，挤出选项中"实体＝否"，确定合适的挤出长度，如图 6-9 所示；

（5）使用"组合"工具将两个曲面合成一个曲面；

（6）使用"偏移曲面"将合并后的曲面偏移成实体，如图 6-10 所示。

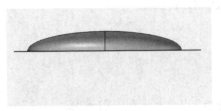

图 6-8　修剪

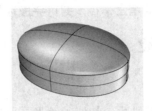

图 6-9　挤出边界

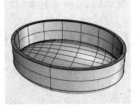

图 6-10　偏移成实体

5．抛物面锥体

利用"抛物面锥体" 命令由焦点或顶点的位置建立抛物面锥体。首先确定焦点的位置，然后确定锥体的方向，再确定锥体端点的位置，即可完成以焦点的方式绘制抛物面锥体。

6．圆锥体

应用"圆锥体" 命令首先在一个视图中画出一个圆作为锥体的底部圆形，然后在另一个视图中拉动，以确定锥体的高度。绘制基底圆的方法与"圆"命令一样，主要有中心点/半径、两点、三点、相切、配合点等方式。

7．棱锥

应用"棱锥" 命令首先在一个视图中绘制棱锥体底面的多边形，然后在另一个视图中确定锥体的高度。绘制锥体底面多边形的选项和"多边形"命令一致，有边数、内接、外切、边、星形等，还可以设定方向限制如无、垂直或环绕曲线。

8．平顶锥体

应用"平顶锥体" 命令可建立一个顶点被一个平面截断的圆锥体，即圆台。

绘制平顶锥体的步骤：首先可通过不同的选项画出基底圆形，再指定平顶锥体顶面的中心点，再指定顶面圆形的半径或直径，即可完成绘制。

9．平顶棱锥

应用"平顶棱锥"命令可建立一个顶点被一个平面截断的棱锥。

绘制平顶棱锥的步骤：首先可通过不同的选项画出基底多边形，再指定平顶棱锥的顶点，再输入数值设定高度，指定顶面的大小，即可完成绘制。

10．圆柱管

应用"圆柱管" 命令可建立一个中间有圆柱洞的圆柱体。

绘制圆柱管的主要步骤：以不同的选项画出基底圆形后，指定圆柱管内壁的半径，再指定圆柱管的终点（确定圆柱高度），即可完成绘制。

11．环状体

应用"环状体" ◉ 命令可建立实体的圆环。其绘制过程为：通过不同的选项画出基底圆形后，再指定环状体的第二半径，即可完成环状体的创建。

6.1.2　特殊实体的创建

1．圆管

沿着曲线建立一个圆管曲面，按照加盖形式可分为平头盖 🔧 和圆头盖 🔧。

创建圆管的主要步骤为：选取一条曲线作为圆管的轨迹线（图 6-11），指定圆管的起点半径（图 6-12），再指定圆管的终点半径（图 6-13），最后根据需要在曲线上指定下一个半径（图 6-14），或按 Enter 键结束命令（图 6-15）。如果曲线是封闭的，圆管的起点半径等于终点半径。

    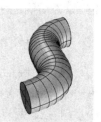

图 6-11　曲线　　图 6-12　起点半径　　图 6-13　终点半径　　图 6-14　下一个半径　　图 6-15　平头盖

"圆管"的命令行选项主要有连锁边缘、加盖、有厚度、渐变形式等。

2．挤出封闭的平面曲线

利用"挤出封闭的平面曲线" 🏛 命令将曲线向与工作平面垂直的方向笔直地挤出建立曲面或实体（图 6-16、图 6-17）。

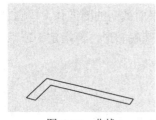 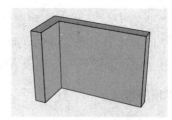

图 6-16　曲线　　　　　　　　　图 6-17　挤出曲线

3．挤出曲面

"挤出曲面" 🏛 命令可将曲面笔直地挤出，建立实体（图 6-18、图 6-19）。

"挤出曲面"命令的主要步骤：选取一个曲面，确定挤出的距离，并设置选项，其主要选项与"挤出封闭的平面曲线"的选项基本相同，有方向、两侧、实体和删除输入物件等。

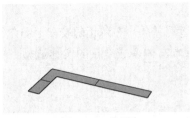

图 6-18　曲面

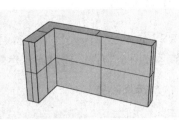

图 6-19　挤出曲面成实体

与"挤出曲面"类似的命令还有"挤出曲面至点""挤出曲面成锥状""沿着曲线挤出曲面"和"沿着副曲线挤出曲面"。

4．文字

"文字" ![T] 命令以 TrueType 字体建立文字曲线、曲面或实体（图 6-20）。执行命令后会出现"文字物件"选项对话框，在对话框中输入文字、确定字体，选择建立文字为曲线、曲面或实体，设置文字的高度、厚度等，最后指定文字的放置点。

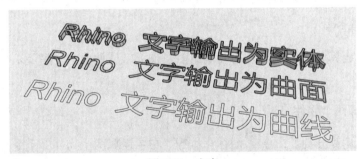

图 6-20　文字

6.2　实体工具

在创建好实体后，需要使用合适的实体工具对实体继续进行细节的造型，Rhino 的"实体工具"提供了布尔运算、加盖、抽离曲面、圆角、面的变动和洞等实体的操作（图 6-21、图 6-22）。

图 6-21　"实体工具"工具列

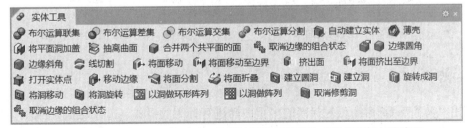

图 6-22　"实体工具"工具列（工具列按钮外观设置为"显示图标与文字"）

6.2.1 布尔运算

NURBS 布尔运算主要包括布尔运算联集、布尔运算差集、布尔运算交集、布尔运算分割和布尔运算两个物件，通过布尔运算可将简单的基本实体变成复杂的实体造型。

1. 布尔运算联集

"布尔运算联集"命令用于减去两组多重曲面（或曲面）交集的部分，并以未交集的部分组合成为一个多重曲面。

2. 布尔运算差集

"布尔运算差集"命令用于从一组多重曲面（或曲面）减去与另一组多重曲面（或曲面）交集的部分。

3. 布尔运算交集

"布尔运算交集"命令用于减去两组多重曲面（或曲面）未交集的部分。

4. 布尔运算分割

利用"布尔运算分割"命令可将两组多重曲面（或曲面）交集及未交集的部分分别建立多重曲面。

5. 布尔运算两个物件

右击"布尔运算分割"命令图标，执行"布尔运算两个物件"命令，在工作视图中用鼠标单击循环切换布尔运算的结果：并集、交集、差集（$A-B$ 和 $B-A$）、反向交集。

6.2.2 自动建立实体

"自动建立实体"命令以选取的曲面或多重曲面所包围的封闭空间建立实体（图 6-23、图 6-24）。

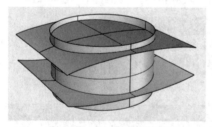

图 6-23　三个开放曲面　　　　　　　　图 6-24　自动建立实体

6.2.3 薄壳

利用"薄壳"命令可对封闭的多重曲面进行抽壳的操作，选择要删除的面，设置薄壳厚度（图 6-25～图 6-27）。

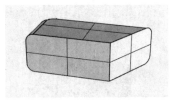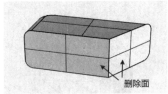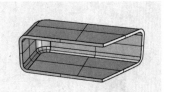

图 6-25　多重曲面　　　　　　图 6-26　删除的面　　　　　　图 6-27　薄壳

6.2.4　加盖与抽离曲面

1．将平面洞加盖

利用"将平面洞加盖" 命令可将物件上的平面洞以新建立曲面的方式封闭（图 6-28、图 6-29）。

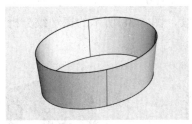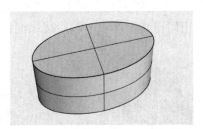

图 6-28　加盖前　　　　　　　　图 6-29　上下加盖后

2．抽离曲面

利用"抽离曲面" 命令抽离或复制多重曲面中的局部曲面。在操作中，只有选取的曲面会与多重曲面分开，多重曲面中未选取的其他曲面仍然组合在一起（图 6-30～图 6-32）。

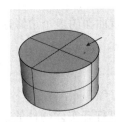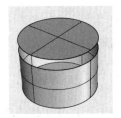

图 6-30　圆柱体　　　　图 6-31　抽离顶部面　　　　图 6-32　移动抽离的面

与"炸开"相比，使用"抽离曲面"命令抽离多重曲面中的特定曲面可以节省时间，不必炸开整个物件，省去再将曲面组合的操作。

6.2.5　实体边缘圆角/边缘斜角

1．边缘圆角

利用"边缘圆角" 命令在多重曲面的多个边缘建立等距或不等距的圆角曲面，修剪原来的曲面并与圆角曲面组合在一起。边缘圆角与原曲面为 G1（相切）连续（图 6-33～图 6-35）。

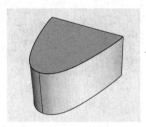
图 6-33　实体

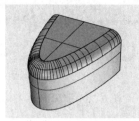
图 6-34　等半径圆角

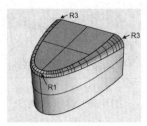
图 6-35　不等半径圆角

2. 不等距边缘混接

利用"不等距边缘混接"（右击 ◼ 图标）命令在多重曲面的数个边缘建立不等距的曲率连续混接曲面，修剪原来的曲面并与混接曲面组合在一起（图 6-36、图 6-37）。

"不等距边缘混接"相对于"不等距边缘圆角"具有更好的连续性，"不等距边缘圆角"为相切连续，而"不等距边缘混接"为曲率连续，图 6-38 所示的斑马纹分析为曲率连续。

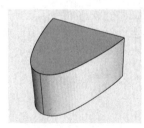
图 6-36　实体

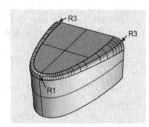
图 6-37　不等距边缘混接

图 6-38　斑马纹分析

3. 边缘斜角

利用"边缘斜角"◼ 命令在多重曲面的多个边缘建立等距或不等距的斜角曲面，修剪原来的曲面并与斜角曲面组合在一起。

6.2.6　打开实体点

利用"打开实体点"◼ 命令可以打开实体物件的控制点，然后对指定的点进行编辑。图 6-39 所示为使用"打开点"工具打开立方体的点，仅显示 3 个点，拖动点后为旋转立方体的操作（图 6-40），图 6-41 所示为使用"打开实体点"工具打开实体的控制点，显示立方体的 8 个控制点，可对其控制点进行移动等编辑，如图 6-42 所示。

图 6-39　打开点

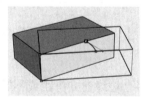
图 6-40　拖动点效果

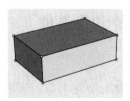
图 6-41　打开实体点

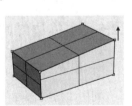
图 6-42　拖动点效果

6.2.7　移动边缘

利用"移动边缘"命令可以移动多重曲面的边缘，相邻的曲面会随着做调整，所有被调整的面都必须是平面或是容易延展的面，通常相邻的面上的洞无法移动或延展。

6.2.8　圆洞

1．建立圆洞

在曲面或多重曲面上建立圆洞。

操作步骤：首先选取一个曲面，在曲面上指定洞的中心点，或设定命令行选项。

2．建立洞

将选取的封闭的平面曲线挤出，在曲面或多重曲面上挖出一个洞。

操作步骤：

（1）选取封闭的曲线；

（2）选取一个曲面或多重曲面；

（3）指定洞的深度点或按 Enter 键切穿物件。

3．旋转成洞

以洞侧面的轮廓曲线旋转，在曲面或多重曲面上建立洞。

4．将洞移动

移动平面上的洞。

5．将洞旋转

将平面上的洞绕着旋转中心点移动。

6．以洞做环形阵列

绕着指定的中心点摆放洞的复本。

7．以洞做阵列

以设定的列数与栏数在平面上摆放洞的复本。

8．取消修建洞

删除曲面上的洞，可以删除一个或全部的洞。

9．复制一个平面上的洞

复制一个平面上的洞，在移动洞时选项选择"复制"也可完成洞的复制。

6.2.9　编辑边缘圆角

编辑有边缘圆角、斜角、混接的物件角的大小，执行"编辑边缘圆角"命令，首先选择有边缘圆角/斜角/混接的物件做编辑，按 Enter 键完成；然后选取要建立圆角的边缘，按 Enter 键完成；再选取要编辑的圆角控制杆，修改圆角值等，按 Enter 键完成。

6.2.10　赋予厚度

在"V6 的新功能"的工具列组中单击 图标，选择物件后（图 6-43），在"属性"选项卡的"厚度"中，启动厚度设置（图 6-44），可将面物件显示成立体效果（图 6-45）。

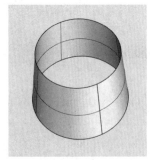
图 6-43　赋予厚度前

图 6-44　厚度设置

图 6-45　赋予厚度后

6.3　本章小结

本章主要讲述常用实体创建工具和实体编辑工具的具体操作，熟练掌握实体的相关操作可扩展 Rhino 的曲面建模方法。Rhino 的实体可理解为封闭的多重曲面，将曲面封闭后就可使用实体工具进行布尔运算、加盖、抽离曲面、洞等的操作。Rhino 6 新增加的赋予厚度工具，可以将面物件显示为具有厚度的物件。

第 7 章

变 动 工 具

在 Rhino 的变动工具中，除了常用的移动、复制、旋转、缩放和镜像外，还有定位、阵列等复杂的变动工具，可进行扭曲、沿曲线流动等特殊的造型操作，"变动"工具列如图 7-1 和图 7-2 所示。

图 7-1 "变动"工具列

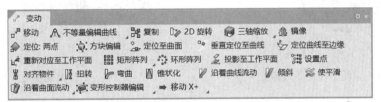

图 7-2 "变动"工具列（工具列按钮外观设置为"显标图标与文字"）

7.1 定位

7.1.1 定位：两点

"定位：两点" 命令以两个参考点对应到两个目标点将物件做定位。

操作步骤：

（1）选取要定位的物件；

（2）指定两个参考点，指定参考点的位置会显示点物件的标记（图 7-3）；

（3）指定两个目标点，两个参考点会对齐到两个目标点；物件会被移动、缩放、旋转，将两个参考点移动到两个目标点的位置。

"定位：两点"的选项为复制和缩放。

（1）复制：复制定位物件。

（2）缩放：缩放方式有否、单轴和三轴三种类型。

否：两个目标点为参考点的对齐方向，选取的物件并不会被缩放（图 7-4）。

单轴：物件定位到目标点时会在两个目标点的方向上缩放。

三轴：物件定位到目标点时会做整体缩放（图 7-5）。

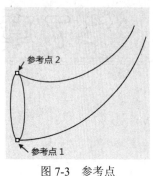

图 7-3   参考点

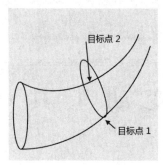

图 7-4   目标点 无缩放

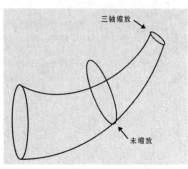

图 7-5   三轴缩放

7.1.2   定位曲线至边缘

利用"定位曲线至边缘" 命令复制曲线并对齐曲线到曲面边缘上。

如果选取的曲线不位于曲面边缘上，定位后曲线的选取端会与曲面相切并与曲面边缘垂直，如图 7-6、图 7-7 所示。

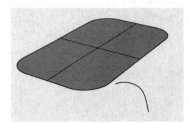

图 7-6   曲线不在曲面边缘上

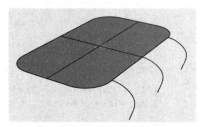

图 7-7   定位曲线至边缘后

如果选取的曲线已经位于曲面边缘上，曲线会沿着曲面边缘复制，复制的曲线相对于曲面的定位会和原来的曲线一样，如图 7-8、图 7-9 所示。

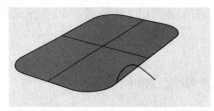

图 7-8   曲线位于曲面边缘上

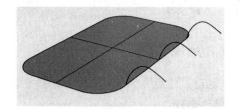

图 7-9   定位曲线至边缘后

如果曲线选取端的切线方向和使用中工作视窗的工作平面 Z 轴平行，定位后的曲线会与曲面垂直，如图 7-10、图 7-11 所示。

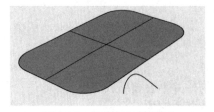

图 7-10   曲线与 Z 轴平行

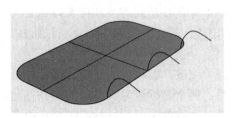

图 7-11   定位曲线至边缘后

7.1.3　垂直定位至曲线

利用"垂直定位至曲线" 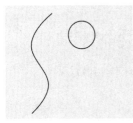 命令依照曲线的方向将物件定位到曲线上（图 7-12～图 7-14）。

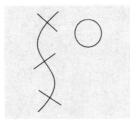

　　图 7-12　定位前　　　　　图 7-13　垂直定位至曲线　　　图 7-14　定位后（透视图效果）

7.1.4　重新对应至工作平面

利用"重新对应至工作平面"  命令重新定位选取的物件到其他工作平面，可作为一种快速旋转物件的方法。

操作步骤：

（1）选取物件（一般不在透视图中选择物件）；

（2）点选另一个工作视窗，选取的物件会重新定位到这个工作视窗的工作平面；物件会以原来的工作平面一样的相对位置对应到其他工作平面。

7.2　阵列

阵列工具列如图 7-15 所示。

　　　　　　　　　　　　图 7-15　阵列工具列

7.2.1　矩形阵列

利用"矩形阵列" 命令以指定的排数和列数放置复制物件（图 7-16、图 7-17）。

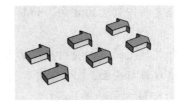

　　　图 7-16　要阵列的物件　　　　　　　图 7-17　矩形阵列后

7.2.2　环形阵列

利用"环形阵列" 命令以指定的数目绕着中心点放置复制物件（图 7-18，图 7-19）。

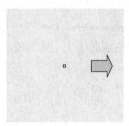

图 7-18　要阵列的物件

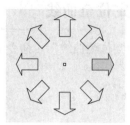

图 7-19　环形阵列后

7.2.3　沿着曲线阵列

利用"沿着曲线阵列"命令沿着曲线以固定间距摆放复制的物件（图 7-20～图 7-22）。

操作步骤：

（1）选取要阵列的物件；

（2）选取一条路径曲线的端点处，以该端点作为物件阵列的起点；或使用基准点选项；

（3）设定阵列的项目数，或阵列物件之间沿着路径曲线的间距；

（4）输入 1 或以上的项目数。

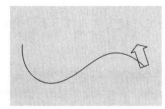

图 7-20　阵列物件及曲线

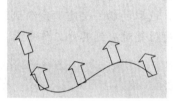

图 7-21　定位=不旋转

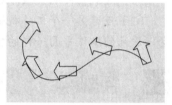

图 7-22　定位=自由扭转

7.2.4　在曲面上阵列

利用"在曲面上阵列"命令沿着曲面以列与栏的方式摆放物件复本，阵列物件在曲面上的定位是参考曲面的法线方向。

操作步骤：

（1）选取物件；

（2）指定一个相对于阵列物件的基准点；

（3）指定物件朝上的方向，如果物件朝上的方向为工作平面 Z 轴的方向，按 Enter 键即可；

（4）物件朝上的方向会对应至曲面的法线方向；

（5）选取目标曲面；

（6）输入 U 方向的项目数；

（7）输入 V 方向的项目数。

物件阵列会以整个未修剪曲面为范围平均分布于曲面的 UV 方向上，如果目标曲面是修剪过的曲面，物件阵列可能会超出可见的曲面之外，分布于整个未修剪的曲面上，遇到这种情形时，"缩回已修剪曲面"命令可能会有帮助。

7.2.5　沿着曲面上的曲线阵列

利用"沿着曲面上的曲线阵列"命令沿着曲面上的曲线摆放物件复本，物件复本会随着曲面的形状扭转；阵列物件在曲面上的定位是参考曲面的法线方向。

7.2.6　直线阵列

利用"直线阵列"命令可将物件沿指定的方向进行阵列。选择要阵列的物件后，首先指定第一参考点，然后指定第二参考点，第二个参考点同时决定阵列的方向与物件的间距，最后指定阵列的数量（图7-23～图7-25）。

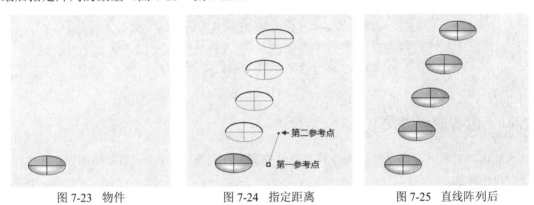

图 7-23　物件　　　　　图 7-24　指定距离　　　　　图 7-25　直线阵列后

7.3　设置点

利用"设置点" 命令可移动物件（尤其是点和控制点），使物件对齐 X、Y、Z 轴上的某一点。这个命令通常用于需要将多个物件精确地移动到某个位置的情况，可一次将多条曲线挤压到同一个平面上（图7-26～图7-28）。

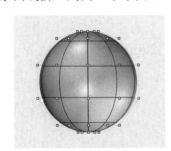  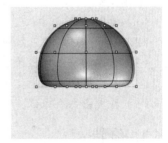

图 7-26　选取部分点　　　图 7-27　"设置点"对话框　　　图 7-28　设置点后

7.4　倾斜

将物件倾斜某个角度。如将一个矩形倾斜变形时，矩形会变成平行四边形，矩形的左、右两边会变长，但上、下两边的长度维持不变。

7.5　使平滑

利用"使平滑"命令均化指定范围内曲线控制点、曲面控制点、网格顶点的位置。该命令以小幅度渐进均化选取的控制点的间距，适用于局部除去曲线或曲面上不需要的细节与自交的部分。

7.6　变形工具

单击"沿着曲面流动"图标右下角的三角形，弹出"变形工具"列（图 7-29）。

图 7-29　变形工具

7.6.1　沿着曲面流动

利用"沿着曲面流动" 命令将物件从来源曲面对变 (Morph) 至目标曲面。
操作步骤：
（1）选取物件；
（2）选取基准曲面的角落处；
（3）选取目标曲面对应的角落处。

7.6.2　球形对变

利用"球形对变" 命令以球体为参考物件将物件包覆到曲面上。
操作步骤：
（1）选取物件；
（2）画一个环绕输入物件的球体，这个参考球体可以决定缩放比与方向；
（3）选取物件要包覆于其上的曲面；
（4）在选取的曲面上指定一点；
（5）拖曳出一个球体。

7.6.3　绕转

利用"绕转" 命令像旋涡一样将物件变形。
操作步骤：
（1）选取物件；
（2）指定绕转的中心点与半径；
（3）设定第二半径，第二半径选项有"复制"和"硬性"；
（4）指定绕转角度。

7.6.4 延展

利用"延展" 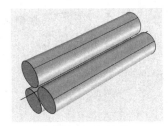 命令在指定的方向上延展物件的一部分。

操作步骤：

（1）选取物件；

（2）指定延展轴的起点；

（3）指定延展轴的终点；

（4）输入延展系数或指定延展至的点。

7.6.5 扭转

利用"扭转" 命令绕着一个轴扭转物件（图 7-30、图 7-31）。

图 7-30 扭转前

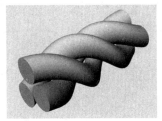

图 7-31 扭转后

操作步骤：

（1）选取物件；

（2）指定扭转轴的起点，物件靠近这个点的部分会完全扭转，离这个点最远的部分会维持原来的形状；

（3）指定扭转轴的终点；

（4）输入角度，或指定两个参考点定义扭转角度。

7.6.6 弯曲

利用"弯曲" 命令沿着骨干做圆弧弯曲（图 7-32～图 7-34）。

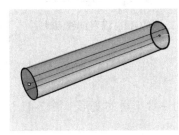

图 7-32 弯曲起点和终点

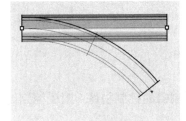

图 7-33 通过点

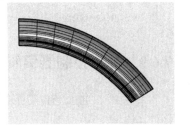

图 7-34 弯曲后

操作步骤：

（1）选取物件；

（2）指定骨干直线的起点代表物件弯曲的原点；

（3）指定骨干直线的终点；

（4）指定骨干弯曲后的通过点。

7.6.7　锥状化

利用"锥状化" 命令将物件沿着指定轴线做锥状变形（图 7-35～图 7-37）。

操作步骤：

（1）指定锥状轴的起点；

（2）指定锥状轴的终点；

（3）指定起始距离；

（4）指定终止距离。

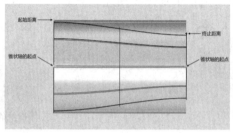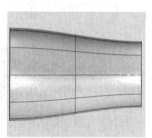

图 7-35　锥状化前　　　　　图 7-36　锥状化中　　　　　图 7-37　锥状化后

7.6.8　沿着曲线流动

"沿着曲线流动" 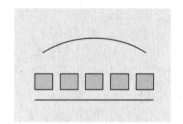命令将物件或群组以基准曲线对应到目标曲线，可将物件以直线变形对应到曲线上（图 7-38～图 7-40），因为建立平直的物件总是比沿着曲线建立物件容易。

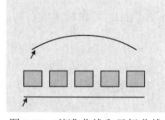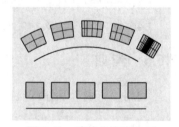

图 7-38　选取物件　　　　图 7-39　基准曲线和目标曲线　　　　图 7-40　沿着曲线流动后

7.6.9　变形控制器编辑

将曲线、曲面当作变形控制器的控制物件，对受控制的物件做平滑的变形（图 7-41～图 7-44）。

操作步骤：

（1）选取受控制物件（要变形的物件）；

（2）选取或建立一个控制物件，可以选取受控制物件的一个曲面或边缘作为控制物件；

（3）定义变形的范围。

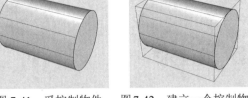

图 7-41　受控制物件　　　图 7-42　建立一个控制物件　　　图 7-43　变形中　　　图 7-44　变形后

7.7　本章小结

　　本章主要对 Rhino 的变动工具进行了详细的讲解，Rhino 变动工具与点、曲线、曲面和实体的操作经常交叉使用，除基本的复制、移动功能外，还展示了弯曲、扭转、锥状化、沿着曲线流动等命令，可对曲线、曲面或实体进行变形的操作，丰富了 Rhino 建模的方法，是对曲面及实体建模方法的补充。

Rhino 出图与渲染

8.1 Rhino 出图

在 Rhino 的"尺寸标注"菜单或"出图"工具列（图 8-1）中主要提供了建立 2D 画面、图纸配置、尺寸标注类型、注释文字等功能。

图 8-1 "出图"工具列

8.1.1 建立 2D 画面

将几何物件投影到工作平面建立 2D 图面，其原理为建立每一个视图中 NURBS 物件的轮廓线，投影至个别视图的工作平面成为平面曲线，然后放置到世界 XY 平面。其操作步骤为：选取要建立 2D 画面的物件，然后设定图面配置与物件可见性选项（图 8-2～图 8-4）。

图 8-2 透视图

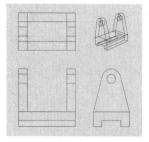

图 8-4 2D 图

图 8-3 建立 2D 画面选项

8.1.2　尺寸标注

Rhino 主要提供了直线尺寸标注、对齐尺寸标注、旋转尺寸标注、纵坐标尺寸标注、半径尺寸标注、直径尺寸标注、角度尺寸标注、平面夹角尺寸标注、面积尺寸标注、曲线长度尺寸标注、标注引线、文字方块、注解点、剖面线、修订云形、置中尺寸标注文字、建立 2D 图面、设定目前的尺寸标注型式、尺寸标注型式等功能。

8.1.3　工程图输出

将建立 2D 画面的曲线等物件，通过另存为 DWG、DXF 等格式，导入到专门的工程制图软件中。

8.2　Rhino 渲染

Rhino 6 除着色预览以外，还提供了包括色彩、灯光、透明度、阴影、贴图以及凹凸贴图等要素的完整渲染功能，可快速、高质量呈现设计效果。图 8-5 所示为 Rhino 渲染工具列，主要有材质、灯光设定、贴图、动画等工具。

图 8-5　渲染工具

8.2.1　关于 RhinoRender

Rhino 内置渲染器 RhinoRender 经历过几个不同的渲染引擎，在 Rhino 6 之前的渲染引擎有 TreeFrog、Accurender 与 Toucan 等，目前 Rhino 6 内有两个渲染引擎，一个用于 RhinoRender 的 Toucan，另外一个用于光线跟踪显示模式的 RhinoCycles。

8.2.2　Rhino 渲染流程

Rhino 基本的模型渲染有加入照明、赋予材质、设定环境和渲染四个步骤，前三个步骤并没有绝对的先后顺序，必须持续调整这三个步骤的设定，不断渲染测试，直到得到自己觉得满意的结果。

1. 加入照明

在 Rhino 渲染中，可以控制光源为物件照明，如果没有在场景中添加任何灯光，将使用默认的平行光定向光源，也可在灯光面板（图 8-6）中插入点光源、聚光灯、平行光、管状灯光或矩形灯光（图 8-7），或打开太阳作为光源。

2. 赋予材质

可以在材质中定义在渲染器中所使用的颜色、透明度、贴图以及凹凸贴图，主要有以下几种方法赋予材质。

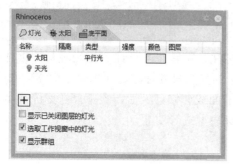

图 8-6 灯光面板

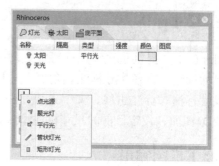

图 8-7 添加光源

1）赋予图层

在图层面板中，选取一个或多个图层名称，并单击材质栏（图 8-8），在图层材质对话框中，选择材质（图 8-9）。

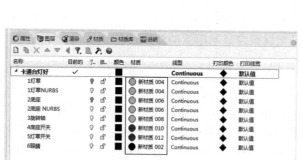

图 8-8 图层面板材质栏

图 8-9 图层材质

2）赋予物件材质

选取一个物件，在"属性"面板的"材质"页面上选择材质（图 8-10），可选择使用图层材质、使用新材质、默认材质或场景中的其他材质（图 8-11）。

3）拖放材质至物件

在材质库面板中（图 8-12），双击预选择的材质类型文件夹，单击材质缩略图并将其拖曳到一个物件上，光标移动到物件上时物件将高亮显示。默认材质库保存在云端，需要单击材质库名称右侧的 ☰ 图标，在弹出的菜单中选择"下载材质库中的所有材质"（图 8-13）。

图 8-10　"材质"页面

图 8-11　可选择材质

图 8-12　材质库

图 8-13　下载材质库中的所有材质

3．设定环境

环境用以描述模型四周的空间环境，这个空间环境可以在物件上反射出来，并提供全局照明。

在"渲染"属性中有一些环境设定，打开环境编辑器来设定环境的属性，如背景颜色与环境贴图等（图 8-14）。

单击"环境"面板中的 ⊞ 图标或 ≡ 图标，在弹出的菜单中选择"从环境库导入""基本环境"或"更多类型"来建立新环境（图 8-15）。

底平面为图像提供了一个无限延展的平面，该平面在其所在高度上向各个方向延伸至地平线，底平面的渲染速度比使用曲面作为背景要快得多，任何材质都可以分配给底平面。

打开"底平面"面板（图 8-16），设置底

图 8-14　渲染属性的背景设置

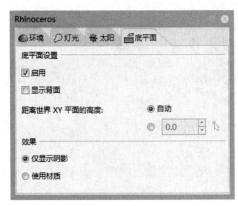

图 8-15　建立新环境
图 8-16　底平面

平面属性，即可建立底平面，在"效果"选项中可设置"仅显示阴影"，或"使用材质"为底平面赋予材质。

4．渲染

在渲染功能表中选择"渲染"或者在渲染工作视窗文件列表中选择"另存为"，启动渲染并保存图像。

渲染开始时，Rhino 渲染引擎会检查材质使用的外部图片是否存在，如果有图片遗失会弹出警告，并列出遗失的图片。

Rhino 渲染器可以保存 rimage 文件（图 8-17），这是一个专有的文件格式，仅可以在 Rhino 渲染窗口中使用，而不能在其他软件中使用，rimage 格式可存储渲染引擎所有渲染的信息，包括颜色、alpha、深度、常规通道。全部采用 32 位每通道的分辨率。渲染窗口（图 8-18）可以使用这些信息执行后期处理和曝光操作，第三方渲染器也可以用它实现其他效果。

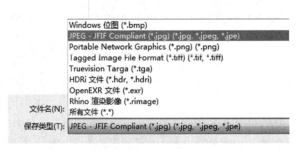

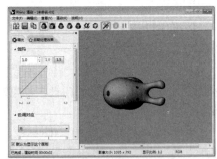

图 8-17　渲染保存文件类型
图 8-18　渲染窗口

Rhino 渲染设置主要有目前的渲染器、视图、解析度与品质、背景、照明、线框、抖动与颜色调整和高级 Rhino 渲染设置共八个选项（图 8-19），也可在文件属性中打开"渲染"设置。

图 8-19　渲染设置

8.2.3　Rhino 渲染的其他操作

1．渲染白模

RenderArctic 命令将所有内容设置为白色，如材质、天窗、底平面等，并渲染当前的工作视窗，主要选项有影响材质、影响灯光、影响底平面、影响背景的设置是否打开（图 8-20）。

2．虚拟圆角、圆管、装饰线和厚度

图 8-20　渲染白模

Rhino 6 提供了赋予渲染圆角、渲染圆管、装饰线和厚度四个工具（图 8-21）。

图 8-21　渲染工具中的渲染圆角、渲染圆管、装饰线和厚度工具

1）渲染圆角

渲染圆角为曲面、多重曲面或网格构造一个视觉上的边缘圆角显示网格，可渲染为圆角、斜角、平坦面等（图 8-22～图 8-24）。

图 8-22　立方体

图 8-23　渲染斜角

图 8-24　设置渲染圆角的属性

2）渲染圆管

渲染圆管在曲线周围包裹一个网格圆管。选取要建立渲染圆管的曲线，在属性面板中，单击"渲染圆管"按钮 ，再设置渲染圆管的属性（图 8-25～图 8-27）。

图 8-25　曲线

图 8-27　渲染圆管

图 8-26　渲染圆管属性

3）装饰线

以选取的曲线在曲面、多重曲面或网格上产生凹凸线条的装饰效果，如两个相邻曲面之间的缝隙效果（图 8-28～图 8-30）。

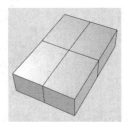

图 8-28　曲面和曲线

图 8-30　创建装饰线效果

图 8-29　装饰线属性

创建装饰线的操作步骤如下：

（1）单击 图标执行装饰线命令；

（2）选取曲面物件，按 Enter 键结束选取；

（3）在"属性"面板的"装饰线"属性中单击"加入"按钮；

（4）选择曲线，按 Enter 键结束选取，曲线名称将加入到属性的曲线列表中；

（5）单击曲线列表中的曲线，使其作为当前选取的曲线，在曲线属性中设置半径、断面轮廓、凸出等。

修改装饰线的操作步骤如下：

（1）选择已经创建装饰线的曲面；

（2）在"属性"面板中单击"装饰线"图标；

（3）单击曲线列表中的曲线，使其作为当前选取的曲线，在曲线属性中修改半径、断面轮廓、凸出等设置。

4）渲染厚度

为物件偏移出一个渲染用的有厚度的网格（图 8-31～图 8-33）。

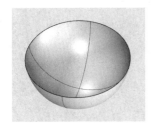

图 8-31　厚度关闭　　　　　图 8-32　厚度启用　　　　　图 8-33　厚度面板

3. 停止或暂停渲染

单击渲染面板中的 ⊙ 图标，可终止当前视图的渲染，将显示模式切换到"光线跟踪"模式后，会启动 Raytraced(Cycles)自动渲染，单击如图 8-34 所示的暂停图标，可暂时停止渲染，单击播放图标恢复渲染。

4. 保存不同视角

使用"已命名视图"命令管理已命名的视图，可以储存、复原、编辑已命名的视图。在渲染模式调整角度，在属性面板打开"已命名视图"（图 8-35），保存自己调好的视图角度，保存不同的视角效果。

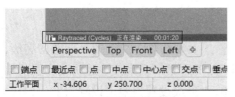

图 8-34　暂停渲染按钮　　　　　　　　　图 8-35　已命名视图面板

"已命名视图"面板里有个"动画"工具，当从一个已命名视图切换到另一个时显示动画效果，从目前显示的视图平滑过渡到选取的已命名视图，可以使用这个功能来制作演示。

5. 聚焦模糊

在 RhinoCycles 渲染引擎中渲染聚焦模糊效果，几乎不影响渲染速度，但会让简单产品层次立刻丰富起来。激活透视图，单击焦距模糊图标 ，选择聚焦模糊的设置方式（图 8-36）。

图 8-36　聚焦模糊

8.2.4　纹理与材质的设置

1. 创建新的材质

在 Rhino 中可从之前保存的材质库 Rhino.rmtl 文件导入材质，也可使用新材质。单击"材质"选项卡的 ➕ 图标，在弹出的菜单中选择预使用的材质类型（图 8-37）。Rhino 材质库中提供的材质类型有塑胶、图像、宝石、油漆、玻璃、石膏、自定义、金属等（图 8-38）。

图 8-37　在模型中导入材质

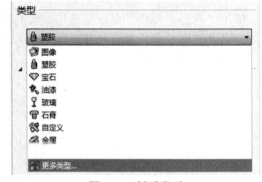

图 8-38　材质类型

2. 材质参数设置

自定义材质包含了材质编辑器中所有通用的设置，主要有自定义设置、贴图、高级设置、附注等四个选项，在"自定义设置"中可设置颜色、光泽度、反射度、透明度和折射率，在"贴图"中可设定颜色、透明、凹凸、环境的贴图，"高级设置"中可设置自发光、菲涅尔反射、alpha 透明度、reflection polish、透明清晰度和发光颜色。

颜色：设定材质的基底颜色（又称为漫射颜色），用于渲染曲面、多重曲面与网格的颜色。更改颜色时可按颜色按钮，在选取颜色对话框中设定颜色，或者按颜色方块右边的小三角形或在颜色方块上按鼠标右键弹出快显功能表（图 8-39）。

光泽度：调整材质反光的锐利度 （平光至亮光），向右移动滑杆提高光泽度，按光泽度的颜色方块设定光泽的颜色。如金属材质的光泽度颜色与金属的颜色相同，塑胶材质的光泽度颜色为白色。

反射度：设置设定材质的反射度，向右移动滑杆提高反射度，按反射度的颜色方块设定反射的颜色。

透明度：调整物件在渲染影像里的透明度，向右移动滑杆提高透明度，按透明度的颜色方块设定透明的颜色。

IOR（折射率）：设定光线通过透明的物件时方向转折的量。

3．贴图类型

材质的颜色、透明、凹凸与环境可以用图片或程序贴图来代替（图 8-40）。

图 8-39　自定义材质的自定义设置　　　　图 8-40　自定义材质的贴图

颜色：以贴图作为材质的颜色。

透明：以贴图的灰阶深度设定物件的透明度。

凹凸：以贴图的灰阶深度设定物件渲染时的凹凸效果，凹凸贴图只是视觉上的效果，物件的形状不会改变。

环境：设定材质假反射使用的环境贴图，非光线追踪的反射计算，这里使用的贴图必须是全景贴图或金属球反射类型的贴图，其他的图片可以产生反射效果，但是不会产生真实的环境反射效果。

4．贴图轴

在"贴图"面板中的缩略图预览窗口中，单击创建新贴图按钮，在功能表中，选择贴图类型，在贴图面板中将出现子面板，子面板中包含了所选贴图类型的设置（图 8-41）。在贴图轴的面板中可执行显示/隐藏贴图轴、选择不同的贴图轴类型、匹配贴图轴等操作（图 8-42）。

图 8-41　贴图面板　　　　　　　　　　　　　图 8-42　贴图轴

8.2.5　印花处理

印花是放置在一个或多个物件上特定位置的贴图，使用印花可以修改一个物件上特定区域的颜色，可以模拟挂在内墙上的艺术品、产品上的标签、模型上的标志、玻璃窗上的污迹等。

印花是通过给定投影方式应用于物件表面的非重复贴图，这是一种将单个图像或贴图贴到物件表面的简单易用的方式，不需要进行复杂的纹理映射过程。

将图 8-43 所示的标签以"平面"的贴图轴类型（图 8-44）贴到球体上，标签贴图设置如图 8-45 所示，印花效果如图 8-46 所示。

图 8-43　标签

图 8-44　印花贴图轴类型　　　　图 8-45　标签贴图轴　　　　图 8-46　印花效果

单击"新增"按钮 ➕ 在物件上放置一个新的印花后，需要通过"编辑布局"按钮 🔲 启用印花控件，印花控件可以使用诸如移动、旋转、缩放等 Rhino 命令，也可以通过操作轴手动控制，重新定位以及调整印花的大小，也可删除选取的印花。

当多个重叠印花应用于单个物件时，它们的应用顺序很重要，在列表中拖曳印花，改变其在列表中的位置，同时也会改变其在物件上的显示顺序，列表中的最后一个印花会在最上面。

在印花贴图轴类型选项（图 8-44）中的贴图轴类型决定了印花如何投影到物件上，可以借助辅助线与物件锁点在场景中精确放置印花。主要贴图轴类型有平面、UV、圆柱体和球体。

平面：要贴到平坦或略微弯曲的物件上时，可以使用平面贴图轴。

UV：使用 UV 贴图轴可以使印花沿着曲面的方向延伸，印花将覆盖整个物件，无法控制印花的布局。

圆柱体：使用圆柱体贴图轴可以将印花放置到向一个方向弯曲的物件上，例如酒瓶上的标签。

球体：使用球体贴图轴可以将印花放置在两个方向均弯曲的物件上。通过球体投影将贴图映射到球体时，贴图的纵轴（高度方向）将对应球体上从一个极点到另一个极点的方向，贴图的横轴对应球体的赤道方向。

8.3　视图动画

动画命令提供了在 Rhino 中创建视图动画的工具（图 8-47），任何显示模式都可以用于创建动画，可以选择工作视窗显示和渲染预览模式。

单击渲染工具列（图 8-47）中的 🖵 图标右下角的灰三角形，将弹出的动画设置工具列作为浮动工具列（图 8-48），单击 ▶ 图标右下角的灰三角形，将弹出的预览动画工具列作为浮动工具列（图 8-49）

图 8-47　渲染工具

图 8-48　动画设置工具列

图 8-49　动画预览工具列

动画设置主要有设置单日阳光动画、设置季节阳光动画、设置漫游动画、设置路径动画和设置 360°旋转动画。

设置漫游动画：将相机与目标点沿曲线的运动作为动画。

设置路径动画：分别沿着曲线移动相机和目标点建立动画。

设置 360°旋转动画：将视图相机绕着当前的目标点旋转一周，想粗略预览动画效果，可以在 Perspective 工作视窗中按住键盘左或右方向键以旋转并查看效果。

设置单日阳光动画、设置季节阳光动画：设定某一天的阳光动画，或设定某一周、月或年的阳光动画。

Rhino 提供的动画工具是有限的，这些工具只能用来移动相机及太阳，Rhino 自带的动画工具无法移动物件。

动画帧由一系列静态渲染图片构成，Rhino 不包含将单个帧图片合成为动画的工具，需要借助第三方软件将这些图片合成为动画。

8.4　本章小结

Rhino 6 改进了工程图出图功能，尤其改进了渲染引擎，通过赋予材质、设置灯光、环境设置等步骤，可快速得到渲染效果图，可以满足一般产品设计方案的展示。

第 9 章

Rhino 高级操作

导入参照图片

对于比较复杂的模型，一般需要使用实物图片或概念设计草图作为建模的参考，以提高建模的准确性和速度。

在 Rhino 中导入参考图片前需要选择合适的图片，尽量以正视图为主，为了便于后续的操作，一般需使用图像处理软件对图片进行处理。

在 Rhino 中导入参考图片主要有三种方法：使用"图像"命令、使用"背景图"命令导入图片，以及使用物件材质属性的贴图来显示图片。

9.1.1　使用图像导入图片

使用"图像"命令可快速导入参考图片，该命令建立一个矩形平面，赋予已选择的图片为贴图的材质，不论工作视窗的显示模式为哪种，该矩形平面始终以渲染模式显示。

在边栏 1 中的"建立曲面"工具列中单击"图像"图标 ，出现"打开"对话框，选择需要的图片，则建立一个附有该图片文件的矩形平面，图像的长宽比例与图片文件一致。

具体操作步骤：

（1）执行图像命令，在打开的图片对话框中选取图片文件。

（2）指定图像的一个角点，可借助物件锁点工具进行捕捉或正交模式来确定方向。

（3）指定另一个角点或输入长度。

将图像进行缩放、移动、旋转等操作，并放入指定的图层，锁定该图层，以防止在绘图中误选择图像。

9.1.2　使用背景图命令导入图片

使用"背景图"命令可以在工作视图中放置和调整背景图，以作为描绘和设计分析的参考，作为建模辅助的物件，背景图不会出现在渲染图像中。其缺点为一个工作窗口只能放置一个背景图，当放置第二个背景图时，先前放置的背景图会被删除。

背景图通常会和工作平面的 X 轴对齐，如果需要与其他轴对齐，必须在图像编辑软件中编辑该背景图，也可以旋转工作平面，使工作平面对齐背景图。

9.1.3 使用材质导入图片

在 Rhino 的基本材质属性中，可设置渲染时显示于物件上的位图，利用这一功能可在平面物件上显示背景图片，以作为绘图的参考。此方法的优点是可在一个视图中放置不同方向的平面物件，像物件一样进行管理，如放置在指定的图层中、锁定、隐藏等。

平面物件的尺寸必须与参考图片长宽比例一致，若不一致，导入的图片会变形，图片长宽比例将按照平面物件的比例关系发生变化。

9.2 建模方法

Rhino 建模过程遵循从点到线、从线到面、从面到体、从整体到细节的过程。对于形态复杂的曲面，在建模前需要花一定的时间考虑建模思路和建模方法，采用合适的方法能提高建模的速度与质量。

9.2.1 实体布尔运算法

布尔运算法主要是指通过对 Rhino 的"实体"进行布尔运算的一系列操作，将简单实体组合成复杂实体的过程。其实体不仅指 Rhino 中的立方体等基本实体，更多的是指由多个曲面构成的封闭复合曲面而形成的实体。对实体应用布尔运算联集、交集、差集、分割来进行增加或减少的操作。

图 9-1 所示模型是由大椭球体和圆柱体布尔运算交集后形成曲面 1，曲面 1 和小椭球体布尔运算联集形成曲面 2，然后对曲面 2 使用小圆柱体和立方体进行布尔运算差集，形成中间的圆孔和边上的缺口。

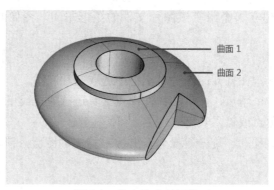

曲面 1
曲面 2

图 9-1　基本体布尔运算

实体布尔运算法主要用来创建比较简单的物件，或者将复杂物件还原为不同的基本体，由基本体组合成复杂的物件。在 Rhino 建模过程中，向由复合曲面组成的封闭面上增加细节时，也常使用布尔运算方法。

9.2.2 曲面缝合法

在产品设计中，大多数形体不是由一个或两个面组成的，越是复杂的物件，组成物件的曲面越多。如何将曲面划分成面进行建模是 Rhino 建模的关键。划分后的分片可通过 Rhino 的曲面工具缝合成复杂的面。

　　划分曲面的一般原则为要符合 NURBS 曲面的 4 边特征，尽量避免 2 边、3 边；曲面划分不宜过于零碎，以免增加制作过程，在划分曲面的同时要考虑制作的方法。在分析一个曲面的分片时，从整体入手，先忽略曲面上的分模线、按键、倒角等细节，这样可以得到一个模型的雏形，再对这个雏形进行面片的划分。

　　曲面缝合过程中一般将多个面连接到一起，对面进行修剪以符合连接的需要，类似于缝衣服的过程。在曲面与曲面的缝合过程中，曲面之间的连接关系非常重要，可形成位置连接、相切连接或曲率连接。在缝合时，两曲面间不一定要拥有共同的边界，可使用 Rhino 的"混接曲面" 等命令在不相连的曲面间创建过渡面，以与两曲面分别连接。

9.2.3　塑形法

　　在建模时必须事先决定模型的哪一部分应该以什么方法建立。Rhino 建模基本分为两种方式：自由造型建模与精确尺寸建模。因为有些模型在实际生产时需要精确的尺寸或是模型的各部分需要紧密的结合，所以建模时必须着重于模型的精确尺寸。有些时候，模型的造型比尺寸还要重要，就必须使用自由造型的方式建模。这两种建模技巧可以混合使用，建立尺寸精确的自由造型物件。

　　可先建立一个大概的曲面形状，再以各种变形、分析工具在 3D 空间中将曲面塑形。目前 Rhino 提供的主要变形工具有变形控制器、弯曲、流动、锥状化、扭转等，使用塑形法建模更多的是指对曲线、曲面、体的控制点进行编辑，得到复杂的自由造型曲面。

　　下面主要以编辑控制点的方式展示塑形的方法及过程，本实例中对基本球体（图 9-2）进行一系列的编辑控制点，最终得到如图 9-3 所示的曲面。

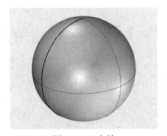

图 9-2　球体

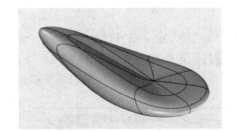

图 9-3　球体塑形后效果

具体塑形过程如下：

　　（1）建立塑形用的基本球体。

　　（2）对球体使用"重建曲面"命令重建成可塑形的球体，如图 9-4 所示。设置 UV 点数为 8，更多的控制点对球体的形状有更大的控制能力，3 阶曲面比原来的球体更能平滑地变形（图 9-5）。

　　（3）打开曲面的控制点，在 Front 视图中，使用框选方式选择图 9-6 中矩形框内的控制点，使用"设置点"（变动菜单：设置点）将矩形框内的控制点在 Z 轴方向对齐（图 9-7）。

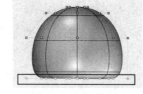

图 9-4　重建曲面　图 9-5　"重建曲面"对话框　　图 9-6　选择控制点　　图 9-7　"设置点"对话框

（4）移动控制点，在 Front 视图中，选择如图 9-8 所示矩形框内的控制点，直接拖动控制点向左移动。

（5）缩放控制点，在 Top 视图中使用框选方式选择如图 9-9 所示的控制点，使用"单轴缩放" 命令进行缩放，缩放后效果如图 9-10 所示。

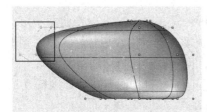
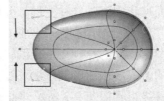
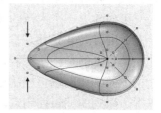

图 9-8　移动节点　　　　　　　图 9-9　缩放前　　　　　　　图 9-10　缩放后

（6）继续变动点，在 Front 视图中，选择如图 9-11 所示矩形框内的控制点，使用"设置点" 将选定的控制点在 Z 轴方向对齐。

（7）继续使用"设置点"变动矩形框内的控制点，最终结果如图 9-12 所示。

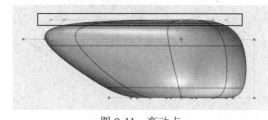
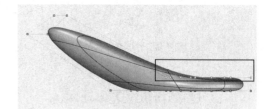

图 9-11　变动点　　　　　　　　　　图 9-12　继续变动点

除了使用 Rhino 中常用的命令对物件进行塑形，还可以使用 Rhino 的网格建模插件 T-Splines 进行塑形（目前不支持 Rhino 6）。T-Splines 具有非常强大的节点、边、面的编辑功能，可对控制点进行推拉、旋转、缩放等操作，完成复杂有机形体的创建，并与 Rhino 的 NURBS 具有完好的兼容性。Rhino 6 新增加的细分曲面建模功能，也非常适合塑性的建模操作。

在具体的产品建模过程中，每一个复杂物件的建模基本上为多种建模方法的综合应用。

9.3　不同混接实例

"混接曲面" 命令在两个曲面之间建立平滑的混接曲面，一般要求两个面之间具有一定的距离，且两个面的截面大小最好不相同。混接可分为以下不同的类型。

1. 混接两个截面

混接两个截面为"混接曲面"的最基本操作，在两个面间创建连续的曲面（图 9-13、图 9-14）。

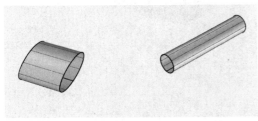

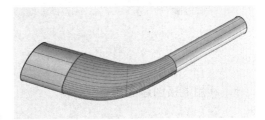

图 9-13　混接前　　　　　　　　　　　图 9-14　混接后

2. 混接成内部孔

通过混接可将两曲面间的封闭圆孔进行混接，可控制内部孔与曲面间的连续性（图 9-15、图 9-16）。

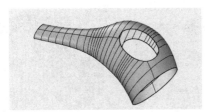

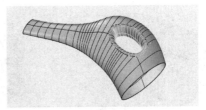

图 9-15　混接前　　　　　　　　　图 9-16　混接后形成内部孔

3. 切割后混接

在建模过程中，如将两个曲面进行混接，需要使用"切割"命令去除多余的区域，为两曲面之间混接区域预留一定的距离，以创造良好的混接效果，在混接时，可根据情况移动曲线接缝点或增加断面，控制混接位置及形状。切割时，可以在正视图中使用曲线进行切割，也可以在两曲面间绘制球体、圆柱等面作为切割用曲面（图 9-17～图 9-19）。

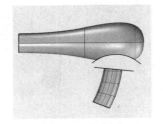

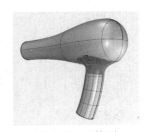

图 9-17　切割前　　　　　　　图 9-18　切割后　　　　　　　图 9-19　混接后

4. 混接外部边界

混接两曲面的外部边界，可形成光滑的边缘效果，常用来创建物件的侧面效果，混接得到的侧面曲面与两曲面可以"曲率""相切"等方式光滑连接（图 9-20、图 9-21）。

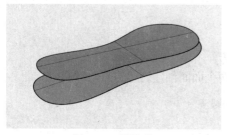
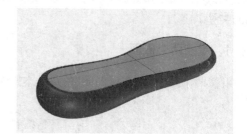

图 9-20　混接前　　　　　　　　　图 9-21　混接后

5. 利用混接创建圆角

使用 Rhino 的"边缘圆角" 或"曲面圆角"命令可创建相切连续的曲面圆角，如果需要曲率连续的曲面，可首先使用圆角工具在实体或曲面上进行圆角操作，炸开实体后将圆角删除，再利用"混接"命令将两曲面进行混接，设置连接为曲率连接，并根据需要添加断面及调整混接形状，即可创建光滑的、可调节混接截面形状的曲面效果。此操作过程类似于"不等距边缘混接"的操作效果（图 9-22～图 9-24）。

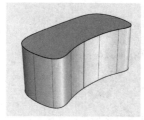
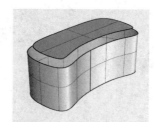

图 9-22　实体　　　　　　图 9-23　圆角后删除圆角　　　　　图 9-24　混接

6. 利用辅助物件混接两曲线

因"混接曲面"命令只能在两曲面间混接，如对曲线进行混接操作，必须将曲线挤出为面作为辅助物件，对挤出曲面进行混接曲面操作，混接后删除挤出的曲面，可继续进行混接等其他操作（图 9-25～图 9-28）。

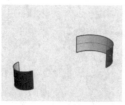

图 9-25　曲线　　　　图 9-26　挤出曲线　　　　图 9-27　混接挤出曲面　　　图 9-28　继续混接曲面

9.4　渐消面

渐消面，也称消失面，是指曲面造型沿主体曲面走势延伸至某处自然消失，是产品造型设计中常用的一种美观表现手法，常用的渐消面主要有以下几种形式。

（1）以指定的分离边创建渐消面，如图 9-29、图 9-30 所示，这种形式在外观造型中最为常用。

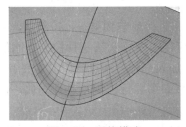

图 9-29　网格模式

图 9-30　渲染模式

（2）从圆角过渡到无圆角的渐消面，如图 9-31、图 9-32 所示。

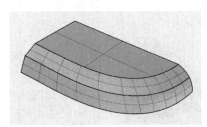

图 9-31　着色模式

图 9-32　渲染模式

创建消失面的一般思路如下：

① 在原曲面上切割出小的曲面。

② 切割后的小曲面使用"缩回已修剪曲面"⬚命令将控制点缩回。

③ 对小曲面进行微量的变形，注意不要影响小曲面和原曲面接触部位的形状。可以移动控制点、缩放控制点，可使用"弯曲"⬚、"变形控制器"⬚，甚至可根据需要再做出一个新的面来。微量变形中可手动添加一些断面线改变控制点的影响区域，在视图中对两端的两组控制点进行单轴缩放，使曲面往内缩一点，缩得越多将来做出的渐消面越深，然后移动部分控制点得到"渐消"的效果，如果移动全部控制点，小曲面与原曲面边界可能发生变化，达不到渐消面的效果。

④ 使用"混接曲面"命令将小曲面和原曲面进行混接。

1．渐消面实例：曲面切割后仍为一个曲面（1）

（1）绘制如图 9-33 所示的曲面和曲线，并将曲线投影到曲面上，以便准确分割。

（2）使用"分割"⬚命令将大曲面进行分割，如图 9-34 所示。

（3）使用"缩回已修剪曲面"⬚命令将分割后的小曲面控制点缩回，以便编辑控制点，如图 9-35 所示。

（4）使用"插入节点"⬚命令在小曲面上插入一行控制点，因目前小曲面为 3 阶曲面，

图 9-33　投影曲线

图 9-34　分割

图 9-35　缩回控制点

目前共有三行控制点、两行曲面，如调整第二行控制点，将直接影响到第三行控制点，为了能保证在调节第二行控制点时第三行控制点保持不变，可在第二行和第三行控制点间加入一行控制点，以维持大曲面和小曲面的连接边缘的连续性。加入一行控制点后如图 9-36 所示。

（5）使用"操作轴"或"单轴缩放" 命令对第一行和第二行控制点进行缩放，使曲面往内缩一点，如图 9-37 所示。

（6）使用"移动" 命令对第一行和第二行控制点分别向下及向回移动，使两曲面修剪边缘存在一定的距离，如图 9-38 所示。

（7）使用"混接曲面"命令将原曲面和变形后的修剪曲面进行混接，形成的渐消面效果如图 9-39 所示。

图 9-36　加入控制点

图 9-37　缩放控制点

图 9-38　移动控制点

图 9-39　最终效果

2．渐消面实例：曲面切割后仍为一个曲面（2）

对原曲面进行切割后，仍为一个曲面，仅切割出 4 条边的缺口，绘制中间的截面曲线后，使用"从网线建立曲面" 命令建立消失面。

（1）使用曲线在正视图中对原曲面进行修剪，如图 9-40 所示。

（2）使用"抽离结构线" 命令抽离结构线，然后使用"内插点" 命令在结构线间绘制曲线，使用起点和终点相切选项，并调整曲线控制点，如图 9-41 所示。

（3）使用"从网线建立曲面" 命令，依次选择 4 个边界及刚绘制的曲线，设置曲率连续，形成消失面效果，如图 9-42 所示。

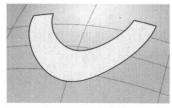
图 9-40　修剪出缺口

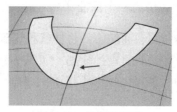
图 9-41　绘制相切线

图 9-42　从网线建立曲面

3．渐消面实例：分割后两面无共同边界

此实例演示将曲面分割、切除后，两部分曲面没有共同的边界，只要将一个曲面进行缩放，使两曲面在 X、Y 和 Z 方向都有一定的间隙，以创建光滑的混接效果。

（1）使用"挤出曲线成锥状"命令将 Top 视图中（图 9-43）曲线挤出，并使用"嵌面" 命令形成圆顶，如图 9-44 所示。

（2）在 Front 视图中使用曲线 1 将曲面进行分割，如图 9-45 所示。

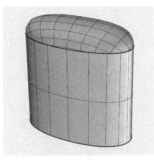

图 9-43　曲线　　　　图 9-44　挤出曲线成锥状　　　　图 9-45　分割

（3）在 Front 视图中使用曲线 2 将分割后曲面的下部曲面进行切除，使切除后曲面与原曲面具有一定的间隙，如图 9-46 所示。

（4）对切割后的曲面沿箭头方向分别进行缩放，如图 9-47 所示。

（5）使用"混接曲面" 命令将缩放后的切割曲面与上部分曲面进行混接，形成消失面效果，如图 9-48 所示。

图 9-46　使用曲线 2 切除后　　　图 9-47　沿箭头方向缩放曲面　　　图 9-48　混接曲面效果

4．渐消面实例：分离后两曲面以点相连

如对曲面修剪后，两曲面之间以点相连，这种情况下建立渐消面比较简单，只要能保证两曲面开口处具有足够的间距即可。

（1）使用曲线 1 和曲线 4 对原曲面（图 9-49）进行分割，分割后两面以点连接，如图 9-50 所示。

（2）使用曲线 2 和曲线 3 对分割后的小曲面进行切除，如图 9-51 所示。

（3）以曲面交点为缩放基点，单轴缩放修剪后的小曲面，如图 9-52 所示。

（4）使用"混接曲面"命令分别将两曲面上边缘和下边缘进行混接，如图 9-53、图 9-54 所示。

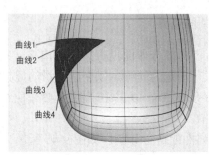

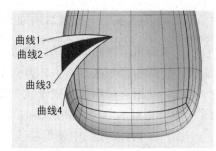

图 9-49　原曲面　　　　　　图 9-50　分割曲面　　　　　　图 9-51　切除曲面

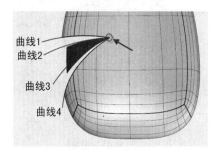

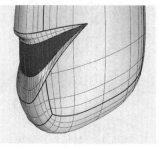

图 9-52　单轴缩放曲面　　　　　图 9-53　混接效果　　　图 9-54　混接效果渲染模式

5. 渐消面实例：从圆角过渡到锐角的渐消面

通常需要建立渐消面的情形是两个曲面在相接边缘的一端为某个角度，在另一端变化为相切以上连续，即由锐角过渡到圆角的渐消面，使用 Rhino 的"双轨扫掠" 可完成此渐消面。

（1）绘制如图 9-55 所示曲线，左侧和右侧曲线分别为直线和圆弧。

（2）使用 Rhino 的"双轨扫掠" 命令，完成由锐角到圆弧曲面的渐消面的创建，如图 9-56、图 9-57 所示。

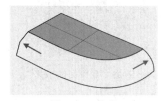

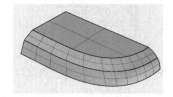

图 9-55　曲线　　　　　　　图 9-56　双轨扫掠曲面　　　　　图 9-57　渲染模式

9.5　三边面处理

曲面造型过程中，经常遇到三边面。在 Rhino 的 NURBS 曲面中尽量少使用三边面，如必须使用三边面，可采用合适的拆面方法将三边面拆分为四边面。在本节中，将介绍两种拆分三边面的方法。

1. 双轨扫掠创建大面，后切小面

大面切小面指的是先将 3 条边界使用"双轨扫掠" 命令构建出整体曲面，然后对曲面进行分析,将曲面质量差的地方切除,也就是所谓的"切小面",曲面切减后形成 4 条边界。

(1) 建立如图 9-58 所示的曲线,外形一共由 3 条曲线连接而成,使用"双轨扫掠" 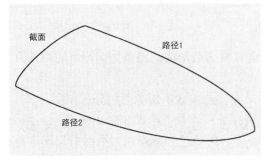 命令,分别选取第一和第二条轨迹,再选取断面曲线,按右键或 Enter 键后单击"确定"按钮完成三边面的构建,如图 9-59 所示。

图 9-58　3 条曲线

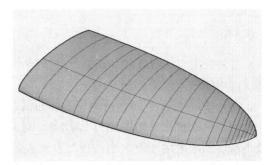

图 9-59　双轨扫掠

(2) 使用"分析方向" 命令分析面的方向,如方向不正确可使用"反转方向" 命令反转法线方向,否则使用曲率分析不能正确显示出分析结果。执行"曲率分析" 命令对曲面进行分析,选择要分析的曲面,在"样式"下拉列表框中选择"高斯"(图 9-60),可发现在曲面尖角处有一尖端收敛现象,如图 9-61 所示。

图 9-60　"曲率"对话框

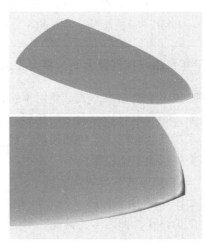

图 9-61　曲面曲率分析及放大显示效果

曲面中有尖端收敛现象存在,曲面不能满足设计要求,在曲面加厚过程中可能会出现问题,遇到这种情况须对尖角处曲面进行切减并形成一个四边面,然后重新创建曲面。

(3) 在 TOP 视图窗口中使用"多重直线" 命令绘制如图 9-62 所示直线,注意尽量让直线分别垂直原有的两条路径曲线。

(4) 在 TOP 视图窗口中使用"修剪" 命令,将曲面尖角处切掉(图 9-63)。先选取多重直线为切割用物件,按 Enter 键后再选取曲面要修剪掉的部分,完成修剪后效果如图 9-64 所示。

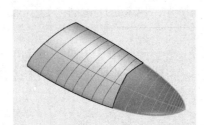
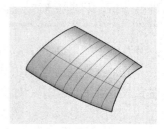

图 9-62　修剪用曲线　　　　　图 9-63　修剪曲面中　　　　　图 9-64　修剪后

（5）使用"从网线建立曲面"  命令依次选择修剪后形成的两条边和原有的两条路径曲线，构建曲面效果如图 9-65 所示。

（6）使用"组合" 命令将两曲面组合到一起，此步骤不影响曲面分析操作。

（7）再次执行"曲率分析" 命令对曲面进行分析，分析结果如图 9-66 所示。最大、最小高斯曲率之间相差很小，仔细查看尖角处，收敛现象已经不存在，曲面质量已经得到很大改善，图 9-67 为在渲染模式下曲面的显示效果。

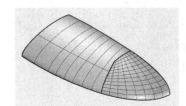

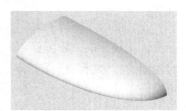

图 9-65　从网线建立曲面　　　图 9-66　较好的曲面分析效果　　　图 9-67　渲染模式

2．使用单轨扫掠创建大面，将大面切除形成四边面

本方法采用单轨扫掠方式，使用单轨扫掠创建外形大面，然后将大面切除与曲线形成一个四边面。完成单轨扫掠曲面创建后需对其切减，切减曲面时需注意，切减截面位置、大小决定了后期曲面形状走势和质量，截面具体尺寸应根据外形而确定，原则是截面尽量安排在整个外形的中间位置。

1）单轨扫掠方式构建外形大面

建立如图 9-68 所示曲线，外形一共由 3 条曲线连接而成。执行"单轨扫掠" 命令，选取曲线 2 为路径，曲线 1 为截面，形成的曲面效果如图 9-69 所示。

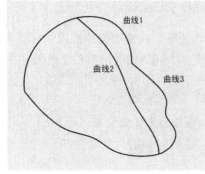
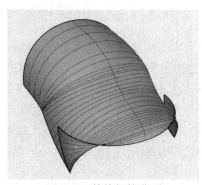

图 9-68　曲线　　　　　　　　　图 9-69　单轨扫掠曲面

2）切减曲面

（1）在 Top 视图窗口中，以曲线 1 中点为椭圆中心绘制修剪用椭圆，如图 9-70 所示，使用"投影曲线" ⬡ 命令将椭圆投影到单轨扫掠曲面上，如图 9-71 所示。

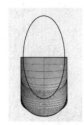

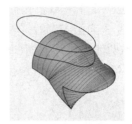

图 9-70　修剪用椭圆　　　　　　　　图 9-71　椭圆投影到单轨扫掠面

（2）在 TOP 视图中使用"修剪" 🔲 命令，将曲面尖角处切掉。先选取椭圆或者投影后的曲线作为切割用物件，按 Enter 键后再选取曲面要修剪掉的部分，完成修剪后效果如图 9-72 所示。

（3）利用投影到曲面的曲线或者在 TOP 视图窗口中使用椭圆将曲线 1 和曲线 2 进行修剪，为了便于观察，选择修剪后的曲面，左击"隐藏物件" 💡 图标进行隐藏，修剪后效果如图 9-73 所示，右击"隐藏物件" 💡 图标取消物件隐藏。

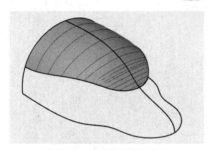

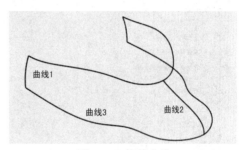

图 9-72　曲面修剪后效果　　　　　　　图 9-73　修剪曲线

3）构建四边面

（1）使用"从网线建立曲面" 🔲 命令依次选择单轨扫掠曲面修剪后形成的边、曲线 1 修剪后形成的两段曲线和修剪后的曲线 2（图 9-74），在打开的"以网线建立曲面"对话框（图 9-75）中的"边缘设置"中，设置 A 处为曲率连续，构建曲面效果如图 9-76 所示。

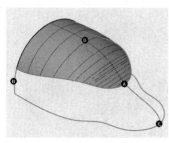

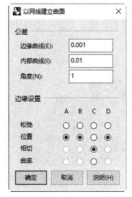

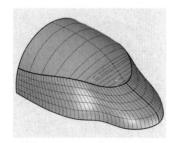

图 9-74　从网线建立曲面中　　图 9-75　"以网线建立曲面"对话框　　图 9-76　从网线建立曲面

（2）使用"组合" 命令将两曲面组合到一起。

（3）执行"曲率分析" 命令对曲面进行分析，分析结果如图 9-77 所示。最大、最小高斯曲率之间相差很小，仔细查看尖角处，收敛现象已经不存在，曲面质量已经得到很大改善。

构建四边面也可使用"双轨扫掠" 命令进行，主要步骤为：使用"双轨扫掠" 命令，分别选取曲线 3 为第一路径，修剪后形成的边界为第二条路径，再依次选取修剪后的曲线 1、曲线 2 和曲线 1 作为截面曲线（图 9-78），在双轨扫掠选项（图 9-79）中设置 A 处为"曲率"，按右键或 Enter 键，单击"确定"按钮完成四边面的构建，如图 9-80 所示。

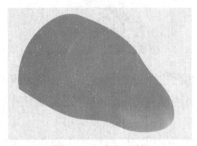

图 9-77　曲率分析

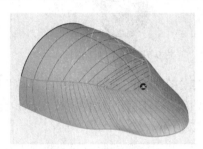

图 9-78　"双轨扫掠"中

图 9-79　"双轨扫掠选项"对话框

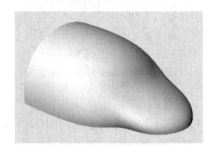

图 9-80　双轨扫掠面渲染效果

为了更好地控制曲面，可在"双轨扫掠" 选项中增加"加入控制断面"选项，可参照图 9-81 所示曲线 4 和 5 作为断面位置，加入控制断面后曲面效果如图 9-82 所示，此面结构线明显好于不加入控制断面的曲面效果。图 9-83 为渲染模式下的曲面效果。

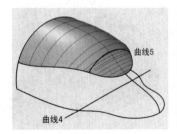

图 9-81　控制断面参考位置

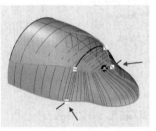

图 9-82　加入控制断面

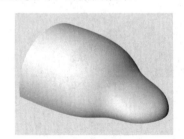

图 9-83　加入控制断面的双轨扫掠曲面

9.6　本章小结

　　本章主要介绍了在 Rhino 中导入参考图片的不同方法、常用的建模方法、不同的曲面混接实例及三边面和渐消面的处理。在导入参考图片的方法中，根据个人爱好可选择一种最方便的导入参考图片方法，使用"图像"命令可作为首选的导入图片方法；Rhino 的建模方法非常重要，需要在不断的练习中积累造型经验，针对不同的造型选择不同的建模方法；掌握混接的技巧可扩展建模的思路，掌握三边面的处理，可提高建模的规范性，提高建模的质量；渐消面可增加曲面的细节，提高造型的表现力。

KeyShot 渲染

KeyShot 意为"The Key to Amazing Shots",是一个互动性的光线追踪与全域光渲染程序,一款采用 CIE(国际照明协会)认证过的渲染引擎的渲染器。它采用的是科学光学标准的真实世界的灯光及材质,通过科学而准确的算法,可在很短的时间内,无须复杂的设定即可产生相片级真实的 3D 渲染影像。

KeyShot 采用 HDRI(high dynamic range image,高动态范围图像)照明技术,能非常方便及真实地照亮场景。采用实时渲染技术,可以在设置的同时直接看到改变材质和灯光后的各种渲染结果,大大缩短了制作效果图的时间。其基于 CPU 的渲染,可充分支持多CPU 多核心的处理能力,CPU 数量越多,渲染速度越快。可运行于 PC 及 MAC 操作系统,非常容易掌握。

目前(2019 年 7 月)最新版本是 KeyShot 8.2,具有中文、英文等多种语言可选择。官方提供了相关的接口 Plugins(插件),可将 KeyShot 渲染器整合到常见的三维软件中,目前支持的软件有:Rhino(Rhino 6)、3ds Max(3ds Max 2013—2019),Creo(组件及零件的渲染,版本从 1 到最新 5)和 SolidWorks(2015—2019)等,安装接口插件后在建模软件中将出现 KeyShot 菜单,选择使用 KeyShot 渲染,KeyShot 会自动将三维模型在新的KeyShot 窗口中打开,应用材质、改变照明、移动相机后,即可完成渲染。通过 LiveLinking插件,将建模应用程序和 KeyShot 连接在一起。可以将模型中的改变传输到 KeyShot 中,在任何时候,只需简单地按一下按钮,就可以在 KeyShot 中更新设计。

10.1 KeyShot 界面

KeyShot 界面主要包括菜单、实时窗口和主工具列(图 10-1)。

1. 功能区

在功能区可以快速访问 KeyShot 中常用的设置、工具、命令和窗口(图 10-2)。

(1)工作空间

选择预定义的工作区(如启动、默认、动画、高级),创建和管理自己的工作区,或在浅色和深色主题界面之间进行选择,系统默认为浅色主题界面。

(2)渲染相关的工具

主要包括 CPU 使用率、暂停实时渲染、性能模式切换开关、区域渲染等。

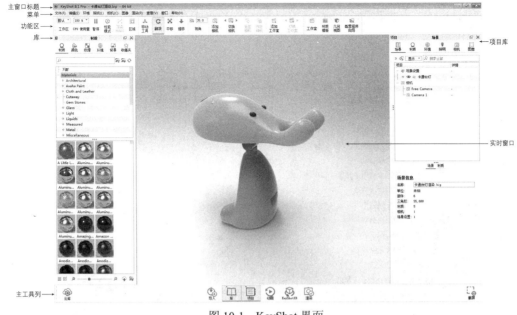

图 10-1　KeyShot 界面

图 10-2　KeyShot 功能区

（3）移动工具

移动选择的物体。

（4）相机操作相关的工具

相机翻滚、平移、推移、视角、添加相机或切换相机等。

2. 首选项

KeyShot 的"首选项"主要有界面、常规、文件夹、插件、颜色管理和热键 6 个选项卡，一般保持默认选项即可（图 10-3）。

其中"文件夹"选项卡使用比较多，主要查看纹理、背景、环境、材质、渲染、场景、动画、材质模板等文件保存的路径位置，尤其是查看渲染后文件的保存位置。

使用热键可快速进行操作，按键盘的 K 键可显示 KeyShot 热键设置情况，主要有相机、环境、文件、常规、界面、材质、实时和动画相关的热键设置。

3. 实时窗口

实时窗口主要包括两部分，一部分为 3D 模型文件的显示窗口，在窗口中对模型进行移动、赋予材质、相机调整等操作（图 10-4）。

另一部分为主工具列，主要有云库、导入、库、项目、动画、KeyShotXR、渲染和截屏等图标，可快速访问 KeyShot 的主要功能。主工具列一般位于实时窗口下面，也可移动到实时窗口的顶部或任一侧。在主工具列区域按住鼠标右键会出现设置工具列文字字号大、中、小的快捷菜单，或者取消工具列里"导入"等工具文字标签的显示。

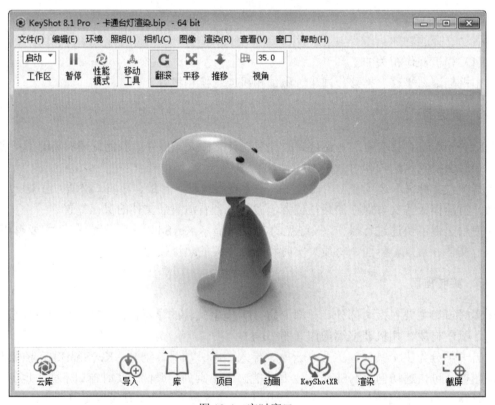

图 10-3　首选项

图 10-4　实时窗口

4．库

单击"库"图标 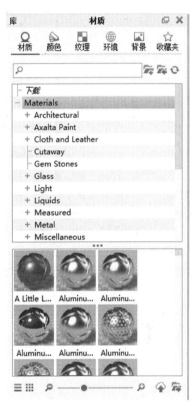 ，可访问库。KeyShot 库会预先载入 KeyShot 储存在默认文件夹中的材质、环境、背景图和纹理等文件，也显示 KeyShot 渲染完成的图片。具体的储存位置可通过"首选项"｜"文件夹"选项卡查看。"库"类似于操作系统中的浏览文件，可新建文件夹、导入或导出内容。

"库"窗口被分为上下两部分（图 10-5），上部分显示库文件的目录结构，下部分以缩略图的形式显示被选择库文件夹中的具体内容，可在库中选择欲使用的材质或环境等文件，拖动到实时窗口中，进行赋予材质、设置环境等操作。

KeyShot 库主要有材质、颜色、环境、背景、纹理和收藏夹，主要作用如下：

"材质"选项卡显示了系统默认安装的材质文件，主要有布及皮革（Cloth and Leather）、宝石（Gem Stones）、玻璃（Glass）、发光（Light）、液体（Liquids）、金属（Metal）、零散的（Miscellaneous）、油漆（Paint）、塑料（Plastic）、丝绒（Soft Touch）、石材（Stone）、透明（Translucent）、木材（Wood）等类型，涵盖了常用的材质类型。

"环境"选项卡提供了室内、室外和工作室中常用的照明文件，一般为 HDRI 高清动态贴图照明文件，也可作为渲染图像的背景。

"背景"选项卡提供了常用的室内和室外渲染时的背景文件。

"纹理"选项卡提供了常用的模型材质的纹理贴图文件。

"收藏夹"选项卡可将常用资源组织到集合中，以实现更快的工作流程。

图 10-5 KeyShot 库

5．项目库

单击"项目"图标 ，或按空格键可快速访问"项目"。

"项目"是当前场景文件、场景中使用的材质、环境文件、相机设置和图像设置的综合，在"项目"中可进行复制、删除三维模型，编辑材质，调整环境照明，调整相机等操作（图 10-6）。

"项目"主要包括场景、材质、环境、照明、相机和图像六个选项卡。

1）场景

在"场景"选项卡中显示模型、相机和动画设置。在其"模型"选项卡中会显示导入模型的文件名称、图层名称等原始信息，通过单击模型名称前的"＋"来展开物体的层级，"－"关闭物体的层级。展开物体的层级后，鼠标悬停在物体名称上，会弹出物体展示的小

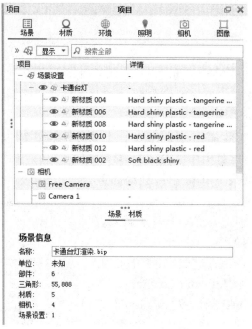

图 10-6　项目窗口

窗口（图 10-7），可 360° 旋转展示物体效果。

　　在"首选项"中可打开"选择物体高亮显示"选项，以便于查看选择状态。通过选中或取消"场景"中的复选框来隐藏、显示整个模型或某个部件，也可以选择模型或单个部件后，在快捷菜单中进行重命名等操作（图 10-8）。

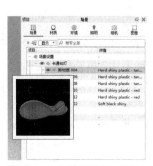

图 10-7　物体部件展示窗口

图 10-8　"项目库"|"场景"选项卡

在"相机"中可切换不同的相机，在相机列表中默认的活动相机显示为淡蓝色底纹，在相机列表中选择非活动相机后，在快捷菜单中选择"设置成活动相机"（图 10-9），即可在不同相机间切换。

在"场景"中选择组件后，可查看各组件的材质，进行移动、旋转、缩放等位置操作，可设置沿 X 轴、Y 轴、Z 轴方向的位置操作，也可使组件贴合地面、中心或重置（图 10-10）。

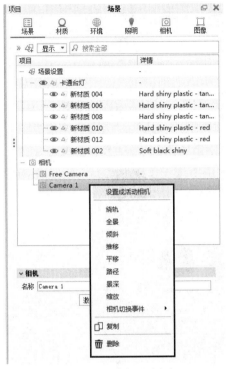

图 10-9　设置成活动相机

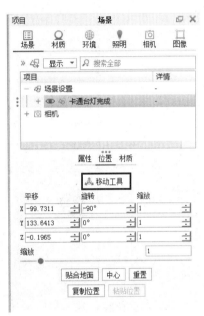

图 10-10　移动工具

单击"场景"中"位置"的"移动工具"按钮，会弹出如图 10-11 所示的移动轴，可平移、旋转、缩放选定的物体。

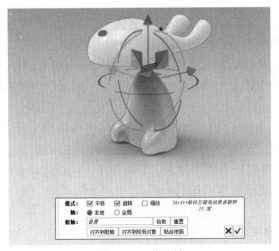

图 10-11　移动轴

2）材质

在"项目"｜"材质"选项中显示当前场景所使用的材质，双击任一材质球，会显示该材质的属性（图 10-12），可对材质进行重命名、保存到材质库、改变材质类型、调整材质参数、调整纹理及标签等操作。

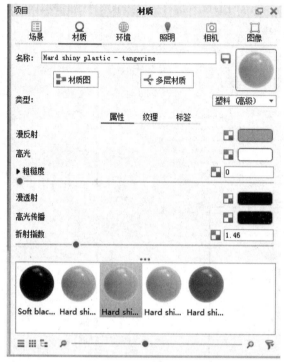

图 10-12　材质属性

3）环境

在"项目"｜"环境"选项中显示当前使用的环境图像，环境图像可为场景提供照明，或者作为渲染场景的背景，支持的格式为 hdr 和 hdz。

4）照明

在"项目"｜"照明"选项中选择照明设置情况，主要为照明预设值、环境照明、通用照明和渲染技术。在照明预设值中可选择性能模式、基本、产品、室内或珠宝，也可选择自定义模式，添加自定义照明配置文件。在环境照明中可设置阴影质量、地面间接照明及细化阴影。在通用照明中设置射线反弹、全局照明及焦散线。在渲染技术中可选择产品模式或室内模式。

5）相机

在"项目"｜"相机"选项中显示当前使用的相机。在相机列表中选择场景中可使用的相机，选择相机后，实时窗口会切换到新的相机视角，主要选项有位置和方向、镜头设置、立体环绕、景深等，也可以保存或删除相机。

6）图像

在"项目"｜"图像"选项中显示当前渲染输出设置情况，主要为分辨率、调节等选项（图 10-13）。

图 10-13　图像选项卡

10.2　KeyShot 工作流程

KeyShot 工作流程比较简单，一般流程如下：

（1）导入三维模型：单击导入图标 ，导入三维模型，目前可支持的格式有 SketchUp、SolidWorks、SolidEdge、Pro/ENGINEER、PTC CREO、Rhinoceros、MAYA、3ds MAX、IGES、STEP、OBJ、3Ds 等 40 个以上的文件格式。

（2）指定材质：从材质库中选择材质选项卡，选择 600 多种科学上准确的材质中的任何一种材质，通过在实时视图中将它们拖放到模型中，指定给需要的物体，并调整材质，会显示准确的材质效果。

（3）选择环境：选择照明的场景文件，在环境选项卡中拖放室内、室外或工作室的照明环境（HDRI）到场景中，会立即看到科学上准确的真实世界光线的变化以及它如何影响物体颜色的外观、材料和表面效果。

（4）调整相机角度：可实时调整相机角度，以满足产品表现的需要，可通过拖动鼠标或在相机选项卡中对相机进行旋转、放大或缩小、左右倾斜等操作。

（5）保存快照或渲染场景，使用默认设置或调整输出选项，呈现图像渲染效果。

10.3　导入模型

本部分介绍导入、导出、模型设置和使用 3D CAD 数据。使用 KeyShot，可以直接导入所有主流的 3D 文件格式，而且 KeyShot 有许多免费的 3D 建模软件插件。导入时，KeyShot 将自动识别模型的向上方向并与之匹配，其他导入选项允许快速调整位置和导入质量。

KeyShot Pro 版本为 KeyShot 带来了额外的导出选项，允许导出其他格式以用于其他 3D 建模和 3D 打印软件或上传到 Web 浏览器中查看。

10.3.1　支持文件类型

KeyShot 能够直接读取 40 种以上主流三维模型文件，如读取 Rhinoceros 6 及以前、AutoCAD（Dxf、Dwg）、Autodesk Inventor 2019 及以前、PTC Pro/Engineer Wildfire 5 及以

前、Creo 4.0 及以前、CATIA V5/6、SolidWorks 2018 及以前、SketchUp 2018 及以前、Siemens NX 12 及以前，Siemens Solid Edge ST10 及以前版本等常见软件的二维或三维文件格式，Alias 2018 及以前、Maya 2017 及以前版本的软件安装注册许可后也可直接读取，还可直接导入常见的 3DS、OBJ、FBX、IGES、STEP 等格式。

10.3.2　导入单个和多个模型

导入模型可分为导入单个模型和导入多个模型。

1．导入单个模型

KeyShot 导入设置主要包括位置、向上、环境和相机、材质和结构、几何图形共五个选项（图 10-14）。

"位置"选项主要包括几何中心、贴合地面和保持原始状态。

几何中心：选中该项，导入的模型将忽略原坐标信息被放置在场景的中心；不选中该项，将按照模型的原坐标信息放置在场景中。

贴合地面：选中该项，导入的模型将忽略原坐标信息被放置在地面上。

保持原始状态：保持在三维建模软件中的坐标系状态。

"向上"：在不同的三维软件中，定义向上方向的坐标轴不是完全一致的，可以选择默认"Y 轴向上"或其他轴向上。如果导入模型后物体方向不正确，可重新导入再选中其他的轴向上。

"环境和相机"选项主要包括调整相机来查看几何图形、调整环境来适应几何图形和导入相机。

"材质和结构"：可选择使用按层分隔材质或通过库分配材质。

"几何图形"选项为是否选择"导入 NURBS 数据"。

图 10-14　KeyShot 导入设置

2．导入多个模型

导入多个模型设置与导入单个模型设置基本相同，主要包括场景、位置、向上、环境和相机、材质和结构、几何图形共六个选项（图 10-15）。

（1）场景

添加到场景：选中该项后将模型新增到现有场景中。如不选中该项，导入的模型将替换场景中已存在的所有模型。

更新几何图形：选中后，如导入部件名称一致，将用新导入的文件替换场景中的旧文件。

（2）环境和相机

导入相机：选择此选项，可以将 KeyShot 场景中任何已保存的相机导入到新的场景中。

（3）"材质和结构"选项

选中"保留材质"，重复导入的模型将采用场景中的材质；不选中该项则采用三维模型的材质设置。

当导入 KeyShot BIP 文件，会弹出"KeyShot 导入"对话框（图 10-16）。

打开文件：选中此选项，将在原始场景中打开导入的 KeyShot BIP 场景。

导入文件：选中此选项，将场景导入当前打开的场景中，其对话框设置与导入多个物体的对话框相同。

图 10-15　第二次导入到场景

图 10-16　导入 KeyShot BIP 文件

10.3.3　KeyShot 插件

KeyShot 提供免费插件，使从 CAD 到 KeyShot 的工作流程尽可能无缝、轻松。通过为所选 CAD 软件包安装插件，可以将 CAD 应用程序中的活动几何图形直接导出到 KeyShot 中。

1）LiveLinking

Luxion 的 LiveLinking 技术允许在 3D 建模软件和 KeyShot 之间建立链接。允许在 CAD 应用程序中继续工作和优化模型，然后通过单击 "Sent to KeyShot 8 via Live Linking" ⊙ 图标，将所有在 CAD 中的更改发送到 KeyShot。所有这些都不会丢失已经应用的任何视图、材质分配、纹理、动画、灯光或相机设置。

要在 CAD 应用程序和 KeyShot 之间建立链接，必须下载并安装 CAD 应用程序的 KeyShot 插件。默认情况下启用 LiveLinking，要更改此设置，请在 KeyShot 首选项中修改，如果 3D 建模软件无法通过插件连接到 KeyShot，可尝试更改 KeyShot 首选项中的端口范围。

2）KeyShot Plugins

主要有 3DS MAX 2014—2017、Cinema 4D 19 及以前版本、Creo 3.0 及以前版本、Fusion 360、Maya 2016—2018、NX 8.5-12 及以前版本、Pro/ENGINEER Wildfire 4—5、Rhinoceros 6 及以前版本、SketchUp 2018 及以前版本、SolidWorks 2018 及以前版本。

3）第三方插件

Geomagic Control、IronCAD、Siemnes Solid Edge、SolidThinking Evolve 等。

10.3.4　场景单位

场景单位控制模型比例、光强度、颜色密度和纹理映射。要获得物理精度并更好地控制材质和纹理设置，场景单位应与模型的比例相匹配。例如，如果要渲染汽车，则应将场景单位设置为米；如果想渲染一副太阳镜，则应将场景单位设置为厘米。如修改场景的单位设置，可在 "编辑" 菜单中修改，可选择 "米、英寸、厘米、毫米、英尺" 作为新的单位，然后选择 "保持场景尺寸" 或 "缩放场景"（图 10-17）。

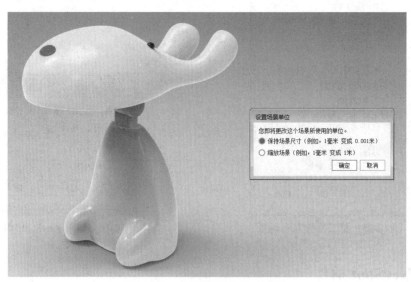

图 10-17　设置场景单位对话框

10.3.5　模型操作

场景树显示部件或模型及其层次结构以及场景中存在的任何相机及动画设置（图 10-18）。

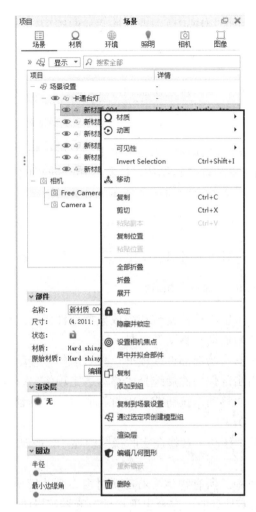

图 10-18　场景树快捷菜单

1．折叠场景树

如果模型包含很多部分，则折叠场景树层次结构非常有用。可以通过单击场景树各模型前的"-"或"+"来折叠或展开单个物体或整体模型。也可以右击要折叠的部分，然后选择"折叠"，选择"全部折叠"时，可以折叠整个层次结构。

2．隐藏组件、显示组件（parts）

在赋予材质时，若模型中物体有遮挡或重叠，需要隐藏部分物体，可以通过单击场景树各模型前的"👁"图标来隐藏或显示物体，或者右击物体，在出现的快捷菜单中选择"隐藏组件"即可，也可在快捷菜单中的"可见性"中选择"仅显示"只显示选择的物体。

同样，可在快捷菜单中选择"撤销隐藏组件""显示所有组件"来恢复上一个或所有隐藏物体的显示。

3．锁定物体

如果模型或部件旁边有🔒图标，则几何图形将出现在场景中，但无法移动或编辑。可通过右击部件或模型在弹出的快捷菜单中选择锁定或解锁。

4．重新排序

可以通过拖放在场景树中重新排序模型和部件。

5．重命名

可以在"场景树"下方的"属性"选项卡中重命名模型和部件。

注意：建议保持 CAD 中的命名和排序，如果在 KeyShot 中执行此操作，建议在分配纹理或标签之前进行，更改场景层次结构也会破坏实时链接。

6．组

重新组合部件，通过分组便于组织场景树，可设置组及子组，将物体添加到组或子组。

7．移动模型（models）、部件（parts）

使用"移动"工具，可以平移、旋转和缩放模型部件或选定项。

可以通过如下的方式来启动"移动"工具：

（1）在"场景树"中右击所选部件或模型，然后选择"移动"。

（2）在实时视图中右击部件，然后选择"移动选定项""移动部件"或"移动模型"。

（3）单击功能区中的"移动"按钮或"项目"面板的"场景"选项卡。

（4）使用热键 Ctrl + D。

选择要移动的内容后，移动工具将在实时视图中显示，控制 X、Y 和 Z 方向上的平移、旋转和缩放的不同手柄。

模型，可理解为场景中的所有物体，右击实时窗口中的模型，在快捷菜单中选择"移动模型"（图 10-19），在工具列的上方会出现移动、旋转等操纵杆（图 10-20～图 10-23），选中确定"本地"或"全局"坐标轴，确定后即可对整个模型进行位置、旋转、缩放等移动，也可使用"贴合地面"将整个模型贴合到地面上。

部件可理解为模型中的部分物体，右击实时窗口中的模型，在快捷菜单中选择"移动部件"，即可对部分模型进行位置、旋转、缩放等移动操作，或者令部件与地面贴合。

8．复制模型（models）

在模型树中选择整个模型后，在快捷菜单中选择"复制"就可同时复制模型、材质和动画，复制的模型与原模型在同一位置上，需要使用移动等工具将复制的模型移开。

9．制作模式

模式工具允许创建模型实例而不是重复项，从而提高速度并减小文件大小。右击"场景树"中的模型，然后选择"制作模式"以打开"图案工具"对话框，图案制作模式有线性和圆形两种形式，类似于常用建模软件中的线性阵列或圆周阵列（图 10-24～图 10-29）。

也可在模型树中编辑"图案工具"的实例复制效果。

图 10-19　实时窗口快捷菜单

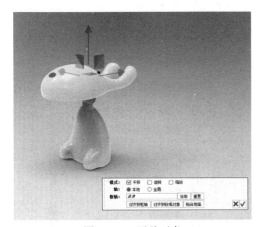

图 10-20　平移对象

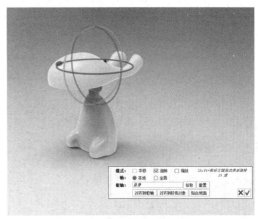

图 10-21　旋转操纵杆

图 10-22　缩放操纵杆

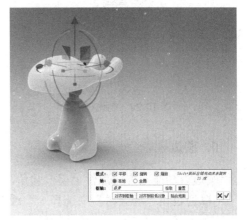

图 10-23　平移、旋转、缩放操纵杆

图 10-24　制作模式前

图 10-26　制作模式后

图 10-25　制作模式中——线性

图 10-27　制作模式前

图 10-29　制作模式后

图 10-28　制作模式中——圆形

10. 圆边

"圆边"功能允许在部件上模拟圆角，而不会实际更改建模软件中的几何图形。

可以通过在"场景树"中选择一个或多个部件对象，在子选项卡"属性"中显示"圆边"选项卡（图 10-30），调整圆边的"半径"或"最小边缘角"滑动条。

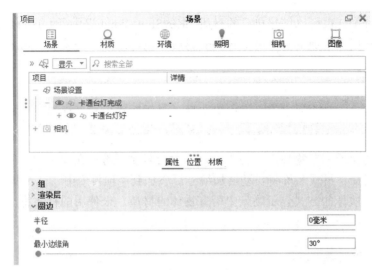

图 10-30　圆边

也可在"场景"中对物体进行动画设置，选定物体后使用快捷菜单快速进行设置，如转盘、平移、旋转或淡出动画（图 10-31）。

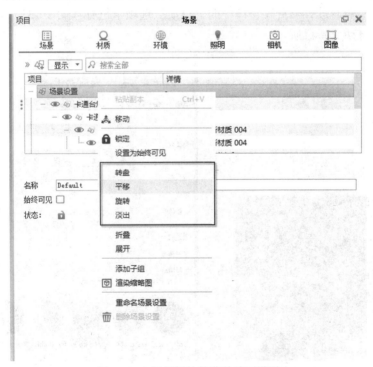

图 10-31　场景树快捷菜单动画设置

10.4　KeyShot 材质

1．材质库

KeyShot 材质库提供了 750 多种材质，从布料和皮革到金属、塑料甚至烟雾。材质按照文件夹进行分类，也可以创建自己的材质，KeyShot Cloud 提供了 Luxion、KeyShot 合作伙伴和 KeyShot 用户生成的数千种 KeyShot 材质。也可以额外安装 KeyShot 材质包。

2．赋予材质

单击库图标 📖，在弹出的库窗口中选择"材质"选项卡，任选一个材质球后，将材质从"库"中拖动到实时窗口的物体上，物体即显示赋予材质后的效果（图 10-32）。

当把库中的材质赋予物体后，在"项目"中会复制一份正在使用的材质，如"项目"中已有同样的材质，材质名称将自动增加编号后添加到"项目"中。在"项目"｜"场景"选项卡中会以材质球的方式显示场景中所有物体的材质，未使用的材质将自动从"项目"中移除。

3．编辑材质

有多种方法查看材质的属性，在实时窗口中双击任一物体，或在"项目"｜"场景"选项卡中双击材质球图标，或在"场景"树中选择一个物体后在快捷菜单中选择"编辑材质"，都会显示该物体的材质属性。

编辑材质主要通过"项目"窗口中的"材质"选项卡进行（图 10-33）。编辑材质后，实时窗口中会自动更新材质。

图 10-32　从"库"中拖动材质球到实时
窗口的物体上

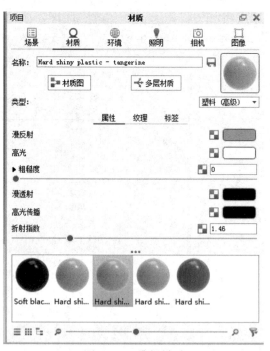

图 10-33　编辑材质

4．复制与粘贴材质

当从一个物体复制材质，粘贴到另一个物体后，修改这个材质，会同时影响使用这个材质的两个物体，复制与粘贴材质主要有 3 种方法。

（1）按 Shift 键同时单击实时窗口中已指定材质的物体，可复制该物体的材质，然后按 Shift 键同时右击另一个物体,这样会从"项目"中复制同一个材质给另一个物体(图 10-34、图 10-35)。

图 10-34　Shift+单击（复制材质）

图 10-35　Shift+右击（粘贴材质）

（2）直接从"项目"中将材质指定给多个物体，将一个材质指定给多个物体后，编辑这个材质，使用该材质的物体会同时发生变化。

（3）在"项目"｜"场景"选项卡中选择物体后，使用快捷菜单中的"复制材质"和"粘贴材质"，可将同一材质指定给多个物体。

5．保存材质

保存材质主要有两种方法，一种是右击模型，在出现的快捷菜单上选择"将材质添加到库"（图 10-36）；另一种是单击"材质"属性的材质名称右侧的保存按钮。

图 10-36　在实时窗口中选定物体的快捷菜单

6. 链接材质

在"项目"|"场景"选项卡的模型中选择两个材质后,在快捷菜单中选择"链接材质"可将两个物体材质更改为一个,即场景树中位于上面的材质。如果场景中多个物体使用同一个材质,选择一个物体后,在快捷菜单中选择"解除链接材质"可解除该物体与其他物体的链接,自动在材质名称上增加数字序号,可对该物体的材质进行单独编辑。

7. 材质通用参数

设计 KeyShot 材质时应以最易于使用为准则,材质类型的参数设置尽可能少,不需要太多的经验就能完成真实感材质的渲染。掌握材质设置细节的内容不是必需的,但能更深入理解如何渲染和材质的创建过程。

材质属性包括漫反射、镜面、折射率、粗糙度和采样率。

漫反射:在很多材质类型中都有漫反射设置,漫反射可理解为物体表面覆盖的颜色。在渲染中漫反射指光线通过何种方式从物体表面上反射出来,在光滑表面(如抛光的物体或镜面)上光线将直接反射,方向基本上不变;在不光滑物体表面(如混凝土)光线将四处漫射,形成哑光的效果。

镜面:也是一个常见的材质参数,俗称"高光"。当物体表面抛光或缺陷较少时会呈现反射或闪亮的效果。当镜面颜色设置为黑色时,将不产生反射或高光点;如设置为白色,将产生 100%的反射。金属材质没有漫反射颜色,完全源自镜面颜色;塑料只能将白色作为镜面颜色。

折射率:光线在不同的透明介质中传播速度不同,因此产生了折射。不同透明材质具有不同的折射率,如水为 1.33,玻璃为 1.5,钻石为 2.4。水的折射率 1.33 表示光线在真空中的传播速度是在水中传播速度的 1.33 倍。光线速度越低,折射后变形和弯曲越大。

粗糙度:在物体表面上增加微观层次的缺陷来表现材质的粗糙效果。当粗糙度增加时,光线散射将增加,从而打破了镜面(高光)反射,由于增加了额外的光线散射,粗糙的材质将耗费更多的系统运算时间。

采样率:因粗糙材质渲染比较慢、复杂,KeyShot 在材质中提供了提高粗糙材质准确性的设置,即采样率。采样率指渲染图中每一个像素所射出的光线数量。每束光线将搜集周围环境的材质信息,并将信息返回到该像素,形成该像素最终的颜色效果。

8. 材质类型

KeyShot 提供了常用的材质类型模板,只要进行简单的修改就可调整出复杂的材质(图 10-37)。

9. 颜色库

对库中的颜色进行伽马校正,然后再应用到图像。

10. 材质图

材质图有助于高级材质的编辑。

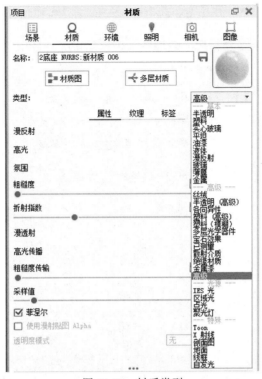

图 10-37　材质类型

在"项目库"的"材质"选项卡中单击 ▧▧材质图 图标，会在一个单独的窗口中打开材质图（图 10-38），在图表视图中显示材质、纹理、标签等节点，将复杂材料中的连接和关系可视化。

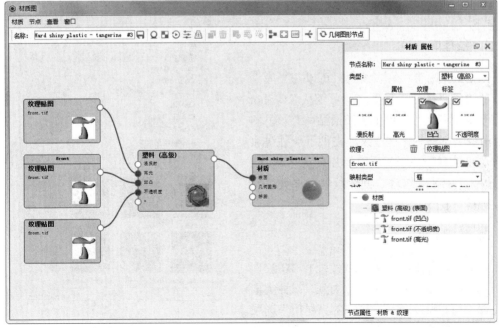

图 10-38　材质图

11．多层材质

任何材质都可以变成多层材质，允许在一个材质中循环使用各种材质（图 10-39）。

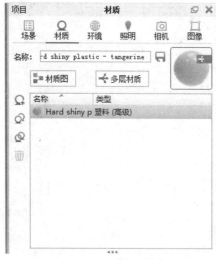

图 10-39　多层材质

纹理及标签

10.5.1　纹理

纹理将图像映射到材质上以建立真实的效果（如木纹、网格、瓷砖、具有细小缺陷的拉丝金属）。

1．纹理库

KeyShot 附带了许多纹理，可以在"库"窗口的"纹理库"中找到，还可以从 KeyShot 云库下载更多纹理，可用于凹凸贴图、彩色贴图、渐变、标签等。这些纹理提供了一种快速的方法将纹理应用于材质以增加真实感。可在"纹理库"中搜索纹理、创建纹理文件夹、导入纹理等（图 10-40）。

2．纹理类型

KeyShot 有图像纹理、2D 纹理和 3D 纹理三种主要类型的纹理可应用于材质，每种类型的纹理都可以从"项目"窗口的"材质"选项卡"纹理"选项中访问。图像纹理使用图像文

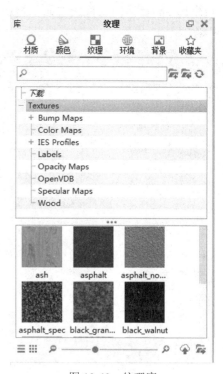

图 10-40　纹理库

件作为纹理，2D 和 3D 纹理是程序生成的纹理。

除常规纹理类型外，KeyShot Pro 的用户还可以添加动画（仅限颜色和不透明度贴图）制作色彩淡出或计数淡出动画效果。

3．纹理贴图

纹理贴图为一种图像贴图，纹理贴图及其设置可在"项目"窗口的"材质贴图"选项卡中查看。

1）添加纹理贴图

双击要添加纹理的纹理贴图类型（例如，颜色、高光、凹凸），将打开一个窗口，在其中选择要应用为纹理贴图的图像文件。

2）删除纹理贴图

右击纹理贴图类型，然后选择删除或选择垃圾桶图标。

在"项目"|"材质"选项卡中主要有属性、纹理和标签等选项。在"材质"|"属性"的"漫反射"等选项中如显示 █ 图标（图 10-41），表示该设置可应用纹理贴图，单击该图标后，会弹出"打开纹理贴图"对话框，选择要使用的纹理贴图文件应用纹理贴图后，该图标将更改为所使用贴图文件的缩略图（图 10-42）。

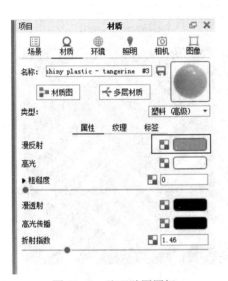

图 10-41　纹理贴图图标

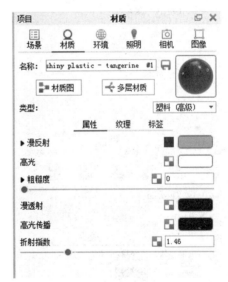

图 10-42　纹理贴图图标（应用贴图后）

进入"纹理"选项，设置贴图的类型、位置等。使用纹理贴图后，在材质属性中将显示使用贴图的文件名称、是否混合颜色、亮度和对比度的设置等内容（图 10-43）。图 10-44所示为使用漫反射贴图的材质效果，在"纹理"选项中选中"凹凸"类型（图 10-45），选择图 10-46 所示纹理图，将该材质赋给球体，凹凸贴图的材质效果如图 10-47 所示。

4．纹理贴图方式

直接从"库"|"纹理"中将图片拖动到实时窗口的物体上，会出现色彩、凹凸、透明度或添加标签选择条（图 10-48），选用一种贴图方式，就将图片映射为选定的贴图方式。

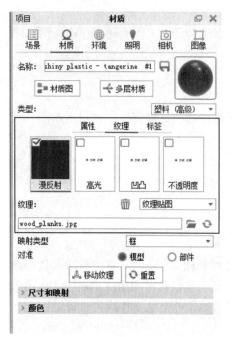

图 10-43　纹理选项卡

图 10-44　使用漫反射贴图后

图 10-46　凹凸纹理图

图 10-45　纹理选项（凹凸）

图 10-47　凹凸贴图材质效果

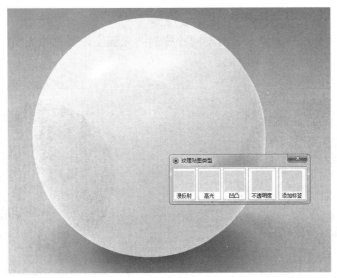

图 10-48　选择纹理贴图类型

　　也可从"库"|"纹理"里将纹理贴图文件拖动到"项目"|"材质"的属性栏的贴图图标上。

　　或者在"项目"|"材质"的"纹理"选项中选中色彩、镜面、凹凸、透明度贴图方式左上角的复选框，会自动打开"纹理"对话框，选择合适的贴图文件即可。

　　KeyShot 主要的贴图方式有漫反射贴图、高光贴图、凹凸贴图、不透明度贴图。

　　1）漫反射贴图

　　漫反射贴图使用图像替换物体漫反射颜色，用来创建真实的材质纹理效果，可使用常见的图像格式作为漫反射贴图，图 10-49～图 10-51 所示为在塑料类型中将木纹图像映射到漫反射贴图上，创建真实的木纹材质。

图 10-49　木纹材质

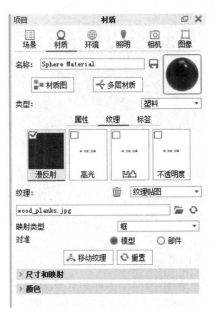

图 10-51　贴图图片　　　　　　　　　图 10-50　纹理贴图方式：漫反射

2）高光贴图

根据贴图图像黑和白的值来表示不同程度的高光强度，黑色为无镜面反射区域，白色代表完全反射（图 10-52、图 10-53）。

图 10-52　金属漆材质　　　　　　图 10-53　使用高光贴图的金属漆材质

3）凹凸贴图

在建模过程中完全创建出产品的精致细节是不现实的，使用凹凸贴图可弥补建模过程中（如拉丝等）细节的不足。创建凹凸贴图主要有两种方法：一种是使用黑白图像，另一种是使用法线贴图。在黑白图像中，白色插值为比较低的区域，而黑色插值为比较高的区域（图 10-54、图 10-55）。

图 10-54　凹凸贴图　　　　　　图 10-55　贴图图像

法线贴图相对于黑白图像拥有更多的颜色，增加的颜色在 X 轴、Y 轴和 Z 轴上代表不同的变形程度，可创建复杂的凹凸效果。但是，不使用法线贴图会使产品凹凸效果更真实。在凹凸贴图中应用图片后，在纹理选项卡的底端选中"法线贴图"即可开启法线贴图方法（图 10-56、图 10-57）。

4）不透明度贴图

不透明度贴图利用图像的黑白或 Alpha 通道来使材质透空，不进行孔的建模的情况下，在渲染时表现出孔的效果（图 10-58、图 10-59）。

图 10-56　法线贴图

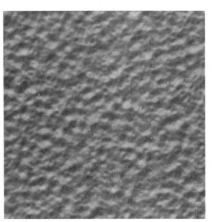

图 10-57　贴图图像

图 10-58　不透明度贴图

图 10-59　贴图图像

透明模式主要有 3 种方法，在透明度模式下拉列表框中可以选择：

（1）Alpha：使用图像中的 Alpha 通道创建透明效果。

（2）色彩：用颜色来表示透明程度，黑色为完全透明，白色为不透明，50%灰色为50%透明。

（3）补色：白色为完全透明，黑色为完全不透明，50%灰色为50%透明。

5．贴图类型

贴图类型是将 2D 图像放置到 3D 物体上的方式，所有三维软件必须以某种方式标明贴图方式。贴图类型主要有平面 X、平面 Y、平面 Z、盒贴图、球形、圆柱形、UV 坐标和相机贴图，贴图类型可在"纹理"选项卡的"类型"下拉列表框中选择。

（1）平面 X：平面 X 贴图类型仅在 X 轴方向映射纹理图片，3D 物体的非 X 轴方向的纹理图片将产生拉伸效果（图 10-60）。

（2）平面 Y：平面 Y 贴图类型仅在 Y 轴方向映射纹理图片，3D 物体的非 Y 轴方向的纹理图片将产生拉伸效果（图 10-61）。

（3）平面 Z：平面 Z 贴图类型仅在 Z 轴方向映射纹理图片，3D 物体的非 Z 轴方向的

图 10-60 平面 X

图 10-61 平面 Y

纹理图片将产生拉伸效果（图 10-62）。

　　（4）盒贴图：在盒子的 6 个方向上向 3D 模型映射纹理图片，纹理投射到物体表面时，在产生拉伸前停止投射，然后再投射下一个方向。盒贴图是一种常用的快速、简单的贴图方法，对贴图产生最小的拉伸（图 10-63）。

图 10-62 平面 Z

图 10-63 盒贴图

　　（5）球形：从球体向内映射纹理，在球体的最大圆周区域图像变形较小，其他区域向球的极点收敛，汇集在极点上（图 10-64）。

　　（6）圆柱形：与圆周表面相对应的面将以圆周长度方向环绕物体投射纹理，与圆柱顶或底面相对应的面将向圆中心收敛产生映射（图 10-65）。

图 10-64 球形

图 10-65 圆柱形

（7）UV 坐标：UV 坐标是一种复杂的、与其他贴图方法不同的映射模式。主要区别是，其他类型提供自动映射解决方案，而 UV 坐标是完全自定义的。这是一个更加烦琐和耗时的过程，但会产生更好的结果。因大多数 CAD 系统没有提供 UV 映射的工具，所以 KeyShot 提供了自动映射模式。UV 坐标贴图类型常用于游戏设计等行业，在工程设计中应用较少。

（8）相机贴图：相机映射类型将使纹理与相机方向保持一致，无论相机的位置如何，都将在表面上提供一致的纹理外观。

6. 移动纹理

使用纹理移动工具微调映射到模式的纹理的位置，可以从材质编辑菜单中的纹理选项卡访问该工具（图 10-66），并且在平面、框、圆柱和球面映射类型下可以使用该工具。可平移、旋转、匹配物体、改变贴图的尺寸、UV 方向偏移、水平翻转、垂直翻转、水平重复、垂直重复等。

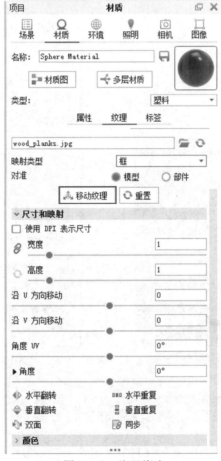

图 10-66　纹理移动

7. 混合颜色

在使用纹理贴图时，选中"材质"属性中的"混合颜色"，可将纹理中的图像与指定的颜色进行混合。

10.5.2　标签

　　标签可用来放置 logo、贴纸或者视需要将图像自由放置到 3D 模型上（图 10-67）。通过"材质"属性中的"标签"选项卡放置标签（图 10-68），支持常见的图片格式如 JPG、TIFF、TGA、PNG、EXR 和 HDR。在一个材质中可以放置多个标签，每个标签拥有自己的贴图类型。如果图像中带有 Alpha 通道，则不显示图像的透明区域；PNG 格式的文件只显示图像区域内容，其透明区域不显示。

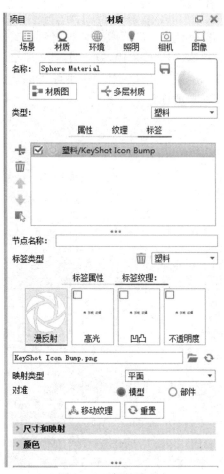

图 10-67　添加标签　　　　　　　　　　　图 10-68　标签选项卡

10.6　环境

　　在 KeyShot 中主要通过"环境"中 HDRI 图像来为场景提供照明，类似于在球体上进行贴图，当相机在球体内部时，会处于一个完全封闭的环境，这种方法使产生照片级真实光线的方法非常简单。"环境"选项卡主要有设置（调节、转换、背景、地面）和 HDRI 编辑器 2 个方面的设置（图 10-69）。

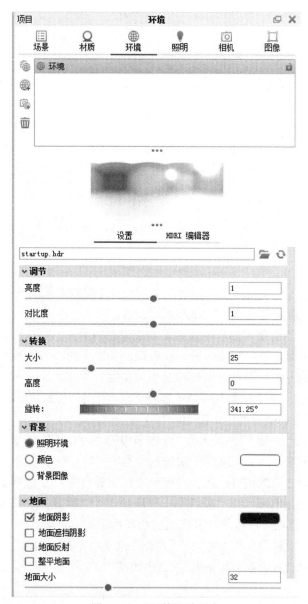

图 10-69　"环境"选项卡

10.6.1　环境设置

KeyShot 环境库中主要有三种类型文件，一种是真实的室内或室外环境照片，比较适合汽车或娱乐等产品的渲染；一种是 Studio，非常适合产品或工程方面的渲染；另一种是太阳光及天空。无论采用哪种类型环境，都会产生真实的渲染效果。

1. 添加环境

通过环境预设、修改环境预设来按照需要的方式点亮、实时显示所有内容。可以在环境库或 KeyShot 云库中找到环境预设，可以创建一个新的环境或添加一个环境（图 10-70）。

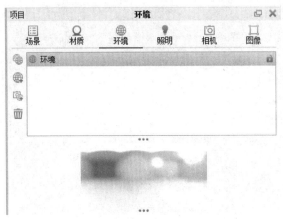

图 10-70　添加环境

2．调整环境

KeyShot 允许通过"项目"｜"环境"｜"设置"选项卡来调整 HDRI 照明。主要有打开环境图、调整亮度及对比度、变换和地面设置。

在 KeyShot 中，当前使用的环境决定了场景中的照明，只要从"库"｜"环境"中将图像拖到实时窗口中即可更换环境，鼠标释放后，场景中的照明就发生了变化。

调整环境亮度的方法有多种，第一种是使用键盘中的↑、↓、←、→键，其中↑、↓增加或减小幅度比较大，←、→增加或减小幅度比较小；另一种是使用"项目"｜"环境"｜"设置"选项卡的亮度调节滑动条（图 10-71）。

可在"项目"｜"环境"｜"设置"选项卡中的"对比度"滑动条中调整对比度，低对比度产生柔和的阴影，高对比度产生尖锐的阴影。

灯光方向和反射方向的调整：在实时窗口中按住键盘的 Ctrl 键和鼠标左键，向左右拖动可旋转环境，其变化值可以在"项目"｜"环境"｜"设置"选项卡的"转换"中体现出来。KeyShot 会根据当前环境角度来产生阴影和确定阴影方向。

通过直接调整"项目"｜"环境"｜"设置"选项卡中的"旋转"滑动条或者调整"大小"中的滑动条，可直接调整环境的角度（图 10-72）。

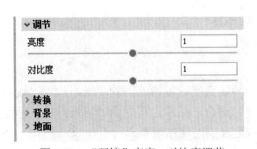

图 10-71　"环境"亮度、对比度调节

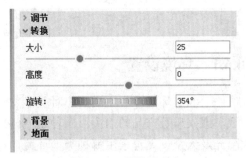

图 10-72　转换选项卡

3．背景

KeyShot"项目"｜"环境"选项卡的"背景"主要包括照明环境、色彩和背景图像 3

个选项。

1）照明环境

在"背景"中选择"照明环境"时，使用环境文件作为照明的同时，也使用环境文件作为模型的背景图像，此选项适用于简单的场景设置（图 10-73）。

2）颜色

背景色可在"项目"｜"环境"｜"设置"选项卡的"背景"选项卡中进行设置。当选择"色彩"时，模型背景改为设定的颜色，不再显示环境图像。选择"颜色"并不影响环境的照明效果，如果场景中有透明的材质，背景色将透过透明的物体。

3）背景图像

背景图像是放置在三维模型后面作为背景的图像，以进行场景合成。使用背景图像时灯光不受影响，如场景中有透明物体，透过透明物体可以看见背景（图 10-74）。

 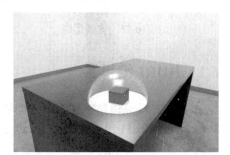

图 10-73　照明环境　　　　　　　　　　　图 10-74　使用背景图像

在"项目"｜"环境"｜"设置"选项卡的"背景"中选中"背景图像"，在弹出的"打开背景"对话框中选择合适的背景图片，在背景图片保存的目录中可查看"首选项"中关于背景图片的目录设置。

如更改背景图片，可单击背景文件名称后的"打开背景"图标，重新打开"打开背景"对话框（图 10-75）。

将 KeyShot"库"｜"背景"中选定的背景文件直接拖到实时窗口中，可快速设置背景图片，此方法比较常用。

4．地面

设置是否在地面上产生阴影和反射及阴影的颜色。地面大小的设置影响阴影质量、是否产生阴影、是否反射。可通过"项目"｜"环境"选项卡的"高级"选项（图 10-76）来调整地面大小，在未剪切掉阴影的前提下，地面大小值设置应尽可能小，如地面大小与物体大小基本相同，将产生粗糙的阴影效果。

地面阴影：选中后，在地面上将产生阴影。

地面遮挡阴影：选中后，用遮挡阴影代替阴影。

地面反射：选中后，物体在地面上产生倒影，地面具有一定的反射性。

整平地面：选中后，如果场景中的背景可见照明环境，则将位于地面以下的环境部分投影到地平面上。

地面大小：允许设置虚拟地平面的大小，并仅影响地面阴影。

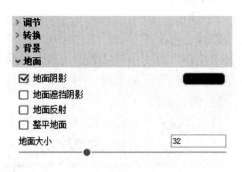

图 10-75　背景图像　　　　　　　　　　　　　　图 10-76　地面

10.6.2　HDRI 编辑器

KeyShot 环境编辑是一种简单的调整环境照明的方法，在"项目"｜"环境"选项卡中切换到"HDRI 编辑器"选项（图 10-77），会显示 KeyShot HDR 编辑器设置选项（图 10-78）。

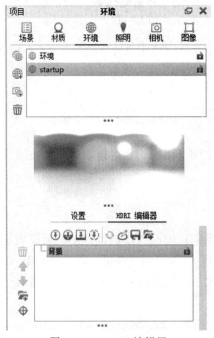

图 10-77　HDRI 编辑器　　　　　　　　　　　　图 10-78　HDRI 编辑器设置

在 KeyShot HDRI 编辑器颜色、色度、Sun & Sky 和图像四个方面进行调整。

选中"图像"可调整照明环境的色彩饱和度和色调、给背景着色、调节亮度及对比度。此选项对渲染场景的色调控制非常重要，如渲染后的图像色彩偏红，可使用该选项降低背景图像的饱和度，或调整色调来降低红色。

饱和度：增加或降低环境中的色彩浓度，如滑动到 0，将取消环境中的色彩。

色调：使用滑动条转变背景的颜色，滑动条值从 0～360 代表色相环，在改变背景颜色时，调整后的颜色取决于调整前的起始点颜色，如环境为红色，当滑动条调到 120 时，结果颜色为绿色；如果起始环境色为绿色，当滑动条调到 120 时，结果颜色为蓝色。

着色：可在整个背景环境中覆盖一个颜色，设置的颜色将与背景图像融合。

亮度：提高或降低环境亮度。

对比度：高对比度值产生强烈的光效果，低对比度值产生柔和的光效果。对比度也控制地面阴影的尖锐程度。

KeyShot HDR 编辑器可将调整后的背景图像进行保存，使用编辑器菜单中的文件"保存"或"另存为"即可，也可使用"编辑"菜单将低分辨率的背景图像生成高分辨率的背景图像。

在 KeyShot HDR 编辑器的"添加图像针"按钮中可增加圆形或矩形的区域，并将其作为背景环境中的灯光区域。可对区域进行删除、复制、调整大小及位置等操作，也可设置添加区域的颜色、是否与背景图像混合及设置混合时的衰减和亮度。通过选中或取消"已启用"打开或关闭"针"调节。

10.7　照明

KeyShot 场景中的照明主要来自环境或赋予发光材质的物体，在"项目"面板的"照明"选项卡中（图 10-79），可以设置场景中灯光，主要有照明预设值、环境照明、通用照明和渲染技术。

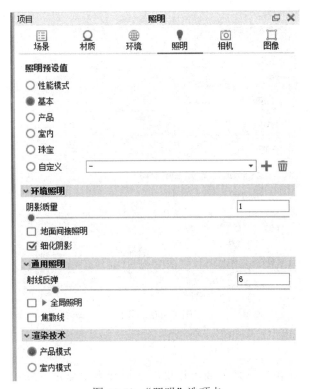

图 10-79　"照明"选项卡

1．环境照明

在 KeyShot 中点亮场景的主要方法是通过环境照明，使用球形高动态范围成像（HDRI）来表示内部或外部空间的物理精确照明。

2．发光材质

任何几何形状都可以变成局部光源。这是一种与传统渲染应用程序完全不同的方法，可以更灵活地在场景中准确布置光线，主要有四种类型的发光材质：区域光漫射、点光漫射、点光 IES 配置文件和聚光灯。

10.8　KeyShot 相机

KeyShot 相机（图 10-80）与实物相机功能基本相同，KeyShot 相机还可保存视角。"相机"选项卡主要包括相机命名、位置和方向、镜头设置、立体环绕和景深等。

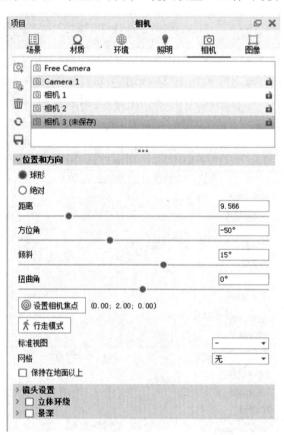

图 10-80　相机

1．相机命名

在"项目"｜"相机"选项卡的"相机"下拉列表中显示了场景中可使用的相机，选择一个相机，即激活该相机，实时窗口自动根据相机设置发生变化；相机也可重新命名，选择相机后，在名称对话框中输入新的名称即可（图 10-81）。使用"已解锁"或"已锁定"按钮来解锁或锁定相机，锁定后，相机的参数将变灰，在实时窗口的右上角出现锁定图标🔒，此时不能移动相机。单击"相机"列表左侧的💾图标可将相机保存，选择相机后，单击🗑可将选定的相机删除。

图 10-81　相机命名

2. 位置和方向

相机的定位有球形和绝对两种方式，球形定位方式有查看方向、距离、方位角、倾斜、扭曲角和设置相机焦点等设置（图 10-82）。

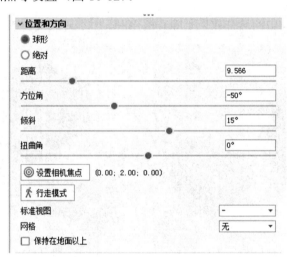

图 10-82　球形相机定位方式

距离：通过滑动条控制相机推拉的距离，其数值基于场景的中心与相机的距离，数值越大，相机与中心越远，当使用 Alt+鼠标右键在实时窗口拖动时，此数值会相应变化。

倾斜（环绕）：让相机绕注视点旋转，当使用鼠标左键在实时窗口向左或向右拖动时，此数值会相应变化。

扭曲角：让相机绕注视点旋转，当使用鼠标左键在实时窗口向上或向下拖动时，此数值会相应变化。

设置相机焦点：此选项非常有用，可随时将模型设置为查看点，相机将绕该点进行旋转。使用快捷键"Ctrl+Alt+右击"选择物体，或者选择模型中的一个组件物体后，在快捷菜单中选择"查看"，可快速将物体设置为查看点。

标准视图：在下拉列表中，可直接选择相机方向为前、后、左、右、顶部和底部。

3. 镜头设置

镜头设置主要包括视角、正交、位移、全景、视角/焦距、视野和地面网格（图 10-83）。

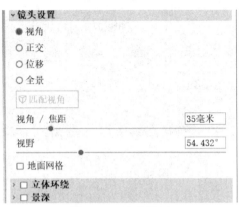

图 10-83　镜头设置

视角：可根据视角滑动条的设置在实时窗口中产生准确的透视效果，图 10-84 所示为三点透视效果。

正交：将实时窗口中的透视效果删除，图 10-85 所示为正交模式。

图 10-84　视角模式　　　　　　　　图 10-85　正交模式

焦距：模拟现实相机的焦距效果，焦距低可模仿广角镜头，焦距高可模仿放大镜。使用较大的焦距值，相机仍位于原位置，但产生了与物体拉近的效果。增加焦距产生放大效果，但透视效果减弱，而在推拉相机时，透视效果保持不变。

视野：设置相机的视野，即在相机正对方向上能看到的角度范围，广角镜头可以达到 180° 视野，而放大镜视野可达 20°。

焦距、视角和视野具有一定的关联性，调节其中任意一个，其他两个的数值都会发生相应的变化。

地面网格：在实时窗口中显示网格，在下拉列表中选择网格为无、二分之一、三分之一或四分之一，以进行合理的构图。

4．立体环绕

选中"立体环绕"，可选择垂直并列或水平并列模式，通过滑动条调节焦距。

5．景深

"景深"设置界面如图 10-86 所示。

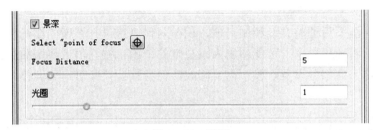

图 10-86　景深

类似于摄影中的景深效果，当眼睛注视一个区域时，此区域内图像比较清晰，而区域外的图像存在一定程度的模糊效果。

选中"景深"选择框后，单击选择"聚焦点"图标 ⊕，在实时窗口中选择一个物体作为焦点，或者使用滑动条调整对焦距离，然后再设置光圈大小，低的光圈值将产生较大的模糊效果。

10.9　图像

1．分辨率设置

可设置实时显示分辨率的大小，改变分辨率会自动更新实时窗口的大小，一般选中"锁定幅面"选项，以保持合适的长宽比例（图 10-87）。

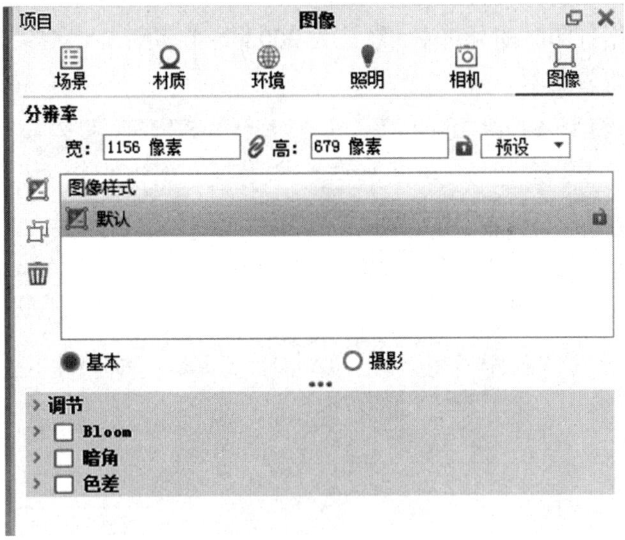

图 10-87　图像设置

2. 图像样式

图像样式允许向场景添加非破坏性图像调整并立即查看调整后的结果，包括在实时视图或渲染输出窗口中应用和查看色调、曲线、颜色和图像效果的设置，主要包括基本和摄影两种图像样式。

3. 调节

一般在实时渲染后调整亮度和伽马值，调整对比度或进行图像的伽马校正。如不使用伽马校正，颜色将随机显示，可能超出人眼视觉的范围。伽马值低将增加对比效果，伽马值高将降低对比。此部分设置一般不需要修改，保持默认值即可，如调整过大可能造成图像失真。

10.10 渲染输出

在 KeyShot 中完成环境及材质设置后，下一步操作为输出静态图像或者动画，根据被渲染的物体性质来设置合适的参数。参数设置过高，会增加渲染时间，却不一定能得到好的效果。理解渲染设置、掌握如何节省渲染时间非常重要。

单击主工具列中的渲染图标 ⌖，会弹出"渲染选项"窗口，渲染有四种类型的输出：静态图像、动画输出、KeyShotXR 和配置程序。

1. 静态图像输出

1）静态图片渲染输出选项

可设置输出静态图片的文件名、文件夹位置、文件类型，在"格式"下拉列表中可选择 JPEG、TIFF、EXR、PNG，除 JPEG 格式外还可以选择是否包含 alpha（透明度）（图 10-88）。

分辨率设置非常重要，可直接在对话框中输入数字或在预设值中选择合适的大小。

打印大小是根据打印时的分辨率（默认为 300dpi）自动计算出渲染的图像的打印尺寸，建议将单位由英寸改为厘米。

图 10-88 "渲染"选项卡

选中"区域"，在渲染过程中仅选择局部图像进行渲染，当场景中仅有部分物体发生变化时，使用区域渲染可节省时间。

2）渲染质量选项

在渲染时可选择最大采样、最大时间和自定义控制任一选项进行渲染，以得到不同的质量效果（图 10-89）。

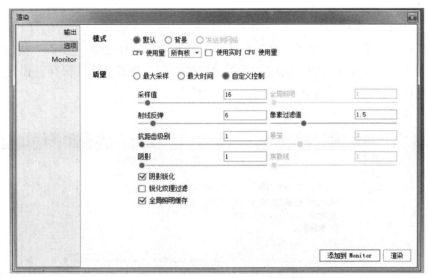

图 10-89　"渲染"|"选项"|"渲染质量"选项卡

最大采样：设置渲染过程中使用的最大采样数，数值越高，耗费时间越长。

最大时间：选中后，会设置渲染消耗的最长时间，超过最长时间后自动结束渲染。

自定义控制：可分别设置采样、全局照明质量、光线折射次数、像素过滤器大小、抗锯齿、DOF 质量、阴影品质及阴影锐化和锐化纹理过滤。

3）渲染队列

渲染队列可对一系列图进行渲染，按照队列的次序完成渲染（图 10-90）。

图 10-90　渲染队列

使用"截屏"功能也可快速获得静态图像，按 P 键或者单击主工具列中截屏图标 ⌐⊕⌐截屏，可对实时窗口进行截屏操作，截屏后的文件将保存到"首选项" | "文件夹"选项卡"渲染"文件夹中，在"首选项" | "常规"中可设置截屏时图像格式及图片质量、询问每个截屏保存到哪里及每一个截屏保存一个相机。

2．动画输出

如场景中设置了动画，在"渲染"对话框（图 10-91）中可选择"动画"按钮，设置渲染分辨率大小、渲染动画的时间范围、视频输出的名称、格式及文件保存位置等。

选中"视频输出"，可渲染输出选定格式的视频。

选中"帧输出"，可渲染输出一系列的图片。

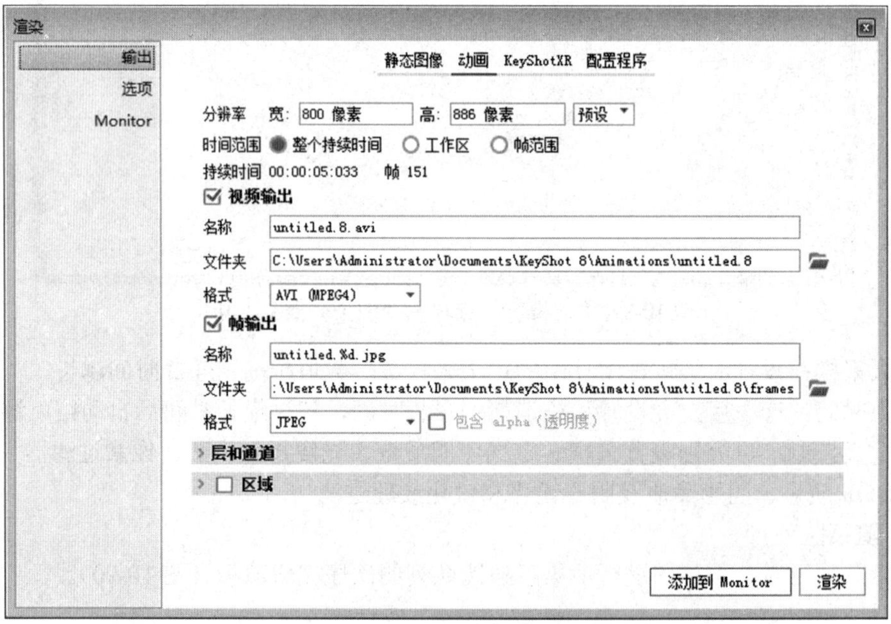

图 10-91　动画渲染

3．KeyShotXR

使用 KeyShotXR 可在网站上进行交互式产品演示，可使一系列渲染的图像三维旋转和动画化。

根据 KeyShotXR 向导，首先选择 KeyShotXR 类型，然后设置 KeyShotXR 的旋转中心，再选择初始 KeyShotXR 视图，再设置 KeyShotXR 光滑度，最后设置 KeyShotXR 输出，KeyShot 将渲染所有图像并创建将其嵌入网页所需的 html 文件。

在 KeyShotXR 输出选项卡（图 10-92）中可设置输出文件名、文件夹、正在查看分辨率、保存的文件格式及文件压缩比，选中"创建 iBooks Widget"可输出嵌入 iBook 杂志所需的文件。也可在"KeyShotXR 控制"中设置旋转控制中心、光滑度控制和角度控制。在"设置旋转控制中心"选中如环境、对象、全景相机、相机焦点、自定义、水平环境旋转的一种作为旋转中心，设置"光滑度控制"中可选中动画帧，分别设置水平帧及垂直帧，设

图 10-92　KeyShotXR 输出选项卡

置"角度控制"中可选择水平开始及结束角度、垂直开始及结束角度；在"高级"选项中设置旋转阻尼、鼠标灵敏度、允许的最大缩放百分比等；在"层和通道"选项中设置渲染层或选择渲染选中的通道。

4. 配置程序

　　KeyShot 配置程序是一款能够对模型和材质变体进行实时交互式产品演示的工具，可在实时场景中展示产品多种状态，如可演示更换模型中的部件、更换材质、同时更换模型和材质。通过"配置程序向导"（图 10-93）设置要演示的变体类型、添加父模型、添加元件、设置材质、选择工作室环境、设置布局样式，然后进入渲染设置（图 10-94）。在渲染设置中选中要渲染的变体类型、输出的文件路径、名称、格式、分辨率，设置渲染的层和通道，或选中"区域"设置局部渲染区域。

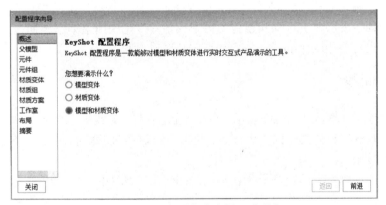

图 10-93　"配置程序向导"选项卡

　　设置过"配置程序"后，会在底部工具列上增加一个"演示" 图标，单击该图标进入全屏演示界面（图 10-95），查看模型更换效果、材质更换效果、工作室环境更换效果。也可将设置了"配置程序"的文件渲染输出为 KSP 格式，安装触控桌面应用程序 KeyShot Viewer 软件，该软件可以使用与 KeyShot 相同的实时光线追踪渲染引擎，实现 KeyShot 场景的互动，在全屏模式下可实现照片级 3D 模型查看、演示和配置的安全共享。

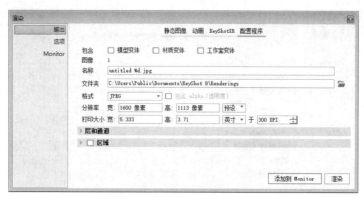

图 10-94 "配置程序"选项卡

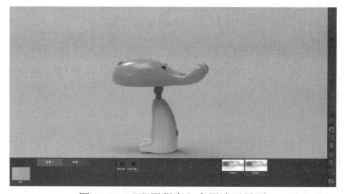

图 10-95 "配置程序"全屏演示界面

10.11 KeyShot 动画

KeyShot 动画可对模型、材质和相机设置动画，如对场景中的模型或部件设置移动动画，只要在场景中右击要进行动画设置的模型或部件，在快捷菜单中选择"变换动画"，设置动画参数。也可使用动画向导，按照提示来启动动画设置。

10.11.1 时间线

KeyShot 动画由动画时间线来表示，每个动画的时间线都有一个开始时间（左侧）、一个结束时间（右侧）和持续时间（矩形的长度），可以把它们移动、缩放、堆放或排列起来以达到不同的效果。

每个类型的动画都以颜色条显示在动画时间线上（图 10-96），绿色条为部件动画、红色条为材质动画、蓝色条为相机动画，也可增加文件夹来管理动画，文件夹显示为黄色。

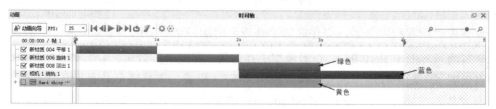

图 10-96 时间轴

所有类型动画的通用参数是时间设置，用来控制动的起止及持续时间（图 10-97）。

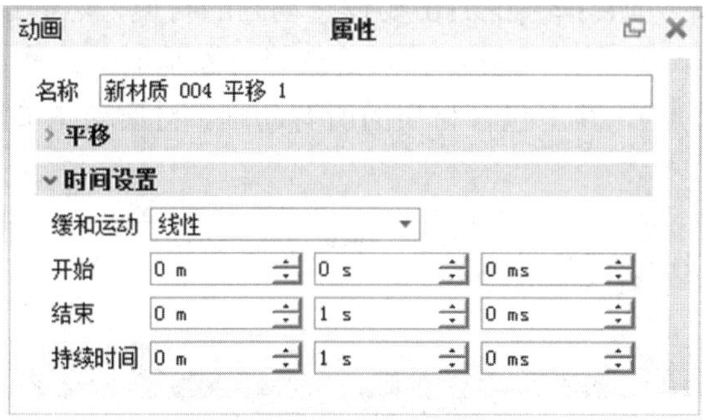

图 10-97　时间设置

缓和运动：在动画中设置动作减缓，主要有线性、缓进、缓出、缓进\缓出。

开始：设置动画的开始时间。

结束：设置动画的结束时间。

持续时间：由动画起始时间和结束时间自动计算出来，可通过设置开始时间及持续时间，自动确定结束时间。

10.11.2　动画类型

KeyShot 动画类型有部件动画、材质动画和相机动画，部件动画有变换、旋转和可见性三种方式。

1. 部件动画

部分动画可设置部件在场景中的位置、方向和可见性，并保持模型的层次结构，在模型的顶部组件的动画设置也将影响该组件下的所有元件。在欲添加动画的部件或元件上右击，在快捷菜单中选择动画及动画类型，或者使用动画向导按照提示步骤来设置动画，然后根据需要来调整动画设置，部件动画在时间线上以绿色条显示。

（1）平移

平移动画可设置模型或其部件沿 X、Y 和 Z 轴移动，改变物体的位置。

（2）旋转

在设置旋转动画时，必须选定旋转轴（X、Y 或 Z 轴），轴有两种状态，局部坐标系和全局坐标系，局部坐标系使用旋转部件的坐标轴。

（3）淡出

淡入淡出动画提供两个不透明度值之间的平滑过渡。

（4）转盘

将动画添加到模型或组时，还可以选择转盘动画。它类似于旋转动画，但仅限于围绕 Z 轴的旋转，可设置旋转中心及方向。

2. 材质动画

材质动画可基于物体材质的值或颜色来设置动画。目前只能通过"材质图"来添加"材质"动画。

在"实时窗口"或"项目库"中右击要设置动画的材质，然后选择"编辑材质图"，在"材质图"中，转到"节点"｜"动画"，然后选择要添加的动画类型。这将在时间轴中添加一个文件夹（黄色节点），其中包含材质的所有动画。材质动画节点在时间轴中表示为红色节点（图 10-98）。

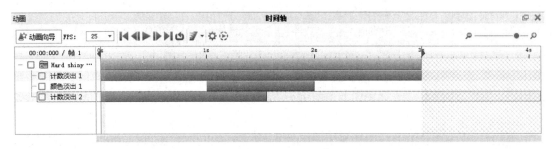

图 10-98　材质动画

材质动画类型主要有颜色淡出和计数淡出两种。

（1）颜色淡出

提供两个或多个颜色值之间的平滑过渡。可以将颜色淡出应用于材质的漫反射、镜面反射和不透明度贴图。还可以将颜色淡出应用于任何材质值，如粗糙度、折射率、功率、轮廓宽度等。

（2）计数淡出

提供两个数值之间的平滑过渡。可以应用数量淡入淡出、材质的漫反射、镜面反射和不透明度贴图。也可以将计数淡出应用于任何材质值，如粗糙度、折射率、功率、轮廓宽度等。

材质动画与材质相关联，因此将适用于受影响材料的所有部件。如果只想要影响特定部分的材料，必须取消链接。

与其他动画类型不同，材质动画不会在任何组或部件下的场景树中列出，仅能在材质图中查看材质动画的设置。

3. 相机动画

相机动画可设置在相机间切换的动画，在场景中创建了相机并设置了目标，使用相机动画，可以设置相机移动、旋转、焦距等动画，以及从一个相机切换到另一个。

在场景树中右击选定的相机，然后选择所需的相机类型。还可以通过动画向导设置相机动画。相机动画将在时间轴上显示为蓝色节点，并使用蓝点切换事件（图 10-99）。

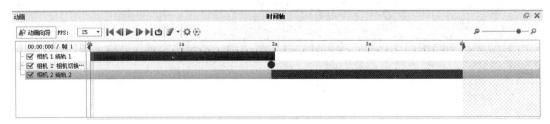

图 10-99　相机动画

相机动画类型有绕轨、全景、缩放、推移、倾斜、路径、平移、景深和相机切换事件等。

（1）绕轨：相机沿轨道绕目标旋转。

（2）全景：围绕相机自身轴旋转以模拟完整的全景视图，使用此类动画可展示汽车内饰或建筑内饰。

（3）缩放：改变相机的焦距以实现缩放动画效果时，变焦动画会物理地将相机移近主体。

（4）推移：控制相机沿 X、Y、Z 轴的移动。

（5）倾斜：相机沿目标物体上下移动。

（6）路径：创建相机沿指定路径的动画，适合制作漫游或动态的相机移动效果。

（7）平移：相机变焦会改变相机的焦距，如相机设置为透视，焦距也将控制实时视图中看到的失真量（收敛）。

（8）景深：可为相机的焦点设置景深动画。将此类动画添加到相机之前，需要在相机设置下启用景深。

（9）相机切换事件：当前相机视图与场景中另一台相机之间的即时更改。

10.11.3　动画向导

动画向导是逐步创建动画的最简单方法，首先选择动画类型，向导将引导完成动画设置中的每一步。单击工具列中的 动画图标，在弹出的时间线上单击动画向导按钮 ，即可启动动画向导。

10.11.4　使用动画

动画用时间轴中的节点表示，并根据动画属性中设置的名称进行标记。在时间轴中单击动画节点时，将显示属性。动画可以移动并以交互方式缩放以控制起始时间和持续时间。

可以将动画组合并到单个文件夹中以进行组织。这些文件夹也可以缩放和移动以控制时间和持续时间。

右击动画列表中的动画可以打开动画管理实用程序，单击并拖动该动画，可更改动画顺序或将动画移动到现有文件夹，若要选择多个动画，请在选择多个节点时按住 Ctrl 键（PC）或 Command 键（Mac）。

添加到文件夹：右击动画列表中的空白区域以显示此选项。

复制：复制动画，右击要复制的动画，然后选择"复制"。

镜像：右击要反向复制动画的动画，可将动画镜像复制（图 10-100），这对制作爆炸视图动画或制作循环视频非常有用。

10.11.5　动画特效

动画效果可为动画添加真实感，主要有运动模糊和动作缓动。

运动模糊：实时预览应用了运动模糊特效的效果。

动作缓动：当应用于旋转、平移和相机动画时，动作缓动将为运动增加或减小加速度，可创建更自然的动画效果。

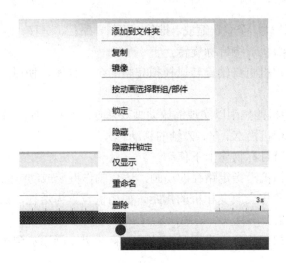

图 10-100　动画时间轴快捷菜单

10.12　本章小结

　　本章首先介绍了 KeyShot 渲染器的操作界面和渲染工作流程，然后按照渲染流程详细介绍导入模型的过程与方法、材质的调用及使用、环境照明的应用与调节、渲染实时选项的设置与调节、相机的使用与调节、渲染输出的设置，最后介绍了 KeyShot 材质类型及设置、材质中纹理的应用以及标签的使用。

　　KeyShot 可快速完成高质量的产品渲染，非常适合工业产品的表现。

玩具造型实例

11.1 摇铃造型

11.1.1 造型思路分析

本摇铃（图 11-1）造型比较简单，可使用 Rhino 常用建模工具来完成，首先通过双轨扫掠命令完成主体曲面的创建，然后将主体曲面分割出装饰的曲面，分别制作三种装饰效果，然后使用圆管工具制作把手，最后将曲面偏移成实体。

建模过程文件：本节二维码的"摇铃"文件夹\过程文件\

建模结果文件：本节二维码的"摇铃"文件夹\摇铃完成.3dm

视频文件：本节二维码的"摇铃"文件夹\视频教程\

配书文件的 Rhino 模型文件按照各部分建模的顺序来组织图层，在"图层"面板中从上向下打开或关闭图层及其子图层的显示，可查看每部分建模过程中使用的曲线或曲面及完成的曲面效果，通过此方法能从整体上把握建模过程（图 11-2、图 11-3）。

摇铃.rar

学习方法、造型思路分析、建模准备工作.mp4

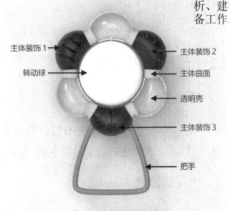

图 11-1　摇铃效果图

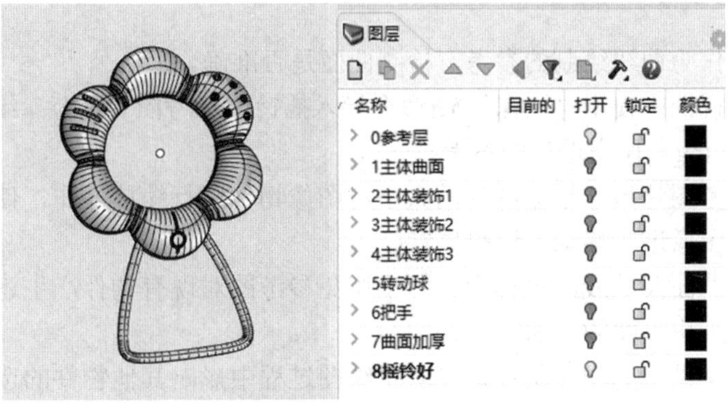

图 11-2　摇铃图层组织

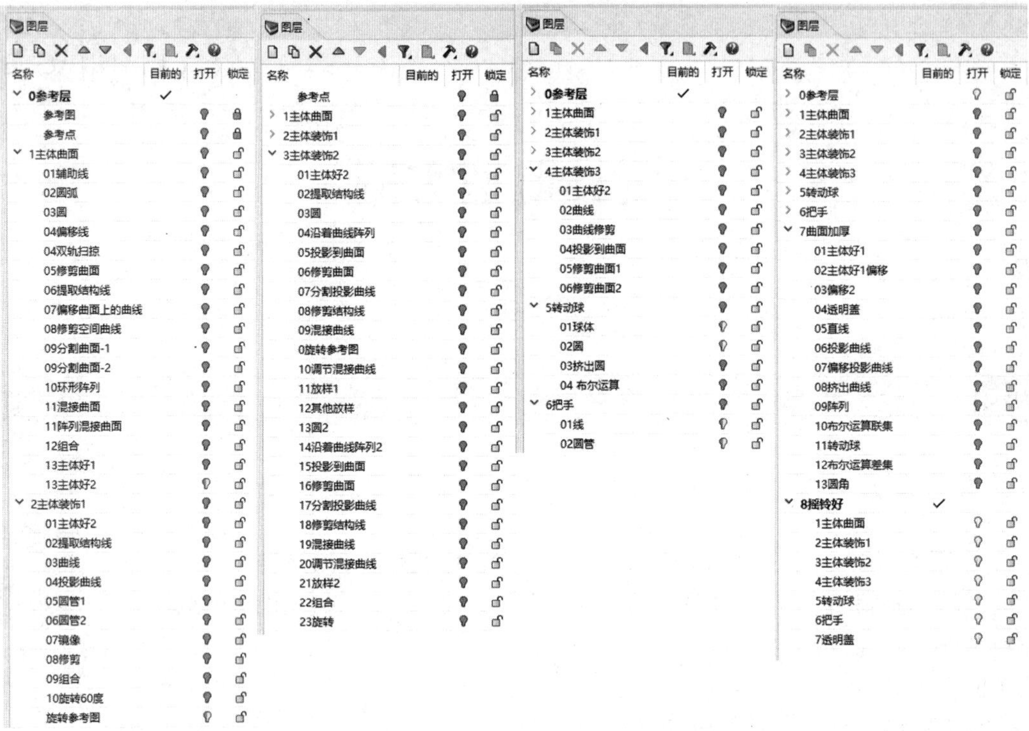

图 11-3　摇铃造型过程图

11.1.2　建模准备工作

1. 新建图层

在"图层"面板中，新建图层，修改图层名称为"参考层"，将"参考层"作为当前层，继续建子图层，并分别修改图层名称为参考图、参考点。

2. 绘制辅助线

使用"单点"命令在（0,0,0）坐标原点放置一个点，作为后续绘图的参考，将点放入"参考点"图层中。

3. 导入参考图片

参考图片可作为曲线绘制的参考，检测曲面是否准确。

（1）在 Top 视图中使用"图像"▇▇命令导入摇铃的参考图（本节二维码的"摇铃"文件夹\摇铃参考图.jpg）作为造型的参考；

（2）导入参考图片后，根据图片的大小对图像物件进行缩放操作，使其尺寸与实物基本相同，然后对图像进行移动，调整位置；

（3）在绘制曲面及曲线的过程中，为了避免参考图对现有物件产生遮挡，可将参考图放置在视图所在工作平面的下面；

（4）将"参考层"的子图层锁定，防止绘图过程中影响其他物件的选择，或错误地移动参考图的位置。

4．物件锁点

选中物件锁点中的"端点""点""中点""中心点""交点""四分点"，以便在绘图过程中捕捉现有的物件锁点。

11.1.3　主体曲面

主体曲面.mp4

摇铃主体曲面造型时，先绘制平面边界曲线，修剪出摇铃的 1/6 部分曲线，利用"双轨扫掠"命令创建主体曲面的 1/6 部分，然后使用环形阵列形成主体曲面。

1．绘制主体曲线

（1）为了便于绘制曲线，暂时隐藏格线，按 F7 键逐个视图关闭或打开格线的显示。

（2）在"图层"面板中打开"参考层"中的参考图子图层，显示参考图片；新建图层，修改图层名称为"主体曲面"，并设置为目前层，以在"主体曲面"图层上创建曲线及曲面。

（3）在 Top 视图中，使用"圆" ⊙ 命令中的"圆：中心点、半径"绘制圆，中心点位于坐标原点（0,0,0），半径=30（图 11-4）。

（4）使用"多边形：中心点、半径" ⬡ 方式绘制以坐标原点为中心的六边形，根据参考图确定半径。

（5）使用"单一直线" ⟋ 命令分别绘制从原点出发通过六边形顶点的两条直线。

（6）使用"圆"命令中的"圆：直径" ⊘ 绘制圆，起始点位于步骤（5）的直线与步骤（3）圆的交点处，终点位于六边形顶点。

（7）使用"圆弧：起点、终点、通过点" ⌒ 方式，根据参考图绘制圆弧（图 11-5）。

（8）使用"分割" ⬓ 命令，将半径 30 的圆使用步骤（5）的直线进行分割，形成小的圆弧。

最终完成的主体曲线的 1/6 部分如图 11-6 所示。

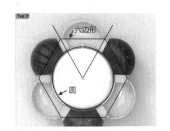
图 11-4　圆、六边形和直线辅助线

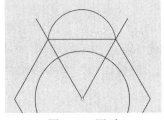
图 11-5　圆弧

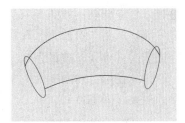
图 11-6　主体曲线

2．生成主体曲面

（1）单击"双轨扫掠" ⌒ 图标，选择图 11-6 所示两条弧线为扫掠路径，两个圆为截面，生成的曲面效果如图 11-7 所示。

（2）使用"偏移曲线" ⌒ 命令将从原点出发经过六边形顶点的两条直线向内偏移 1 次，间距为 1mm（图 11-8）。

（3）使用"修剪"  命令，偏移后的曲线作为切割用"刀具"，在 Top 视图中对"双轨扫掠"曲面进行修剪，修剪后如图 11-9 所示。

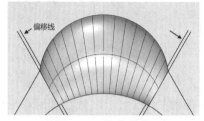

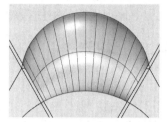

图 11-7　双轨扫掠曲面　　　　　图 11-8　偏移曲线　　　　　图 11-9　修剪曲面

（4）使用"从物件建立曲线" 工具中的 "抽离结构线" 命令抽取修剪后双轨曲面的结构线，如结构线方向不对，可在选项中切换抽离结构线的方向（图 11-10）。

（5）使用"曲线工具"中的"偏移曲面上的曲线" 命令将双轨曲面的结构线偏移3mm，在偏移时可根据显示的偏移方向在选项中设置 3 或者–3 作为偏移距离，四条曲线偏移后如图 11-11 所示。

（6）使用"修剪" 命令将偏移后的曲线进行修剪，在操作过程中可使用"隐藏物件" 命令隐藏不使用的曲面，以便选择物件（图 11-12）。

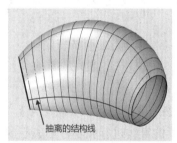

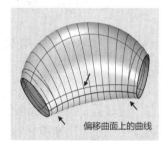

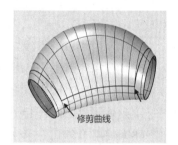

图 11-10　抽离结构线　　　　图 11-11　偏移曲面上的曲线　　　　图 11-12　修剪曲线

（7）使用"分割" 命令，修剪后的偏移曲线作为切割用的"刀具"，将 1/6 主体曲面进行分割，分割后如图 11-13 所示。

（8）使用"阵列"工具箱中的"环形阵列" 命令将 1/6 主体曲面在 Top 视图中沿坐标原点进行阵列，数量为 6，角度 360°，阵列后如图 11-14 所示。

（9）使用"曲面工具"中的"混接曲面" 命令将两个 1/6 主体曲面间的开放端曲面进行混接（图 11-15）。

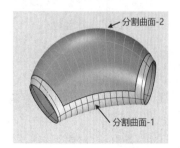

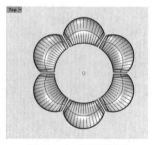

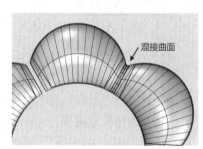

图 11-13　分割曲面　　　　　图 11-14　环形阵列　　　　　图 11-15　混接曲面

（10）使用"阵列"工具箱中的"环形阵列" 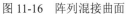 命令将混接曲面在 Top 视图中沿坐标原点进行阵列，数量为 6，角度 360°，阵列后如图 11-16 所示。

（11）使用"组合" 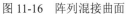 命令，将混接曲面和主体曲面修剪后的曲面组合成一个复合曲面，完成主体曲面的创建（图 11-17、图 11-18）。

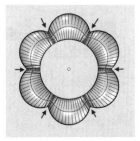

图 11-16　阵列混接曲面

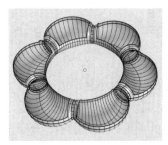

图 11-17　主体曲面-1

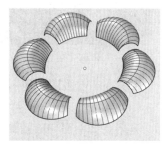

图 11-18　主体曲面-2

技巧提示：在构建曲面过程中，命令结束后所形成的曲面颜色如与所在图层颜色不一致，或仅在结构线上显示出图层的颜色，曲面的背面是图层的颜色，说明曲面的法线方向不正确，需要使用"反转方向" 命令将其法线反转。

11.1.4　主体装饰 1

主体装饰
1.mp4

（1）仅显示"主体曲面-2"六个曲面中的一个曲面，选择最顶部的曲面比较便于绘制曲线，在图层面板中显示参考图图层。

（2）解除参考图的锁定，使用"2D 旋转" 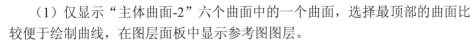 命令在 Top 视图中将参考图绕原点旋转–60°（图 11-19、图 11-20）。

（3）将视图模式切换为"线框模式"，使用 "从物件建立曲线"工具中的"抽离结构线" 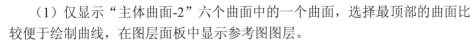 命令，提取曲面的结构线（图 11-21），如提取线的方向不对，可使用"切换"选项来切换提取 U 或 V 方向的曲线。

图 11-19　旋转前

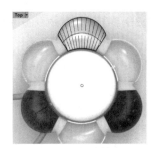

图 11-20　旋转后

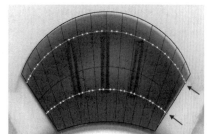

图 11-21　抽离结构线

（4）在 Top 视图中使用"单一直线" 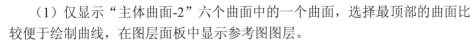 命令绘制直线，使用"修剪" 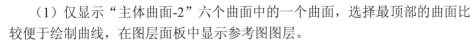 命令修剪多余的边，最终如图 11-22 所示。

（5）在 Top 视图中使用"投影曲线" 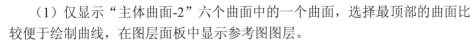 命令将刚绘制的两条线投影到主体曲面上（图 11-23）。

（6）使用"建立实体"工具中的"圆管" 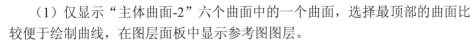 命令建立圆管，分别将投影到主体曲面上的曲线作为圆管路径，半径为 1，得到圆管 1 和圆管 2（图 11-24）。

图 11-22　直线

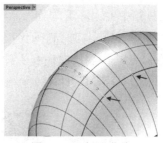

图 11-23　投影曲线

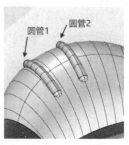

图 11-24　圆管

（7）在 Top 视图中使用"镜像" ![icon] 命令将圆管 1 沿 Y 轴镜像，得到圆管 3（图 11-25）。

（8）在 Perspective 视图中修剪主体曲面及圆管曲面，单击工具箱中的"修剪" ![icon] 图标，先用主体曲面切除圆管不用的曲面，再次执行"修剪"命令，用圆管切除不用的主体曲面，最终如图 11-26 所示。

（9）使用"组合" ![icon] 命令将修剪后的曲面组合成一个复合曲面。

（10）使用"2D 旋转" ![icon] 命令在 Top 视图中将参考图绕原点旋转 60°，完成主体装饰 1 的造型（图 11-27）。

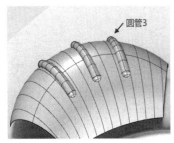

图 11-25　圆管 3

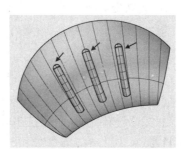

图 11-26　修剪曲面

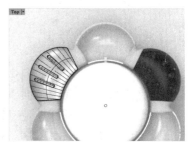

图 11-27　主体装饰 1

11.1.5　主体装饰 2

主体装饰
2.mp4

（1）解除参考图的锁定，使用"2D 旋转" ![icon] 命令在 Top 视图中将参考图绕原点旋转 60°（图 11-28）。

（2）使用"从物件建立曲线"工具中的"抽离结构线" ![icon] 命令，提取曲面的结构线（图 11-29）。

（3）在 Top 视图中使用"圆：中心点、半径" ![icon] 命令绘制圆，圆心位于抽离结构线的端点处（图 11-30）。

图 11-28　旋转后

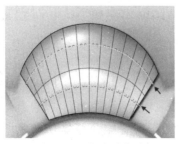

图 11-29　抽离结构线

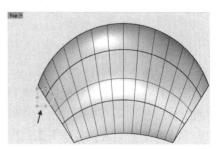

图 11-30　圆

（4）使用"阵列"工具中的"沿着曲线阵列" ![] 命令将圆沿抽离结构线阵列，阵列的"方式"选中"项目数"，数量为 6 个，"定位"选项中选中"不旋转"，阵列后如图 11-31所示。

（5）在 Top 视图中使用"投影曲线" ![] 命令将阵列后的中间四个圆投影到主体曲面上（图 11-32）。

（6）隐藏不用的曲面，使用"分割" ![] 命令在 Top 视图中将投影后的曲线进行分割，提取的结构线作为切割用物件（图 11-33）。

图 11-31　沿着曲线阵列

图 11-32　投影曲线

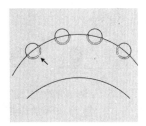

图 11-33　分割

（7）使用"修剪" ![] 命令，去除结构线不用的部分，切割用物件为投影到曲面上的圆（图 11-34）。

（8）分别使用"曲线"工具中的"可调式混接曲线" ![] 命令连接修剪后结构线间的空隙（图 11-35）。

（9）使用"显示物件控制点" ![] 命令显示混接曲线的控制点，开启"操作轴"，使用操作轴移动各控制点的位置，调整后如图 11-36 所示。

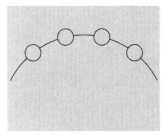

图 11-34　修剪

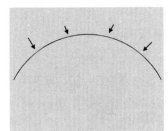

图 11-35　混接曲线

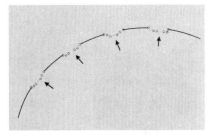

图 11-36　调整控制点

（10）使用"建立曲面"工具中"放样" ![] 命令将分割后的投影圆、混接曲线形成曲面（图 11-37），使用同样方法完成其他放样曲面（图 11-38）。

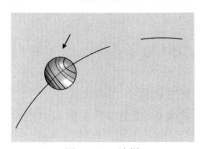

图 11-37　放样

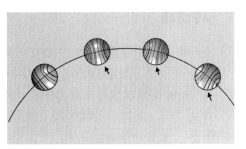

图 11-38　其他放样

（11）按照步骤（3）～（10）的方法绘制如图 11-39 所示的两个放样曲面。

（12）恢复主体曲面、参考图的显示，在 Perspective 视图中使用放样曲面修剪主体曲面。

（13）使用"组合" 命令将曲面组合成复合曲面。

（14）使用"2D 旋转" 命令在 Top 视图中将参考图绕原点旋转–60°，完成主体装饰 2 的造型（图 11-41）。

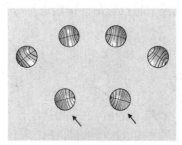  

图 11-39　放样曲面　　　　图 11-40　组合　　　　图 11-41　主体装饰 2

11.1.6　主体装饰 3

主体装饰 3、转动球、把手.mp4

（1）在 Top 视图中根据参考图使用圆、矩形工具绘制如图 11-42 所示曲线。

（2）在 Top 视图中使用"修剪" 命令，去除不用的曲线（图 11-43）。

（3）在 Top 视图中使用"投影曲线" 命令将修剪后的曲线投影到主体曲面上（图 11-44）。

（4）分别使用"修剪""分割"命令将主体曲面进行修剪及分割，最终如图 11-45 所示，完成主体装饰 3。

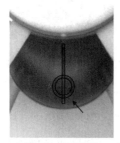  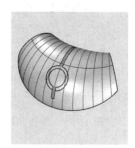 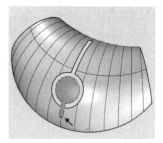

图 11-42　曲线　　图 11-43　修剪曲线　　图 11-44　投影曲线　　图 11-45　修剪和分割

11.1.7　转动球

（1）在 Top 视图中使用 Rhino"建立实体"工具中"球" 命令绘制球，打开"正交"模式，球大小根据参考图绘制即可（图 11-46）。

（2）在 Front 视图以坐标原点为中心，绘制半径为 1.25 的圆。

（3）使用"建立实体"工具中的"挤出封闭的平面曲线" 命令将圆向双侧挤出，如图 11-47 所示。

（4）使用"实体工具"中的"布尔运算联集" 命令将球体和圆柱体布尔运算，完成的转动球如图 11-48 所示。

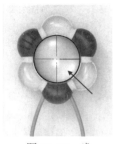
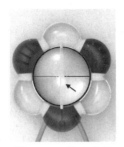

图 11-46　球　　　　　　图 11-47　挤出曲线　　　　　　图 11-48　转动球

11.1.8　把手

（1）隐藏不用的曲面及曲线，在 Top 视图中使用"内插点曲线"命令绘制如图 11-49 所示曲线，因曲线关于 Y 轴对称，可绘制一半曲线后，使用"镜像"命令复制得到另一半曲线。

（2）使用"建立实体"工具中的 "圆管" 🐚命令建立圆头盖的圆管，将上一步绘制的曲线作为圆管路径，半径为 2.5（图 11-50）。

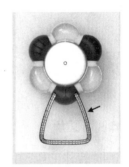

图 11-49　曲线　　　　　　　　　　　　　图 11-50　圆管

11.1.9　曲面加厚

1．主体曲面加厚

曲面加厚.mp4

（1）使用"曲面工具"中的"偏移曲面"🐚命令将"主体曲面-1"加厚，向内偏移 1mm，选项中选择"实体=是"，将曲面偏移为实体。

（2）使用同样方法将主体装饰 1、主体装饰 2 和主体装饰 3 曲面偏移成实体。

（3）使用同样方法将"主体曲面-2"的部分曲面偏移成实体，用来制作透明盖。

2．制作内部的间隔

（1）使用"线段" 🔺命令在 Top 视图中绘制从原点出发的水平线（图 11-51）。

（2）在 Top 视图中使用"投影至曲面" 🥫命令将水平线投影到主体曲面上（图 11-52），形成 2 个圆形曲线。

（3）使用"偏移曲线" 🐚命令将得到的投影曲线的外圆向内偏移 0.5mm（图 11-53）。

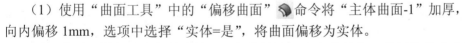

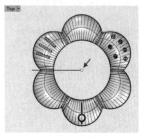

图 11-51　水平线

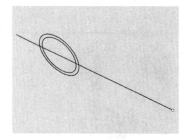

图 11-52　投影曲线

偏移的曲线

图 11-53　偏移后的曲线

（4）使用"建立实体"工具中的"挤出封闭的平面曲线" 命令将偏移后的圆向双侧挤出，形成间隔用的实体，如图 11-54 所示。

（5）使用"阵列"工具箱中的"环形阵列" 命令将上一步生成的曲面进行阵列，阵列中心为原点，数量为 6（图 11-55）。

（6）使用"实体工具"中的"布尔运算联集" 命令将主体曲面和挤出的曲面进行布尔运算，以制作摇铃内部的间隔，最终如图 11-56 所示。

图 11-54　挤出曲线

图 11-55　环形阵列

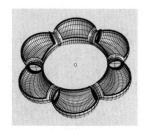

图 11-56　布尔运算

3．制作孔与圆角

（1）使用"实体工具"中的"布尔运算差集" 命令从主体曲面中减掉转动球的圆柱部分，形成转动所需的圆孔，在选项中选择"删除输入物件＝否"，保留转动球物件。

（2）使用"实体工具" 工具中的"边缘圆角" 命令，进行圆角操作，设置合适的半径值，选择需要圆角的边。

至此完成了摇铃玩具所有曲面的造型，显示所有的曲面，隐藏不使用的曲线或曲面，将各部分放入指定的图层中。

11.2　洒水壶造型

11.2.1　造型思路分析

洒水壶.rar

造型思路
分析.mp4

本洒水壶为一体化设计，造型比较简单，在建模过程中首先完成壶身整体曲面的造型，然后分割出进水口，绘制壶嘴及出水口、把手及底部的文字，最后完成把手内、外侧曲面与壶身的连接、壶嘴与壶身的连接（图 11-57）。

建模过程文件：本节二维码的"洒水壶"文件夹\过程文件\

建模结果文件：本节二维码的"洒水壶"文件夹\洒水壶完成.3dm

视频文件：本节二维码的"洒水壶"文件夹\视频教程\

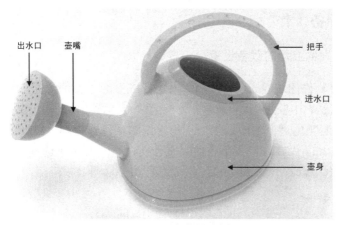

图 11-57 洒水壶效果图

　　配书文件的 Rhino 模型文件按照整体造型的顺序及各部分建模的顺序来组织图层，在"图层"面板中从上向下打开或关闭图层及其子图层的显示，可查看每部分建模过程中使用的曲线或曲面，了解每步制作效果，通过此方法能从整体上把握建模过程（图 11-58、图 11-59）。

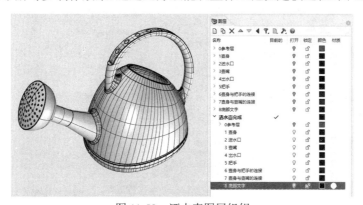

图 11-58 洒水壶图层组织

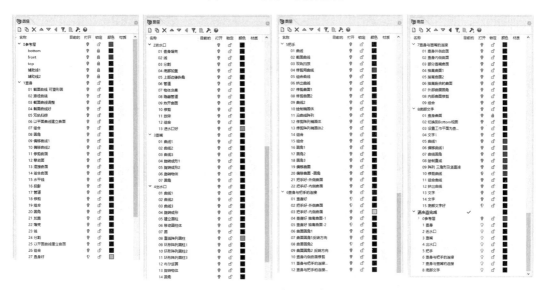

图 11-59 洒水壶造型过程图

11.2.2 建模准备工作

1. 修改物件背面显示的颜色设置

建模准备
工作.mp4

为了便于观看物件的法线方向，修改"着色模式"的"着色设置"中的物件"背面设置"的颜色，由"使用正面设置"修改为"全部背面使用单一颜色"，在"单一背面颜色"的颜色调节器中选择一种不常用的颜色作为物件背面的颜色。

此步操作在 Rhino"文件"菜单中的"文件属性" | "Rhino 选项" | "视图" | "显示模式" | "着色模式"中修改（图 11-60）。

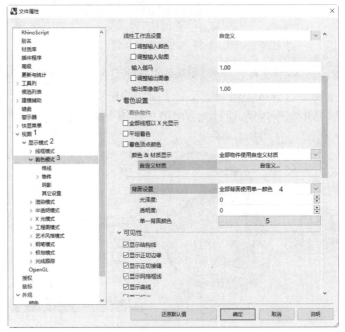

图 11-60　物件背面显示的颜色设置

2. 新建图层

在"图层"面板中，新建图层，修改图层名称为"参考层"，将"参考层"作为当前层，继续建子图层，并分别修改图层名称为 front、top、bottom、辅助线 1 和辅助线 2。

3. 绘制辅助线

（1）使用"单点" 命令在（0,0,0）坐标原点放置一个点，作为后续绘图的参考。

（2）使用"多重直线" 命令绘制以原点为端点、沿 Y 轴方向的直线。

（3）绘制一条水平线，长为 225mm，作为产品尺寸的参考线。

4. 导入参考图片

参考图片可作为曲线绘制的参考，检测曲面是否准确。在导入图片前，建议对欲导入的图片使用图像编辑软件进行处理，以图片中物件最大边界对图片进行剪裁；对于多个图片，保证其长、宽、高尺寸能互相对应上，方便导入图片的移动、对齐等定位操作。

（1）在 Front 视图中使用"图像" 命令导入洒水壶的 front 图片（本节二维码的"洒水壶"文件夹\参考图\front.jpg）作为造型的参考。

（2）使用同样的方法将其他参考图导入相应的视图，并放入相应的图层，以便于管理。

（3）导入参考图片后，根据图片的大小对图像物件进行缩放操作，使其尺寸与实物基本相同，然后对图像进行移动，调整位置，具体位置如图 11-61 所示。

（4）在绘制曲面及曲线的过程中，为了避免参考图对现有物件产生遮挡，可将参考图放置在各视图所在工作平面的下面。

（5）将"参考层"的子图层锁定，防止绘图过程中影响其他物件的选择，或错误地移动参考图的位置。

图 11-61　参考图

11.2.3　壶身主体曲面

洒水壶主体曲面造型时，先绘制两条平面边界曲线，然后绘制截面曲线，利用"双轨扫掠"命令创建主体曲面。

壶身主体曲面.mp4

1．绘制壶身曲面

（1）为了便于绘制曲线，暂时隐藏格线，按 F7 键逐个视图关闭或打开格线的显示。

（2）在"图层"面板中打开"参考层"bottom 子图层，显示 bottom 图片；新建图层，修改图层名称为"壶身"，并设置为目前层，以在"壶身"图层上创建曲线及曲面。

（3）使用"圆"命令中的"圆：可塑形的" 绘制可塑形圆，半径=70、阶数=5、点数=10（图 11-62）。

（4）在 Top 视图中使用"操作轴"调整可塑形的圆的控制点（图 11-63），最终效果如图 11-64 所示。

图 11-62　可塑形圆

图 11-63　调整中

图 11-64　调整后

（5）使用"内插点曲线" 命令在 Front 视图中绘制图 11-65 所示两条曲线，两条曲线的起点在可塑形圆的四等分点处。

（6）单击"双轨扫掠" 图标，选择图 11-65 所示两条曲线为扫掠路径，调整后的可塑形圆作为截面，生成的曲面效果如图 11-66 所示。

（7）将双轨扫掠曲面的底部封闭，使用"建立曲面"工具中"以平面曲线建立曲面" 命令，创建底部平面（图 11-67）。

图 11-65 曲线

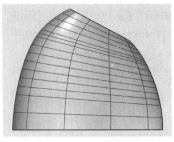
图 11-66 双轨扫掠

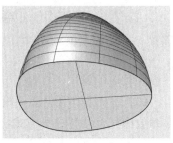
图 11-67 底部平面

（8）选择双轨扫掠曲面和底部平面后，单击"组合" 图标，将两曲面组合成一个复合曲面。

（9）使用"实体工具" 中的"边缘圆角" 命令，选择需要圆角的边，进行圆角操作，半径值为 10（图 11-68）。

（10）使用"偏移曲线" 命令将壶身底部平面圆角的边向内偏移两次，间距为 5mm（图 11-69）。

（11）在 Perspective 视图中修剪壶身曲面，单击工具箱中的"修剪" 图标，选择刚刚偏移的两条曲线为切割用物件，按 Enter 键后，选择两曲线包围的内部曲面作为要修剪的物件，完成壶身底部曲面的修剪（图 11-70）。

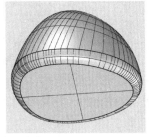
图 11-68 圆角

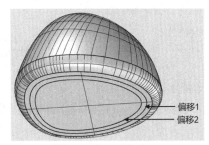
图 11-69 偏移曲线

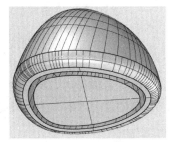
图 11-70 修剪曲面

（12）选择底部修剪形成的小曲面，启动"操作轴"（图 11-71），将曲面沿 Y 轴移动 3mm，移动后如图 11-72 所示。

（13）使用"混接曲面" 命令将壶身底部曲面和修剪并移动后的曲面进行混接（图 11-73）。

（14）使用"组合" 命令，将壶身曲面、混接曲面和壶底曲面组合成一个复合曲面。

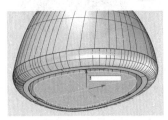
图 11-71 操作轴

图 11-72 移动曲面

图 11-73 混接曲面

技巧提示：在构建曲面过程中，命令结束后所形成的曲面颜色如与所在图层颜色不一致，或仅在结构线上显示出图层的颜色，曲面的背面是图层的颜色，说明曲面的法线方向不正确，需要使用"反转方向" 命令将其法线反转。

2．绘制壶身装饰线

（1）使用"线段" ✐ 命令在 Front 视图中根据参考图绘制水平线（图 11-74）。

（2）在 Front 视图中使用"投影曲线" ⬭ 命令将水平线投影到壶身曲面上（图 11-75）。

（3）使用"建立实体"工具中的 "圆管" ◗ 命令建立圆管，将投影到壶身的曲线作为圆管路径，半径为 1（图 11-76）。

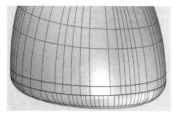
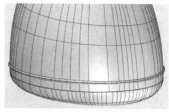

图 11-74 水平线　　　　图 11-75 投影曲线　　　　图 11-76 圆管

（4）使用壶身曲面和刚创建的圆管互相修剪，形成凹陷效果，修剪后如图 11-77 所示。

（5）使用"组合" ✿ 命令，将修剪后的壶身曲面和修剪后的圆管曲面组合成复合曲面。

（6）使用"实体工具" ⬤ 中的"边缘圆角" ⬛ 命令，进行圆角操作，半径值为 0.5，选择需要圆角的边（图 11-78）。

（7）使用"组合" ✿ 命令，将圆角后的壶身曲面和圆管曲面组合成复合曲面。

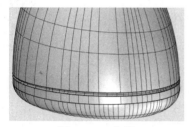
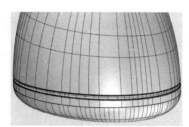

图 11-77 修剪　　　　　图 11-78 圆角　　　　　图 11-79 加盖

3．壶身曲面薄壳

（1）使用"实体工具"中的"将平面洞加盖" ⬔ 命令，将壶身曲面形成封闭的多重曲面（图 11-79）。

（2）使用"实体工具"中的"薄壳" ⬤ 命令，将壶身变成壳体，要移除的面选刚刚加盖的面，设置厚度为 1.5（图 11-80）。

（3）隐藏薄壳曲面，使用"线段" ✐ 命令在 Front 视图中根据参考图绘制斜线（图 11-81）。

（4）恢复薄壳曲面的显示，使用"分割" ⬛ 命令在 Front 视图中将薄壳曲面分割，切割用物件选择刚刚绘制的斜线；隐藏切割后的壶身上部分曲面，作为下一步绘制进水口的曲面（图 11-82）。

（5）使用"建立曲面"工具中的"以平面曲线建立曲面" ◯ 命令将分割后壶身曲面封闭（图 11-83）。

（6）使用"组合" ✿ 命令将壶身曲面和开口的曲面组合成封闭多重曲面（图 11-84），完成壶身主体曲面的创建。

图 11-80　薄壳

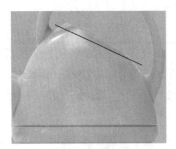
图 11-81　斜线

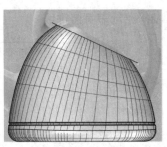
图 11-82　分割后壶身曲面

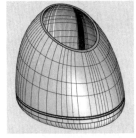
图 11-83　封闭前

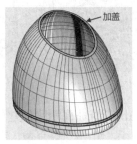
图 11-84　封闭后

11.2.4　进水口

进水口曲面为壶身主体曲面切割后的一部分，主要进行圆角及斜角的操作。

进水口.mp4

1．进水口曲面

（1）在图层面板中新建图层，修改图层名称为"进水口"，将"进水口"图层设置为"目前的"。

（2）恢复显示壶身薄壳曲面切割后的上部分曲面（图 11-85）。

（3）选择壶身薄壳曲面切割后的上部分曲面，在图层面板的"进水口"图层上右击，在弹出的快捷菜单中选择"改变物件图层"，将曲面放到"进水口"图层中。

（4）切割后的进水口曲面为开放曲面（图 11-86）；使用"建立实体"中的"将平面洞加盖" ⬤ 命令将进水口曲面加盖，形成封闭的多重曲面（图 11-87）。

图 11-85　进水口曲面

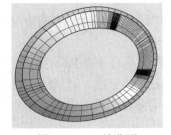
图 11-86　开放曲面

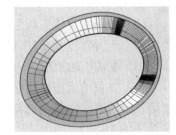
图 11-87　加盖

2．边缘斜角

（1）使用"实体工具"中的"边缘斜角" ⬛ 命令对进水口的外部边进行倒角操作，斜角距离为 1，倒斜角后曲面如图 11-88 所示。

（2）继续使用"边缘斜角" 命令对进水口内侧的边进行倒角操作，设置合适的斜角距离，如此步操作出现错误的面，可通过如下步骤解决。

（3）使用"建立实体"中"圆管" 命令以进水口上部的内侧边缘为路径曲线，半径值为 0.2，创建圆管（图 11-89）。

（4）使用"物件交集" 命令获得圆管和进水口曲面的两条交线，作为修剪的边界曲线（图 11-90）。

（5）隐藏圆管曲面，使用"炸开" 命令将进水口曲面炸开，以便于修剪的操作。

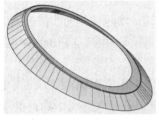
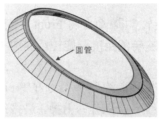
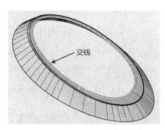

| 图 11-88　斜角 | 图 11-89　圆管 | 图 11-90　物件交集 |

（6）使用"修剪" 命令将进水口曲面内侧边的曲面修剪掉，选择两条交线为切割用物件，按 Enter 键后，选择内侧边连接的两曲面作为要修剪的物件，完成进水口曲面的修剪（图 11-91）。

（7）使用"建立曲面"工具中的"放样" 命令，依次选择 2 条交线，在放样选项的"样式"中选择"平直区域"，形成倒斜角效果（图 11-92）。

（8）将所有的进水口曲面使用"组合" 命令进行组合，形成封闭的多重曲面，完成进水口曲面的创建。

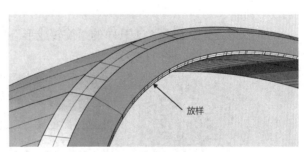

| 图 11-91　修剪后效果 | 图 11-92　放样 |

11.2.5　壶嘴

壶嘴可用"旋转成形"命令绘制，目前壶嘴中心轴线与水平方向有个夹角，可将壶嘴旋转一定角度后，使其旋转中心位于水平线上，便于绘制截面曲线，将截面曲线旋转成形为曲面后，再旋转回指定的角度。

壶嘴.mp4

（1）隐藏所有的曲面及曲线，仅仅显示 Front 参考图片，在图层面板中解除 Front 参考图的锁定。

（2）在图层面板中新建图层，命名为"壶嘴"，并设置为目前的图层。

（3）启动"物件锁点"命令，选中"端点""中点""中心点""交点""中心点""垂点"（图 11-93）。

图 11-93 物件锁点

（4）使用"线段" 命令在 Front 视图中根据参考图绘制水平线及壶嘴的中轴线（图 11-94）。

（5）使用工具箱中的"2D 旋转" 命令将 Front 参考图旋转，以两条辅助线的交点为旋转中心，根据两条辅助线确定旋转的角度，旋转后如图 11-95 所示，并锁定 Front 参考图层。

（6）使用"多重直线" 、"偏移曲线" 命令在 Front 视图中根据参考图绘制曲线 1；并使用"修剪""组合"命令将曲线多余部分修剪掉，最终组合成一条开放曲线（图 11-96）。

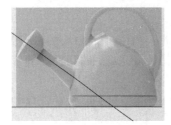
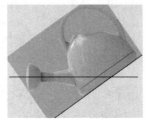
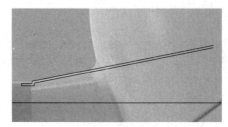

图 11-94 辅助线　　　　图 11-95 旋转 Front 参考图　　　　图 11-96 曲线 1

（7）使用"多重直线""偏移曲线"和"圆"命令按照上一步的方法绘制如图 11-97 所示曲线 2、曲线 3。

（8）使用"建立曲面"工具中的"旋转成形" 命令将刚绘制的曲线 1、曲线 2 旋转成形 360°（图 11-98、图 11-99）。

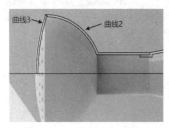
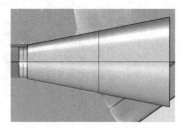
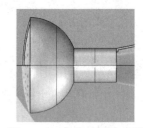

图 11-97 曲线 2、曲线 3　　　　图 11-98 曲线 1 旋转成形　　　　图 11-99 曲线 2 旋转成形

（9）使用"2D 旋转" 命令将曲线 1 旋转成形的曲面、曲线 2 旋转成形的曲面及 Front 参考图、两条辅助线旋转回指定的角度（图 11-100），完成壶嘴曲面的创建（图 11-101）。

11.2.6　出水口

为了便于观察，可使用"显示物件/隐藏物件" 、 命令隐藏不使用的物件。

出水口.mp4

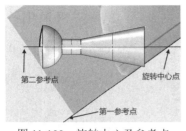

图 11-100 旋转中心及参考点

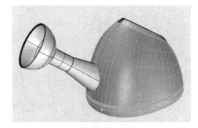

图 11-101 壶身曲面及壶嘴曲面

（1）新建图层，命名为"出水口"，将绘制壶嘴步骤（7）的曲线 3 复制到出水口图层，恢复 Front 参考图及步骤（4）两条参考线的显示（图 11-102）。

（2）使用"建立曲面"工具中的"旋转成形" 命令将曲线 3 旋转成形 360°（图 11-103），隐藏 Front 参考图的显示。

（3）使用"建立实体"工具中的"圆柱体" 命令以两条参考线的交点为圆柱底面中心点，半径为 1，圆柱高度尽量高，超过旋转成形曲面的位置（图 11-104）。

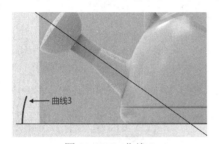

图 11-102 曲线 3

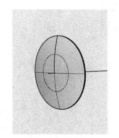

图 11-103 旋转成形

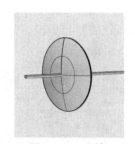

图 11-104 圆柱

（4）隐藏旋转成形曲面，在 Right 视图中，选择圆柱体后，启动"操作轴"，将圆柱体沿 Y 轴方向向上移动 2 个距离（图 11-105）。

（5）使用"圆"命令绘制半径为 5 的圆（图 11-106），作为下一步直线阵列方向的参考，在绘制圆时开启"正交"，以保证圆的四分点位于水平或垂直的方向上。

（6）使用"阵列"工具箱中的"直线阵列" 命令将移动后的圆柱体进行阵列，阵列方向参照刚绘制圆的中心及圆顶部的四分点，数量为 5，距离为 5（图 11-107）。

图 11-105 移动圆柱体

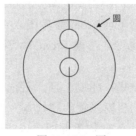

图 11-106 圆

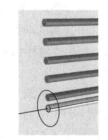

图 11-107 直线阵列圆柱体

（7）使用"阵列"工具箱中的"环形阵列" 命令分别对直线阵列后的圆柱进行阵列，首先对最外两个圆柱体进行阵列，数量为 24，阵列后如图 11-108 所示，然后对中间的 2 个圆柱进行阵列，数量为 12，阵列后如图 11-109 所示，最后对移动后的圆柱进行阵列，数量为 4，阵列后如图 11-110 所示。

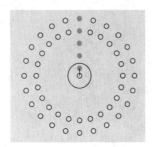
图 11-108　第一次阵列

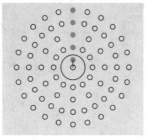
图 11-109　第二次阵列

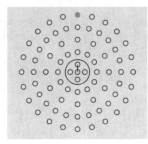
图 11-110　第三次阵列

（8）恢复曲线 3 旋转成形后曲面的显示（图 11-111），使用"实体工具"中的"布尔运算差集" 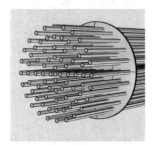 命令用曲线 3 旋转成形曲面减掉所有环形阵列的圆柱体，布尔运算差集后效果如图 11-112 所示。

（9）参照壶嘴建模过程的步骤（9）的方法，将布尔运算差集后的曲面转回指定的角度（图 11-113）。

（10）使用"实体工具" 中的"边缘圆角" 命令，进行圆角操作，半径值为 0.1，选择需要圆角的边，完成出水口曲面的创建。

图 11-111　布尔运算前

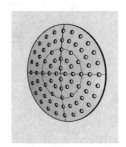
图 11-112　布尔运算后

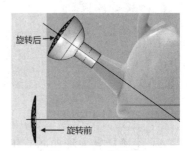
图 11-113　旋转后

11.2.7　把手

把手.mp4

1．把手外侧曲面

（1）新建图层，命名为"把手"，使用图层面板的隐藏图层及隐藏物件命令，隐藏暂时不使用的曲线及物件，仅显示 Front 参考图。

（2）使用"内插点曲线" 命令，参照 Front 参考图，分别绘制如图 11-114 所示的两条曲线。

（3）使用"椭圆" 命令绘制图 11-115 所示截面，在绘制时选择"椭圆：直径"方式，选择上一步两曲线的端点为椭圆第一轴的起始点，设置合适的第二轴终点。

（4）使用"双轨扫掠" 命令创建把手曲面，以步骤（2）中绘制的 2 条曲线作为路径、步骤（3）中绘制的椭圆作为截面，创建曲面效果如图 11-116 所示。

2．修剪把手曲面

（1）隐藏把手的双轨扫掠曲面，显示 Front 参考图、把手曲线，使用"偏移曲线""线段"命令绘制修剪把手用的曲线，使用"修剪"命令去除多余的曲线，使用"组合"命令

图 11-114　路径曲线

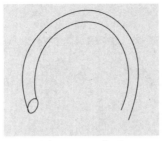

图 11-115　截面

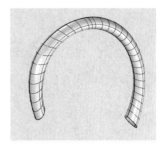

图 11-116　双轨扫掠曲面

将曲线组合在一起，修剪用曲线如图 11-117 所示。

（2）使用"建立曲面"工具中"直线挤出" 命令将修剪用曲线进行双向挤出，如图 11-118 所示。

（3）显示把手双轨扫掠曲面（图 11-119），使用"修剪" 命令分别对把手双轨扫掠曲面和直线挤出曲面进行修剪，修剪后效果如图 11-120～图 11-122 所示。

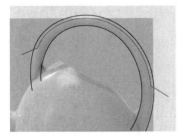

图 11-117　修剪用曲线

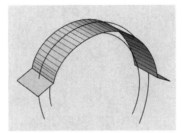

图 11-118　直线挤出

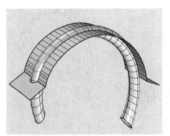

图 11-119　曲面修建前效果

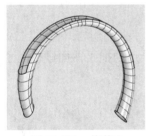

图 11-120　修剪 1

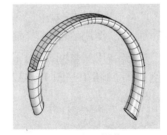

图 11-121　修剪 2

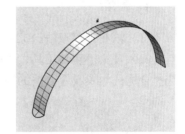

图 11-122　把手修剪后曲面

3．把手修饰

（1）仅显示把手顶部的修剪曲面。

（2）单击"从物件建立曲线"工具箱中"抽离结构线" 图标，选择修剪后的把手曲面的 U 方向对称中心作为抽离结构线的位置（图 11-123），可使用"切换"选项来切换提取 U 或 V 方向的曲线。

（3）隐藏把手顶部的修剪曲面，在刚刚抽离出来的曲线端点处绘制椭球体，如图 11-124 所示。

（4）使用"阵列"工具中的"沿曲线阵列" 命令将曲线端点处的椭球体沿曲线阵列，在阵列的"方式"中选中项目数，数量为 12 个，"定位"选项中选中"走向"，使椭圆体按照曲线的走向旋转，阵列后如图 11-125 所示。

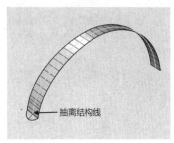
图 11-123　抽离结构线

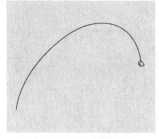
图 11-124　椭球体

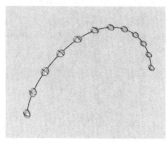
图 11-125　沿曲线阵列

（5）显示把手顶部的修剪曲面和椭球体（图 11-126）。

（6）在 Front 视图中，使用把手曲面修剪椭球体曲面，修剪后如图 11-127 所示。

（7）使用修剪后的椭球体修剪把手曲面，形成凹陷效果，如图 11-128 所示。

（8）使用"组合"命令，将修剪后的把手顶部的修剪曲面和椭球体组合成一个复合曲面。

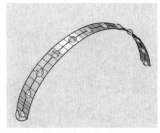
图 11-126　修剪前

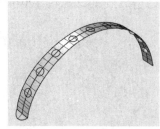
图 11-127　修剪椭球体

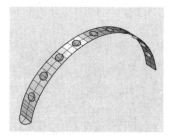
图 11-128　修剪把手曲面

4．圆角

（1）恢复把手双轨扫掠曲面的显示，使用"组合"命令将把手曲面组合（图 11-129）。

（2）使用"实体工具"中的"边缘圆角" 🔲 命令分别对组合后的把手曲面进行圆角，选择合适的边及设置合适的圆角值（图 11-130～图 11-132）。

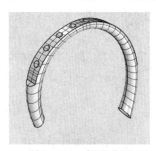
图 11-129　把手曲面

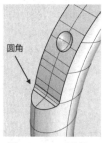
图 11-130　圆角 1

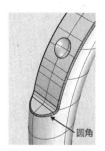
图 11-131　圆角 2

图 11-132　圆角 3

5．偏移把手曲面

（1）使用"曲面工具"中的"偏移曲面" 🔧 命令，将圆角后的把手曲面向内偏移 1 个距离，偏移时选择"实体=否"，偏移成曲面（图 11-133）。

（2）偏移后的部分圆角曲面因半径小于偏移值，未偏移出来，需要再次进行圆角（图 11-134）。

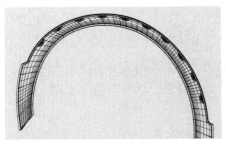

图 11-133　向内偏移把手曲面

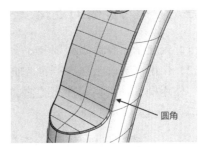

图 11-134　圆角

11.2.8　壶身与把手的连接

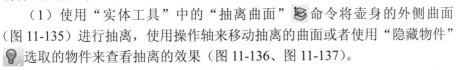

壶身与把手的连接、壶身与壶嘴的连接.mp4

使用"显示物件/隐藏物件" 、 命令及图层管理命令隐藏不使用的物件或图层，仅显示壶身曲面和把手内外侧曲面。

（1）使用"实体工具"中的"抽离曲面" 命令将壶身的外侧曲面（图 11-135）进行抽离，使用操作轴来移动抽离的曲面或者使用"隐藏物件" 选取的物件来查看抽离的效果（图 11-136、图 11-137）。

图 11-135　壶身曲面

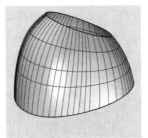

图 11-136　抽离的曲面

图 11-137　隐藏抽离曲面后的壶身曲面

（2）使用"曲面工具"中的"曲面圆角" 命令将壶身的外侧曲面与把手的外侧曲面进行圆角（图 11-138、图 11-139）；把手两端与壶身曲面接触，需要进行两次圆角操作。

（3）如曲面圆角后生成的圆角曲面颜色与图层预设的颜色不符，需要使用"反转方向"命令反转物件法线方向。

（4）仅仅显示壶身内侧曲面及把手的内侧曲面，使用"修剪"命令将这两个曲面互相修剪，去除多余的曲面（图 11-140）。

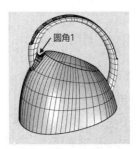

图 11-138　圆角 1

图 11-139　圆角 2

图 11-140　内侧曲面修剪

11.2.9 壶身与壶嘴的连接

（1）仅显示壶身曲面和部分壶嘴曲面（图 11-141）。

（2）使用"实体工具"中的"抽离曲面"📚命令将壶嘴与壶身相接触的内外曲面进行抽离，使用操作轴来移动抽离的曲面或者使用"隐藏物件"选取的物件来查看抽离的效果（图 11-142、图 11-143）。

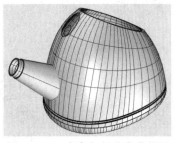 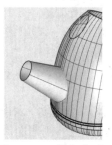 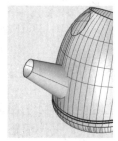

图 11-141　壶身与部分壶嘴曲面　　　　图 11-142　抽离曲面 1　　　　图 11-143　抽离曲面 2

（3）使用"曲面工具"中的"曲面圆角"🖋命令将壶身的外侧曲面与壶嘴的外侧曲面进行圆角（图 11-144）。

（4）使用"修剪"✂命令将壶身的内侧曲面与壶嘴的内侧曲面互相修剪，去除多余的曲面（图 11-145、图 11-146）。

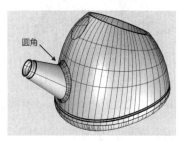 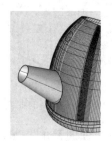 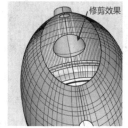

图 11-144　外侧曲面圆角效果　　　　图 11-145　内侧修剪效果 1　　　　图 11-146　内侧修剪效果 2

11.2.10 底部文字

（1）在 Top 视图中使用"镜像"命令将 Bottom 参考图沿水平方向镜像，使底部的文字方向向上（图 11-147、图 11-148），以便于绘制。

（2）使用"文字物件"🆃命令，在 Top 视图中添加"洒水壶"文字物件，高度为 5mm，输出为"实体"，设置厚度为 2mm，并选中"建立群组"（图 11-149）。

底部文字.mp4

 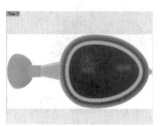 

图 11-147　Bottom 参考图　　　　图 11-148　镜像 Bottom 参考图　　　　图 11-149　洒水壶文字

（3）开启"正交"，使用"多边形命令"中的"多边形：星形" 命令绘制等边三角形（图 11-150）。

（4）使用"偏移曲线" 命令将等边三角形向内、向外各偏移一个距离，并使用"全部圆角" 命令分别对偏移曲线进行圆角（图 11-151、图 11-152）。

图 11-150　三角形　　图 11-151　偏移　　图 11-152　圆角　　图 11-153　三角形

（5）使用"线段" 命令绘制如图 11-153 所示小等腰三角形和竖直线，使用"环形阵列"命令将绘制的竖直线和小等腰三角形沿 360° 阵列 3 个（图 11-154），使用"修剪"命令去除不用的曲线，得到图 11-155、图 11-156 所示曲线效果。

（6）将得到的曲线使用"建立实体"工具中的"挤出封闭的平面曲线" 命令挤出 2mm（图 11-157）。

（7）使用"文字物件" 命令分别制作"2"和"HDPE"文字物件（图 11-158）。

图 11-154　阵列　图 11-155　曲线 1　图 11-156　曲线 2　图 11-157　挤出曲线　图 11-158　文字

（8）切换到 Front 视图，因绘制曲线及文字时的工作平面为世界坐标平面，需要使用移动命令将文字及挤出的曲面向上移动一定的距离，本例中为 2mm，使文字物件与壶身曲面有接触（图 11-159、图 11-160）。

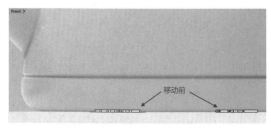 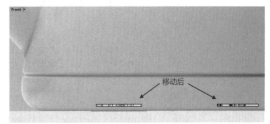

图 11-159　文字物件移动前　　　　　　图 11-160　文字物件移动后

（9）在 Top 视图中使用"镜像" 命令将底部的文字物件、挤出的曲线物件、Bottom 参考图沿水平方向镜像，在镜像选项中选择"复制=否"，完成底部文字的绘制（图 11-161）。

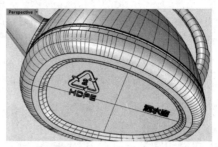

图 11-161　底部文字

（10）隐藏不用的曲线，恢复显示需要的曲面，完成洒水壶的造型。

11.3　本章小结

　　摇铃和洒水壶的造型可通过 Rhino 基本工具来完成，通过本章两个比较简单的实例的学习，可掌握 Rhino 建模的基本方法、常用命令的使用及曲面实现的效果，可完成具有一定复杂程度产品的造型表现。

第12章

小家电产品造型实例

12.1 电吹风造型

电吹风.rar

电吹风作为日常的生活用品，功能越来越完善，造型受内部结构限制少，可进行各种造型变化。随着设计水平和加工工艺的提高，电吹风造型设计呈多样化趋势，在造型中，必须根据其形态特点来选择合适的命令构建造型曲面。

12.1.1 造型思路分析

造型思路分析、主体曲面.mp4

图 12-1 中电吹风为一体化设计，由有机曲面组成，结合部分不是特别多，但大部分都是在曲面上的操作，具有一定的难度。在建模过程中首先完成整体曲面的造型，然后分割出主体上部曲面、主体下部曲面、主体装饰条，在此基础上完成出风口、进风口、开关、挂线环等的造型（图 12-2）。

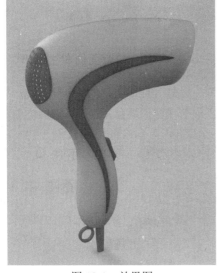

图 12-1 效果图

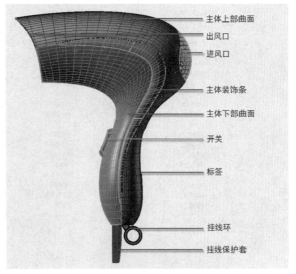

图 12-2 电吹风组成

建模过程文件：本节二维码的"电吹风"文件夹\过程文件
建模结果文件：本节二维码的"电吹风"文件夹\电吹风完成.3dm
视频文件：本节二维码的"电吹风"文件夹\视频教程
本 Rhino 模型文件按照整体造型的顺序及各部分建模的顺序组织图层，在"图层"面板中从上向下打开或关闭图层及其子图层的显示，可查看每部分建模过程中使用的曲线或曲面，了解每步制作效果，通过此方法能从整体上把握建模过程（图 12-3、图 12-4）。

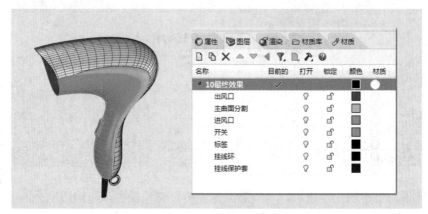

图 12-3　电吹风图层组织

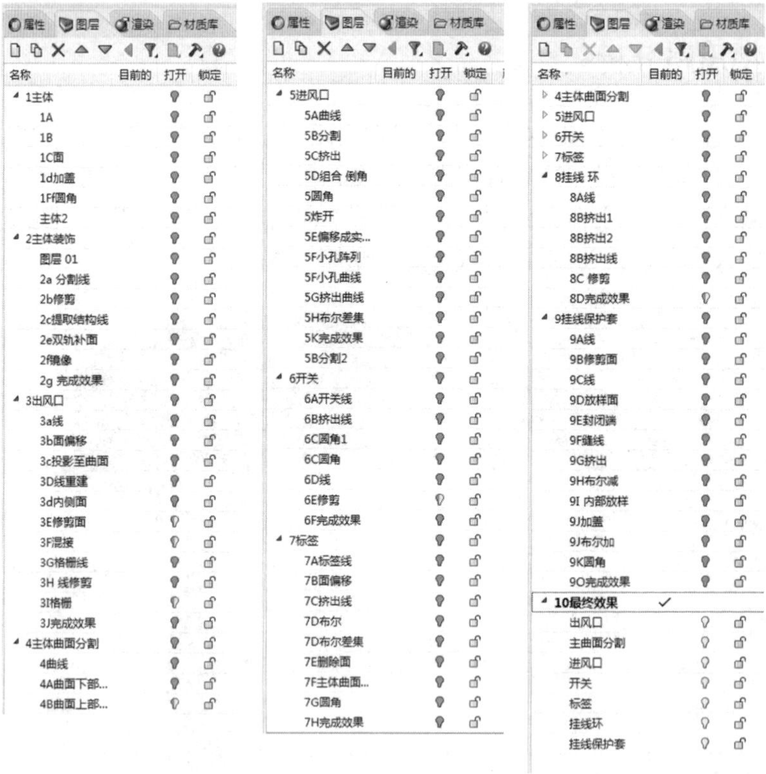

图 12-4　电吹风造型过程图

12.1.2　主体曲面

电吹风主体曲面是本节的造型难点。先绘制四条平面边界曲线，将其中的两条平面曲线调节为空间曲线，再根据曲面转折情况绘制截面曲线，利用"从网线建立曲面"命令创建主体曲面。

1. 导入参考图片

在 Front 视图中导入电吹风的侧视图（本节二维码的"电吹风"文件夹\电吹风参考图.jpg）作为造型的参考（图 12-5）。

（1）使用"建立曲面"工具中"图像"工具导入参考图，使用"移动""缩放"工具对参考图进行缩放和位置调整，使其与产品实际大小大致相同，本图中把手最底部宽为 20mm。

（2）在"图层"面板中新建图层，命名为"参考图"，将电吹风参考图放入到"参考图"图层中，并锁定该图层。

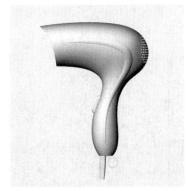

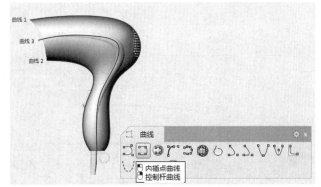

图 12-5　使用"图像"工具导入参考图片　　　　图 12-6　　主体曲线

2. 绘制主体曲线

（1）为了便于绘制曲线，暂时隐藏格线，按 F7 键逐个视图关闭或打开格线的显示。

（2）使用"内插点曲线"  命令在 Front 视图中绘制图 12-6 所示曲线 1、曲线 2 和曲线 3。

（3）检查曲线 1、曲线 2 和曲线 3 底部的端点是否在一条水平线上，如不在一条水平线上，绘制一条水平线，使用"修剪"工具删除多余的部分。

技巧提示：在绘制曲线时，尽量保持曲线拥有相同的点数，绘制曲线后可使用"曲线重建"工具来设置曲线的阶数及点数。或者绘制一条曲线后，复制一份，移动到指定的位置，然后通过编辑控制点得到需要的曲线。

（4）将刚绘制的曲线 3 复制一份，在 Top 视图中使用"移动" 工具向下移动合适的距离，本例中为 30，得到曲线 4。

（5）选择曲线 4 后，单击"打开点" 图标，显示曲线 4 的控制点，在 Top 视图及 Right 视图中逐步调整控制点，将曲线 4 由平面曲线调整为空间曲线，最终的曲线效果如图 12-7 所示。

（6）在 Top 视图中，利用"镜像" 命令将调整好的曲线 4 进行镜像复制，选择镜像轴时，可开启正交模式，以曲线 3 端点为参考、水平方向为镜像轴，得到曲线 5，如图 12-8 所示。

（7）启动"物件锁点"工具，选中"端点"（图 12-9），使用"内插点" 曲线工具依次连接曲线 1、曲线 5、曲线 2、曲线 4 和曲线 1 的端点，得到封闭的截面曲线 6，如图 12-10 所示。

（8）继续使用步骤（7）的方法，依次连接曲线 1、曲线 5、曲线 2、曲线 4 和曲线 1 的另一侧端点，得到封闭的截面曲线 7，如图 12-11 所示。

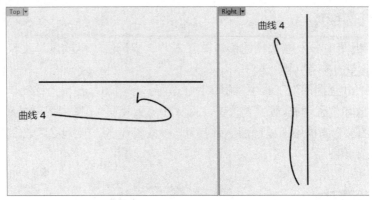

图 12-7　曲线 4 调整后

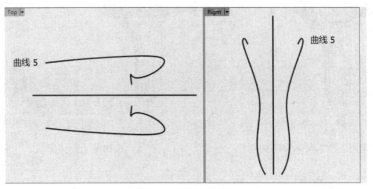

图 12-8　镜像曲线 4

图 12-9　物件锁点

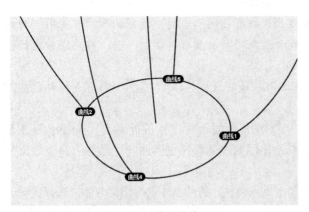

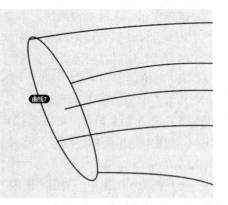

图 12-10　截面曲线 6　　　　　　　　　　图 12-11　截面曲线 7

（9）使用"从网线建立曲面" ![icon] 命令，选择曲线 1、曲线 2、曲线 4 和曲线 5 作为第一方向曲线，曲线 6 和曲线 7 作为第二方向曲线（图 12-12），得到如图 12-13 所示曲面。

对比从网线建立的曲面和参考图片，曲面结构线与参考图片部分不符，在图 12-14 所示直线处截面变化比较明显，需要在此处增加截面，以缓解曲面的变化。

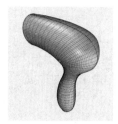
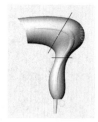

图 12-12　"从网线建立曲面"的线　　图 12-13　从网线建立曲面　　图 12-14　截面线位置

（10）使用"从断面轮廓线建立曲线"  命令，依次选择曲线 1、曲线 5、曲线 2、曲线 4 作为轮廓曲线，断面线起点和终点分别选择如图 12-14 所示的直线端点，完成两个截面的创建，如图 12-15 所示。

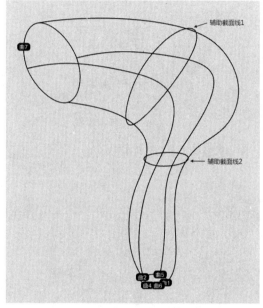
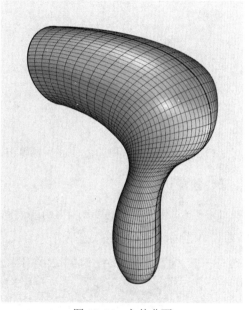

图 12-15　辅助截面线　　　　　　　　　　图 12-16　主体曲面

3．生成主体曲面

使用"从网线建立曲面" 命令，任意选取曲线 1、曲线 5、曲线 2、曲线 4 中的两条，按 Enter 键后再依次选取曲线 1、曲线 5、曲线 2、曲线 4 作为第一方向的曲线，按 Enter 键后再选取四个封闭的截面作为第二方向的曲线，生成电吹风主体的曲面（图 12-16）。

技巧提示：在使用"从网线建立曲面"时，选择欲建立曲面的所有轮廓线后，如果轮廓线结构简单，软件会自动识别第一和第二方向的曲线，自动生成曲面；如轮廓线结构复杂，软件不能自动识别第一和第二方向曲线，须选择部分轮廓线后，再按顺序选择第一方向曲线，然后再按顺序选择第二方向曲线。

4．加盖

（1）使用"以平面曲线建立曲面" 命令，选取所示边缘，将底部的平面曲线建立曲面，形成加盖效果（图 12-17、图 12-18）。

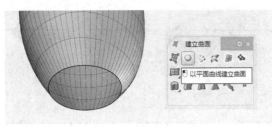

图 12-17　加盖前　　　　　　　　　　　图 12-18　加盖后

（2）如步骤（1）操作不成功，可能绘制曲线时，曲线底部的端点未对齐，出现了类似图 12-19 所示的效果，需要绘制一条水平线（图 12-20），使用"修剪"命令，用刚绘制的水平线剪掉不要的曲面，使其端面为封闭的平面。

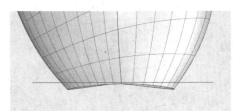

图 12-19　端面非平面效果　　　　　　　图 12-20　绘制水平线

（3）选择主体曲面和加盖曲面后，单击"组合" 图标，将两曲面组合成一个复合曲面。

5．圆角

使用"实体工具" 中的"边缘圆角" 命令，进行圆角操作，半径值为 1，选择需要圆角的边（图 12-21）。

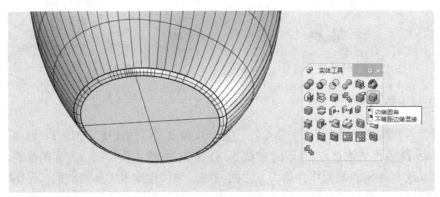

图 12-21　圆角

至此完成了主体曲面的创建，下面以主体曲面为基础进行其他曲面的创建。

12.1.3　主体装饰条

为了便于观察，可使用"显示物件/隐藏物件" 、 工具隐藏不使用的物件，如主体曲面及部分不使用的曲线，以免在绘制曲线过程中使用"物件锁点"工具捕捉错误的点。

主体装饰条.mp4

1. 绘制分割线

（1）分别绘制起点为曲线 3 上 *A*、*B* 点并与 *A*、*B* 点的切线相垂直的四条线段，作为与分割线的起点相切的辅助参考线，如图 12-22 所示。

（2）启动物件锁点，保持"端点"选中，使用"内插点曲线"　命令，参照参考图，分别绘制如图 12-23 所示的两条曲线。在绘制曲线过程中，使用"起点相切"选项，选择 *A* 点处的辅助线，使其与 *A* 点辅助线相切（图 12-24）；结束时选择"终点相切"选项，选择 *B* 点处的辅助线，使其与 *B* 点辅助线相切（图 12-25）。选择辅助线时一定注意切线方向是否正确。

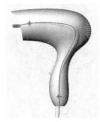 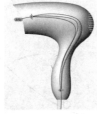  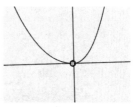

图 12-22　辅助参考线　　　图 12-23　分割线　　　图 12-24　*A* 点细节　　　图 12-25　*B* 点细节

2. 修剪主体曲面

在 Front 视图中修剪主体曲面，单击工具箱中的"修剪"　图标，选择刚绘制的两条曲线为切割用物件，按 Enter 键后，选择两曲线包围的内部主体曲面作为要修剪的物件，完成主体曲面的修剪（图 12-26）。

3. 提取结构线生成截面

主体曲面修剪后，需要使用"双轨扫掠"　命令构建装饰条，目前缺少双轨扫掠的截面，可使用"抽离结构线"　命令提取主体曲面的结构线，然后再使用"可调式混接曲线"　命令在提取的结构线间生成截面曲线。

（1）单击工具箱"从物件建立曲线"中"抽离结构线"　图标，分别选择修剪后的主体曲面上 *C* 点、*D* 点作为抽离结构线的位置（图 12-27），检查抽离的结构线方向是否正确，如不正确使用"切换"选项进行切换。建议将抽离结构线位置选择在曲面变化较大处。

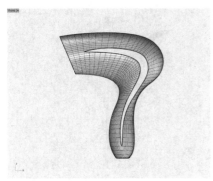 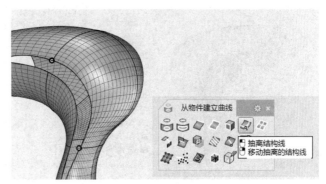

图 12-26　主体曲面修剪效果　　　　　图 12-27　提取结构线

（2）隐藏主体曲面，左击工具箱"曲线工具"中的"可调式混接曲线" 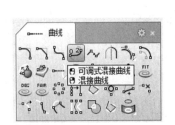 图标（图 12-28），选择 C 点附近的结构线，得到一个截面，重复该命令，得到 D 点处的另一个截面。

（3）单击工具箱中"开启点" 图标，显示混接曲线形成截面的控制点，在 Top 视图中分别调整控制点的位置，最终效果如图 12-29 所示。

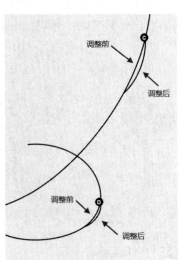

图 12-28　曲线工具　　　　　图 12-29　调整混接曲线

4．双轨曲面

（1）恢复显示主体曲面，单击"双轨扫掠" 图标，选择修剪后的边为扫掠路径，A 点为第一个截面，C、D 处的两个截面曲线为第二和第三个截面，B 点为第四个截面，曲面效果如图 12-30 所示。

技巧提示：在构建曲面过程中，命令结束后所形成的曲面颜色如与所在图层颜色不一致，或仅在结构线上显示出图层的颜色，曲面的背面是图层的颜色，说明曲面的法线方向不正确，需要使用"反转方向" 工具将其法线反转。

（2）使用"镜像" 命令，将刚创建的双轨扫掠面在 Top 视图中进行镜像复制，镜像轴线可参考主体曲线中的曲线 3，如图 12-31 所示。

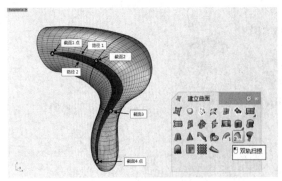

图 12-30　双轨扫掠面

图 12-31　装饰条镜像后效果

12.1.4　出风口

出风口.mp4

1. 绘制曲线

（1）使用"内插点曲线" 命令，在 Front 视图中绘制图 12-32 所示曲线。

（2）单击工具箱中的"圆"图标，选择"圆：可塑形的"，在 Right 视图中绘制图 12-33 所示的圆，并移动到图 12-34 所示的位置上。

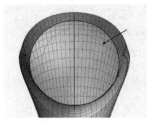
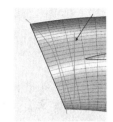

图 12-32　内插点曲线　　　　图 12-33　绘制圆　　　　图 12-34　移动圆到新位置

2. 偏移曲面

使用"曲面"工具中的"偏移曲面"命令将修剪后的主体曲面向内偏移 1 个单位，注意检查"偏移曲面"的选项，不要选择"偏移实体=是"。

3. 投影曲线至曲面上

（1）单击工具列中"投影曲线"图标，在 Front 视图中将绘制的曲线分别投影到主体曲面和偏移后的曲面上，投影后曲线如图 12-35 所示。

技巧提示："投影曲线"一般在正视图中进行操作，默认的投影方向与屏幕垂直，如在透视图中进行投影操作，因投影方向不确定，容易得到错误的投影曲线。

（2）单击工具箱中"打开点"图标，显示投影后曲线的控制点，发现控制点过多（图 12-36），直接使用这两条曲线构建曲面将增加模型的复杂度，需要减少曲线控制点的数量。

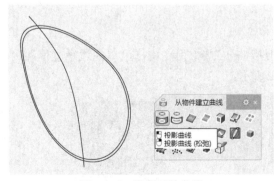
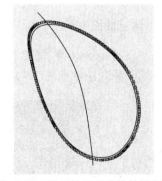

图 12-35　投影后的曲线　　　　　　图 12-36　显示投影后曲线的控制点

（3）使用"曲线重建"命令设置投影生成的两条曲线的点数及阶数，点数为 10，阶数为 3（图 12-37）。

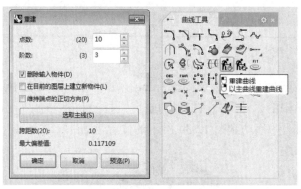

图 12-37 "重建"对话框

（4）删除多余的偏移曲面，因主体曲面为多重曲面，偏移后可形成多个单一曲面，须仔细查看并删除多余的曲面。

4．创建出风口内侧曲面

使用"建立曲面" ![icon] 中的"放样" ![icon] 命令，选择重建的投影曲线及可塑形圆作为要放样的曲线，放样曲面如图 12-38 所示，形成出风口的内侧曲面。

5．修剪曲面

在 Front 视图中，选择内插点曲线作为修剪用物件，使用"修剪"命令将主体曲面的前端切除，修剪后如图 12-39 所示。

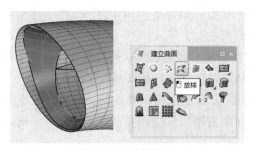

图 12-38 放样曲面

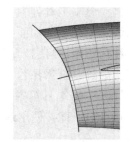

图 12-39 修剪曲面

6．混接曲面

（1）在 Perspective 视图中，使用"混接曲面" ![icon] 命令将出风口的边缘进行混接，形成光滑的圆角效果，如图 12-40、图 12-41 所示。

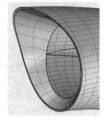

图 12-40 混接前

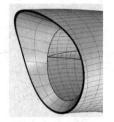

图 12-41 混接后

（2）隐藏混接后曲面、主体曲面和吹风口内侧的曲面，以便于后续操作。

7．出风格栅

（1）显示出风口内部可塑形的圆。

（2）在 Right 视图，使用"偏移曲线" 命令，将此圆向外偏移 1 个距离（图 12-42）。

（3）在 Right 视图，开启物件锁点功能，选中"四分点"，以偏移后圆的左侧四分点为起点，使用"矩形：角对角" 工具绘制矩形，长为 50，宽为 1（图 12-43）。

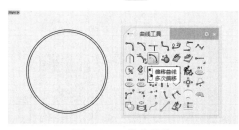
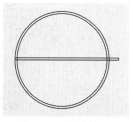

　　图 12-42　偏移曲线　　　　　　　　　　　　图 12-43　绘制矩形

（4）单击变动工具列中"矩形阵列" 图标，将上一步绘制的矩形向上复制 10 个，阵列参数为：X 方向 1，Y 方向 10，Z 方向 1，Y 方向间距 2.5，如图 12-44 所示。

也可使用"单方向阵列"命令完成。

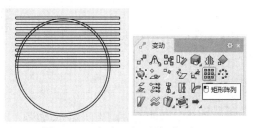
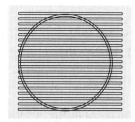

　　图 12-44　向上"矩形阵列"矩形　　　　　　图 12-45　向下"矩形阵列"矩形

（5）重复上一步操作，将矩形向下复制 10 个，Y 方向间距为 - 2.5，如图 12-45 所示。

（6）使用"修剪" 命令将圆和阵列的矩形修剪，去除多余的部分，最终效果如图 12-46 所示。

（7）因修剪后的曲线为多个环，不能自动成为一个整体，不便于选择，单击工具箱中的"群组" 图标，选择修剪后的圆和矩形，将其组成一个群组。

（8）使用"挤出封闭的平面曲线" 命令，将上一步的曲线群组挤出 1 个单位，形成出风格栅的效果（图 12-47）。

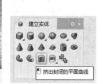

　图 12-46　修剪掉多余的部分　　　　　　图 12-47　出风口曲面

至此完成了出风口的造型。

12.1.5 主体曲面分割

（1）显示修剪后的主体曲面、出风口内侧曲面、混接曲面和曲线 3。

（2）在 Front 视图中，单击工具箱中"分割"图标，选择修剪后的主体曲面、出风口内侧曲面和混接曲面为要分割的物件，曲线 3 为切割用物件，将曲面分割为上、下两部分，分割后隐藏上部分曲面（图 12-49）。

主体曲面分割.mp4

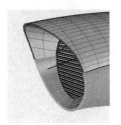

图 12-48　分割出风口

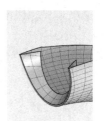

图 12-49　出风口下部分

12.1.6 进风口

1. 绘制圆

仅显示修剪后主体曲面的上部分，在 Right 视图中绘制可塑形圆，半径值为 22，圆心在物件对称轴线上（图 12-50）。

进风口1.mp4

2. 分割

使用刚绘制的可塑形圆，在 Right 视图中将上部分主体曲面分割为两部分，如图 12-51 所示。

3. 挤出曲面边缘

（1）将分割后的曲面边缘挤出，形成厚度效果，因挤出曲线为空间曲线，在选项中需选择"方向"，在 Top 或 Front 视图中沿 X 轴单击确定两点作为挤出方向，挤出距离为 1，取消"两侧＝是"和"实体＝否"选项，挤出曲面如图 12-52 所示。

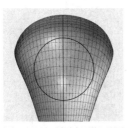

图 12-50　绘制可塑形圆

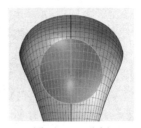

图 12-51　分割

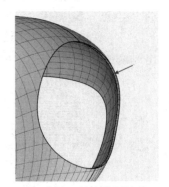

图 12-52　挤出曲面边缘

（2）因曲面分割后的边缘曲线不是相切连接，挤出后自动分为三个曲面，使用"组合"命令将 3 个曲面组合。

（3）将组合的挤出曲面复制一份，选择挤出曲面后按 Ctrl+C 键和 Ctrl+V 键完成挤出曲面的复制。

（4）将组合的挤出曲面一个和主体曲面的上部分 A 进行合并，另一个和主体曲面的 B 进行合并（图 12-53）。

4．圆角

分别对合并的曲面进行圆角操作，圆角半径为 0.2（图 12-54）。

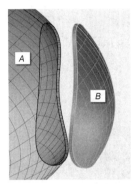

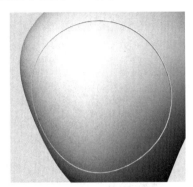

进风口
2.mp4

图 12-53　合并曲面效果　　　　　图 12-54　圆角效果

5．进风小孔制作

（1）将圆角后的曲面使用"炸开" 命令打散，将两个半圆形面合并，作为下一步偏移的面（图 12-55）。

（2）使用"曲面偏移" 命令将合并后的面向内侧偏移，如箭头方向不对，使用选项中"全部反转"反转曲面偏移方向，偏移选项选择"实体"，因偏移过程中，加厚方向沿曲面法线方向加厚，加厚的边缘部分没有超出挤出边缘的部分，从外观上看，还是挤出曲线倒角后的效果，如图 12-56 所示。

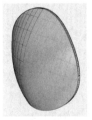

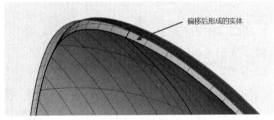

偏移后形成的实体

图 12-55　炸开面　　　　　　图 12-56　偏移后曲面效果

（3）偏移后的实体分为两部分，使用"群组"命令将其组合成一个群组。

（4）在 Right 视图中绘制圆，半径为 1。

（5）将绘制的圆沿 X 轴和 Y 轴方向进行矩形阵列复制，间距为 3.5，如图 12-57 所示。

（6）将大圆向内侧偏移 0.8，删除此圆外的小圆，使用修剪工具修剪与偏移圆有接触部分的小圆，修剪用物件为偏移的圆，删除多余的圆，去除不需要的部分，最终如图 12-58 所示。

（7）挤出上一步修剪的小圆，确定合适的挤出距离，选择"实体"选项，形成封闭的实体（图 12-59）。

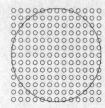

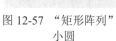

图 12-57 "矩形阵列"小圆

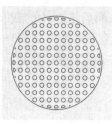

图 12-58 删除多余圆和修剪圆

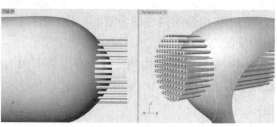

图 12-59 挤出曲线

（8）单击"实体"工具中"布尔运算差集" 图标，选择步骤（3）中偏移后的实体作为被剪切物件，选择上一步挤出的物件作为切割用物件，形成进风孔，如图 12-60 所示。

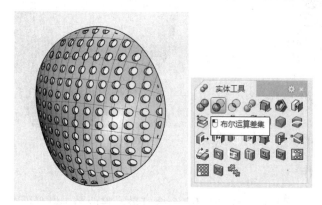

图 12-60 进风孔

至此完成了带有厚度效果的进风口曲面造型。

12.1.7 开关

开关.mp4

开关造型比较简单，将绘制好的截面曲线挤出，再进行圆角即可实现。

1. 绘制曲线

（1）隐藏暂时不需要的物件，仅显示主体曲面的下半部分，恢复参考图的显示，根据参考图，使用"多重直线" 命令绘制如图 12-61 所示水平线，第二条水平线可使用"复制" 工具，垂直向下复制，以保持直线的长度一致，端点在竖直方向上对齐。

（2）使用"从物件创建曲线工具"中"物件交集" 命令，选择刚绘制的两条直线和主体曲面，获得直线与曲面的交点，作为绘图的参考（图 12-62）。

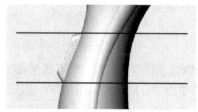

图 12-61 绘制直线

图 12-62 物件交集

（3）隐藏主体曲面，使用"圆：3 点" ⬭ 绘制圆，选中"物件锁点"的 "点"，捕捉上一步得到的两个交点，根据参考图片确定第三点，如图 12-63 所示。

（4）分别绘制圆弧及直线，使用"修剪" 🔧 命令得到开关的截面曲线（图 12-64）。

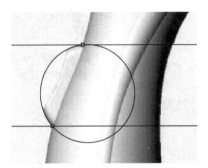

图 12-63　3 点方式绘制圆

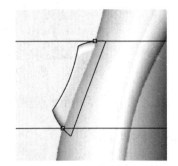

图 12-64　开关截面曲线

2．挤出曲线

使用"挤出封闭的平面曲线"命令将绘制好的曲线挤出成体，在挤出选项中选择"两侧＝是""实体＝是"，挤出值为 3.75（图 12-65）。

3．圆角

（1）使用"实体"工具中"边缘圆角" 🔳 命令，对开关的边进行圆角操作，半径值为 2.5（图 12-66）。

（2）继续圆角操作，半径值为 0.5（图 12-67）。在选择圆角边时，可使用框选或叉选快速选择倒角边。

图 12-65　挤出曲线

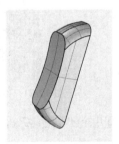

图 12-66　圆角效果

图 12-67　继续圆角效果

4．在主体曲面上切开关孔

（1）使用"矩形" ⬭ 命令，参照两条直线绘制如图 12-68 所示圆角矩形。此操作使用三点绘制矩形比较方便。首先捕捉两直线的端点作为矩形边的起点和终点，然后给定宽度值和设置圆角，再使用"移动" 🔧 命令，捕捉矩形宽度的中心，将圆角矩形移动到直线端点上。

（2）显示主体曲面，隐藏开关曲面，在 Right 视图中，使用"修剪"命令，选择圆角矩形为切割用物件，将主体曲面修剪得到开关孔，如图 12-69 所示。

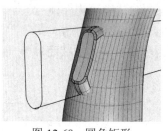

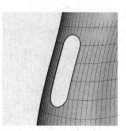

图 12-68　圆角矩形　　　　　　　　图 12-69　修剪曲面

恢复开关的显示，至此完成了开关及开关孔的造型。

12.1.8　内凹标签

内凹标
签.mp4

1．绘制曲线

（1）隐藏暂时不使用的曲面和曲线，仅显示主体曲面的上半部分，恢复
参考图片的显示，根据参考图，使用"多重直线" 命令绘制如图 12-70 所示水平线。

（2）参照在主体曲面上切开关孔中绘制圆角矩形的方法，绘制如图 12-71 所示圆角
矩形。

2．偏移面

（1）使用"偏移曲面" 命令将主体上半部分曲线向左偏移 1。在选项中确认"实体
为否"，即偏移为曲面（图 12-72）。

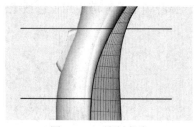

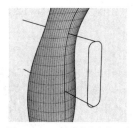

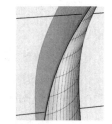

图 12-70　绘制直线　　　　　图 12-71　绘制圆角矩形　　　　图 12-72　偏移曲面

（2）如果偏移后的曲面自动分为几个不同的部分，需要使用"组合" 工具将偏移后
的曲面组合。

3．挤出线

使用"挤出封闭的平面曲线" 命令将圆角矩形挤出，形成的封闭曲面如图 12-73
所示。

4．布尔差集

（1）复制主体上半部分曲面，暂时隐藏复制的曲面，以备后续环节使用。

（2）使用"实体"工具中的"布尔运算差集" 命令，挤出的曲面作为差集的第一个
物件，主体曲面为第二个物件，运算结果如图 12-74 所示。

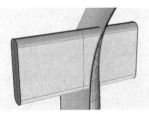

图 12-73　挤出圆角矩形

图 12-74　布尔运算差集

技巧提示：在布尔运算过程中，如发现布尔运算结果与预期的结果不一致，主要问题是偏移的曲面法线方向错误。单击"分析方向" 图标，选择曲面，查看曲面的法线方向，单击选项中的"反转"，反转法线方向；也可直接右击"分析方向" 图标，直接执行"反转方向"命令，选择曲面后直接反转法线。

（3）继续进行布尔运算差集，上一步布尔差集后的物件为第一个物件，偏移的主体曲面为第二个物件，运算结果如图 12-75 所示。

（4）因主体曲面为复合面，偏移过程中会产生多个面，检查是否有多余的偏移曲面，删除不需要的曲面，将布尔差集运算的物件使用"炸开" 命令炸开，删除右侧的曲面，再将剩下的曲面使用"组合" 命令组合，如图 12-76 所示。

图 12-75　继续布尔运算差集

图 12-76　组合曲面

5．主体曲面切口

（1）恢复显示主体曲面，使用"修剪" 命令，布尔差集后的曲面作为切割用物件，将主体曲面切口，在布尔运算选项中选择"删除输入物件＝否"，保留切割用物件，如图 12-77 所示。

（2）检查曲面的方向是否正确，如错误，使用"反转方向"命令反转曲面的法线方向。

（3）使用"组合" 命令将切口后的主体曲面和布尔差集物件组合到一起。

6．圆角

使用"边缘圆角" 命令，进行圆角处理，半径值为 0.1（图 12-78）。

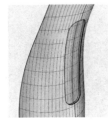

图 12-77　主体曲面切口

图 12-78　圆角

12.1.9　挂线环

挂线环.mp4

（1）显示参考图和主体曲面上部分曲面，使用"多重直线"和"圆"命令绘制如图 12-79 所示曲线。

（2）使用"挤出封闭的平面曲线"命令将圆环曲线挤出，挤出选项设置为"两侧＝是"，"实体＝是"，挤出值为 1.5，如图 12-80 所示。

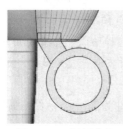
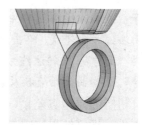

图 12-79　封闭曲线　　　　　　　　　　　图 12-80　挤出曲线

（3）继续使用"挤出封闭的平面曲线"将其他曲线挤出，挤出选项设置为"两侧＝是"，"实体＝是"，挤出值为 1，如图 12-81 所示。

（4）将挤出的两个物件使用"布尔运算联集"命令布尔运算成一个实体。

（5）使用"切割"命令，对主体曲面与挂线环实体重合处进行修剪。为了便于选择被修剪部分，此步操作在线框模式下比较方便，如图 12-82 所示。

（6）使用"边缘圆角"命令，对挂线环进行圆角处理，半径值为 0.1（图 12-83）。

图 12-81　挤出　　　　　　　　图 12-82　修剪　　　　　　　　图 12-83　圆角

12.1.10　挂线保护套

挂线保护套.mp4

（1）恢复显示参考图和主体曲面左侧部分的曲面，使用"矩形"命令，绘制矩形，并进行圆角处理，如图 12-84 所示。

（2）使用刚绘制的矩形修剪主体曲面，建议此操作在正视图中进行，修剪后如图 12-85 所示。

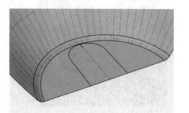
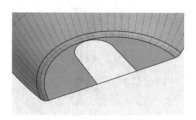

图 12-84　绘制矩形并圆角　　　　　　　　图 12-85　修剪主体曲面

（3）使用圆角矩形绘制如图 12-86 所示曲线，并垂直向上复制一份（图 12-87）。

（4）将刚绘制的圆角矩形曲线参照参考图向斜下方向复制一份，使用"缩放"  命令缩小。

图 12-86 绘制圆角矩形

图 12-87 复制并移动圆角矩形

（5）使用"放样"  命令依次选取三个圆环的最外圈曲线，放样曲面如图 12-88 所示。

（6）使用"实体"工具中"将平面洞加盖" 命令将放样曲面两端封闭（图 12-89）。

图 12-88 放样曲面

图 12-89 加盖

（7）在 Front 视图中绘制矩形，长 15，高 0.1，使用"矩形阵列" 命令将矩形向上复制 12 份，间距为 2.5（图 12-90）。

（8）将阵列后的矩形进行挤出，挤出选项选择"两侧＝是""实体＝是"，如图 12-91 所示。

（9）使用"布尔运算差集" 命令将加盖后的放样曲面减去挤出的矩形部分，制作缝隙效果（图 12-92）。

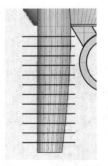
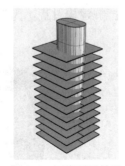
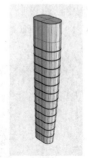

图 12-90 矩形阵列

图 12-91 阵列后效果

图 12-92 布尔运算差集

（10）布尔运算差集后，放样曲面被分割为互不相连的小块，需要采用合适的方法将其组合成一个实体。使用"放样"命令将步骤（3）中曲线的内部圆环进行放样，并加盖，如

图 12-93 所示。

（11）使用"布尔运算联集" 命令将上两步的实体进行加法运算。

（12）进行圆角操作（图 12-94）。

恢复已完成曲面的显示，将不同的部件分别放入指定的图层中，以方便后期渲染的操作，最终完成的电吹风如图 12-95 所示。

图 12-93　内部圆角矩形放样

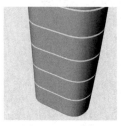
图 12-94　圆角

图 12-95　最终效果

12.2　电水壶造型

电水壶.rar

电水壶作为现代家庭中必不可少的小家电产品，材质由传统的单一金属材料转向金属、塑料等多种材料复合使用，向多样化发展，造型也越来越丰富，色彩也从单一的黑色向彩色发展。

12.2.1　造型思路分析

该款电水壶主要由壶身、电源底座、壶盖和把手组成，壶身和电源底座为简单的旋转曲面，把手造型具有一定的难度，涉及多个面的光滑连接（图 12-96）。

造型思路分析、导入参考图及壶身曲面.mp4

建模过程文件：本节二维码的"电水壶"文件夹\过程文件\

建模结果文件：本节二维码的"电水壶"文件夹\电水壶完成.3dm

视频文件：本节二维码的"电水壶"文件夹\视频教程\

本 Rhino 文件按照电水壶各部分建模的顺序来组织图层，在"图层"面板中从上向下打开或关闭图层及其子图层的显示，可查看每一部分的建模过程，了解每一步的具体制作过程及效果。通过此方法能从整体上把握建模过程，为学习 Rhino 造型提供了非常重要的帮助（图 12-97、图 12-98）。

图 12-96　电水壶组成

图 12-97　电水壶建模顺序

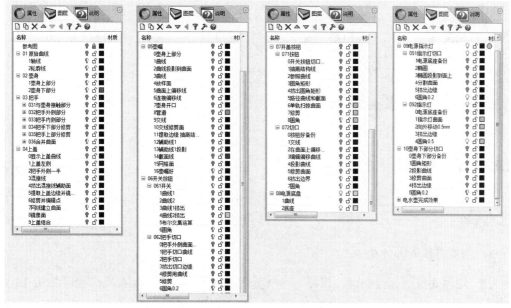

图 12-98　电水壶造型过程图

12.2.2　导入参考图片

参考图片可作为曲线绘制的参考，提高造型准确性，同时也可检测曲面是否合理。

（1）在 Front 视图中使用"图像" ![] 命令导入电水壶的侧视图（本节二维码的"电水壶"文件夹\电水壶参考图.jpg）作为造型的参考。

（2）导入参考图片后，参照图片的大小对图像物件进行缩放操作，使其尺寸与实物基本上相同，然后对图像进行移动，调整位置（图 12-99）。

（3）新建图层，修改图层名称为"参考图"，将参考图图像物件放入该图层中，并锁定，防止绘图过程中影响其他物件的选择，或错误移动位置。

12.2.3　壶身造型

1. 绘制曲线

（1）使用"多重直线" ![] 命令在 Front 视图中参照图片绘制中心线，建议开启正交模式，如图 12-100 所示。

（2）使用"内插点曲线" ![] 命令分别绘制电源底座、壶身（上部分和下部分）、壶盖的轮廓线，如图 12-101 所示。

图 12-99　参考图片

2. 旋转成形

使用"旋转成形" ![] 命令，同时选择壶身上部分和下部分曲线，以中心线为旋转轴，创建壶身上部分曲面和下部分曲面（图 12-102、图 12-103）。

图 12-100　中心线　　图 12-101　轮廓线　　图 12-102　壶身上部分　　图 12-103　壶身下部分和上部分

12.2.4　把手造型

把手曲
面-1.mp4

把手造型是电水壶造型的难点，可分为与壶身接触部分、把手内侧部分和把手外侧部分。

1．与壶身接触部分造型

（1）隐藏壶身下部分曲面，仅显示壶身上部分曲面，在 Right 视图中绘制如图 12-104 所示曲线。

（2）在 Right 视图中将刚绘制的曲线使用"投影至曲面"命令投影到壶身上部分曲面上，并删除另一侧多余的投影曲线（图 12-105）。

（3）在 Top 视图中使用"内插点曲线"命令绘制图 12-106、图 12-107 所示曲线，绘制曲线时，使用"端点"物件锁点，捕捉投影曲线的端点，一定要打开状态栏的"平面模式"，以绘制平面曲线。为了能创建对称曲面，可绘制一半曲线，镜像后使用"衔接曲线"命令将两曲线互相衔接，保证曲线连接处的光滑性。

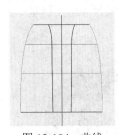  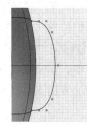 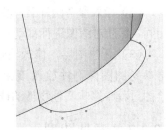

图 12-104　曲线　　图 12-105　曲线投影到壶身曲面上　　图 12-106　内插点曲线　　图 12-107　透视图查看效果

（4）使用"变动"工具箱中的"定位：两点"命令将刚绘制的曲线进行复制并缩放，选择曲线的两个端点作为参考点 1 和 2，两投影曲线的中点作为目标点 1 和 2，在选项中选择"复制"和"单轴缩放"，如图 12-108 所示。

（5）在 Top 视图中使用"内插点曲线"命令绘制如图 12-109 所示曲线。注意要开启"平面模式"，以绘制平面曲线。

（6）使用"双轨扫掠"命令选择投影的两条曲线作为路径，三个截面曲线作为断面（图 12-110），形成的曲面效果如图 12-111 所示。

2．把手外侧部分造型

（1）使用"多重直线"命令连接截面 1 的两个端点，形成直线 1，将其中点作为下

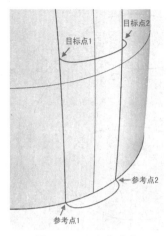

图 12-108　定位曲线

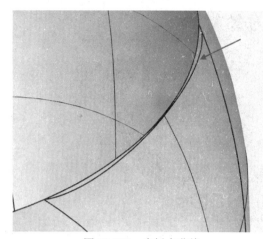

图 12-109　内插点曲线

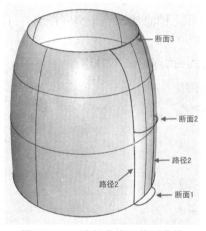

图 12-110　路径曲线及截面曲线

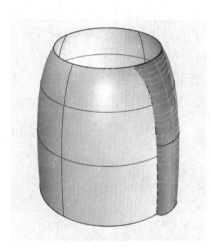

图 12-111　双轨扫掠

一步绘图的参考，同时绘制直线 2，如图 12-112、图 12-113 所示。

　（2）在 Front 视图中使用"内插点曲线" ![icon] 命令，参照参考图，以上一步绘制的直线中点作为内插点曲线的起点和终点绘制把手曲线 1（图 12-114），继续使用"内插点曲线"命令绘制曲线 2，如图 12-115 所示，注意曲线 2 和曲线 1 的上、下端点分别在竖直方向上对齐。

图 12-112　绘制直线 1

图 12-113　绘制直线 2

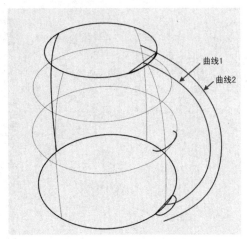

图 12-114　内插点曲线　　　　　　　　　　　图 12-115　继续绘制曲线

（3）参照直线的中点和端点，使用"复制" 命令将曲线 1 复制得到曲线 3，并编辑控制点，在曲线上部形成一定的向外弯曲效果，端点和上部直线端点重合（图 12-116、图 12-117）。

（4）使用"镜像" 命令将曲线 3 镜像复制，得到曲线 4（图 12-118）。

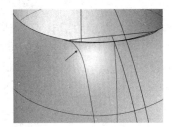

图 12-116　编辑曲线　　　　图 12-117　曲线上部弯曲效果　　　　图 12-118　镜像曲线

（5）隐藏曲线 1，使用"曲线"工具中"从断面轮廓线建立曲线" 命令创建截面线，依次选择曲线 3、曲线 2 和曲线 4 作为轮廓曲线，以如图 12-119 所示位置作为断面线的起点和终点，形成截面曲线，如图 12-120 所示。

（6）用曲线 3 和曲线 4 作为修剪的边界，对封闭的截面进行修剪，并调整控制点得到最终的截面，如图 12-121 所示。

（7）使用"从网线建立曲面" 命令建立把手外侧曲面，分别选取曲线 3、曲线 2 和曲线 4 作为第一方向曲线，上一步的四个截面作为第二方向曲线，形成曲面如图 12-122 所示。

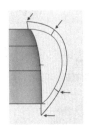

图 12-119　创建断面线　　图 12-120　创建的　　图 12-121　把手外侧　　图 12-122　从网线建立
　　　　　　位置　　　　　　　　　　截面线　　　　　　　　曲线　　　　　　　　　曲面

（8）因刚创建的曲面结构线过多，使用"重建曲面"命令对曲面进行优化，设置 U 方向点数为 20，V 方向点数为 12（图 12-123、图 12-124）。

（9）使用"挤出封闭的平面曲线"命令将把手边缘挤出，挤出选项可选择"方向"，以指定水平方向为挤出方向（图 12-125）。此挤出曲面主要是避免壶身曲面切口后在把手与壶身之间形成缝隙。

（10）使用"组合"命令将挤出的曲面和把手曲面组合。

图 12-123　"重建曲面"对话框

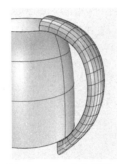

图 12-124　重建曲面后

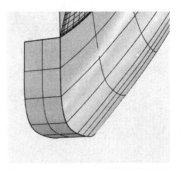

图 12-125　挤出封闭的平面曲线

3. 把手内侧部分造型

（1）显示"参考图"图层，参照参考图使用"内插点曲线"命令绘制把手内侧曲线（图 12-126）。

把手曲面-2.mp4

（2）使用"放样曲面"命令依次选择把手外侧曲面边缘、刚绘制的内侧曲线和把手另一侧外侧曲面，在放样选项中选中"与起始端边缘相切"和"与结束端边缘相切"（图 12-127），形成曲面如图 12-128 所示。

图 12-126　绘制曲线

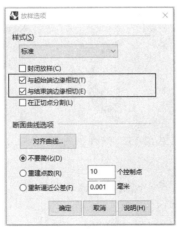

图 12-127　"放样选项"对话框

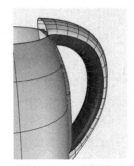

图 12-128　放样曲面

（3）将刚创建的放样曲面重建，U 方向和 V 方向点数为 12，如图 12-129、图 12-130所示。

图 12-129　重建曲面后　　　　　　　　图 12-130　"重建曲面"对话框

4．修剪把手下部分

把手下部分曲面目前是两个曲面相交于一点，如使用倒圆角操作，会在交点处形成尖锐的效果，不符合生产及美观性的要求，一般要进行曲面修剪，形成四边面，使用合适的创建曲面工具构建高质量的曲面。

（1）因把手为对称物件，使用中心线将把手内侧及与壶身相连的曲线修剪掉一半，以便于后期的曲面修剪和创建曲面操作（图 12-131、图 12-132）。

（2）在 Front 视图中绘制如图 12-133 所示直线作为修剪用曲线，直线起点必须在箭头所指处把手内侧曲面和壶身相连的曲面的交点上。

（3）在 Front 视图中使用刚绘制的直线分别对把手的两个曲面进行修剪，以便于将两曲面光滑连接，修剪后如图 12-134 所示。

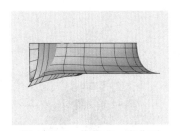
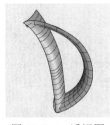
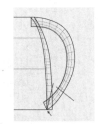
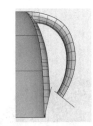

图 12-131　修剪成一半曲面　　图 12-132　透视图效果　　图 12-133　绘制修剪线　　图 12-134　修剪把手曲面

（4）隐藏上一步修剪用的直线，使用"可调式混接曲线"命令参照修剪后的把手曲面边缘创建混接曲线，如图 12-135、图 12-136 所示。

（5）挤出上一步创建的混接曲线，创建的挤出曲面作为下一步曲面连续性的相切参照（图 12-137）。

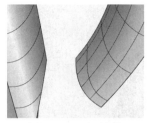

图 12-135　混接前

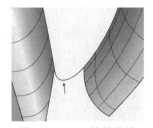

图 12-136　混接的曲线

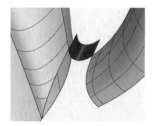

图 12-137　挤出混接曲线

（6）恢复把手外侧曲面的显示，与修剪后曲面形成四边封闭的面，使用"从网线建立曲面"命令创建曲面，单击 图标，打开"以网线建立曲面"对话框，在选项中选中"曲率"，所形成的曲面边缘和原曲面保持曲率连续，如图 12-138～图 12-140 所示。

图 12-138　"从网线建立曲面"
过程中

图 12-139　"以网线建立曲面"
对话框

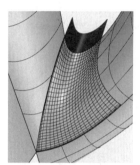

图 12-140　曲面效果

5. 修剪把手上部分

（1）恢复把手内侧曲面的显示（图 12-141），使用"从物件建立曲线" 工具中"物件交集" 命令得到两曲面的交线（图 12-142），作为后续绘制曲线的参考。

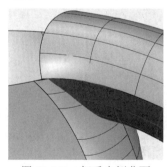

图 12-141　把手内侧曲面

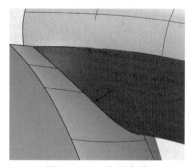

图 12-142　曲面交线

（2）在 Front 视图中使用"多重直线" 命令绘制如图 12-143 所示直线，作为曲面的修剪曲线。

（3）在 Front 视图中使用刚绘制的直线对把手的上部分曲面进行修剪，修剪曲面后如图 12-144 所示。

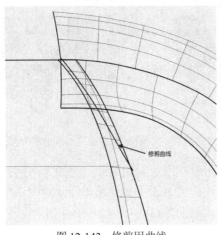

图 12-143　修剪用曲线

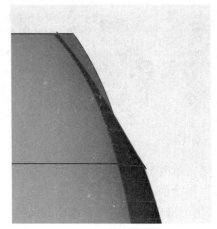

图 12-144　修剪后曲面

（4）右击"分割" 图标，执行"以结构线分割曲面"命令，使用图 12-145 中箭头所指处的结构线将把手内侧曲面进行分割，分割后删除不需要的曲面，如图 12-146 所示。

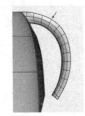

图 12-145　修剪前

图 12-146　使用结构线修剪曲面

（5）使用"内插点曲线" 命令，绘制如图 12-147 所示曲线，在选项中设置"起点相切"使新绘制的曲线在箭头处和原有曲面的边缘相切。

（6）使用"挤出封闭的平面曲线" 命令将上一步绘制的曲线挤出，以作为创建曲面的连续性参考（图 12-148）。

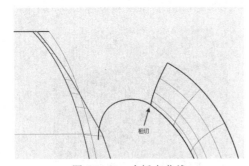

图 12-147　内插点曲线

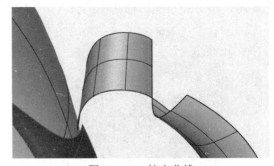

图 12-148　挤出曲线

（7）隐藏与壶身接触的把手曲面，使用"内插点曲线" 命令绘制如图 12-149 所示空间曲线，注意起点和上一步挤出曲面的边相切，终点和步骤（1）中得到的曲线端点相交。

（8）使用"从网线建立曲面"命令依次选择 4 个曲面的边缘（图 12-150），在打开的"以网线建立曲面"对话框（图 12-151）的选项中，将其中 A、C、D 的边缘设置设为"曲率"，形成的曲面如图 12-152 所示。

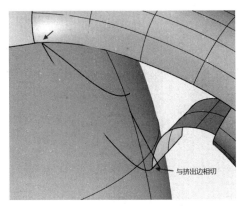

图 12-149　绘制空间曲线

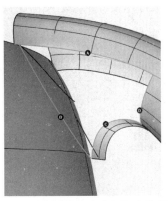

图 12-150　"从网线建立曲面"中选择的边

图 12-151　"以网线建立曲面"对话框

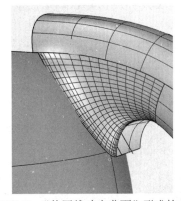

图 12-152　"从网线建立曲面"形成的曲面

（9）使用"多重直线" ![icon] 命令在 Front 视图中绘制如图 12-153 所示曲线，作为修剪曲面的边界。

（10）在 Front 视图中使用上步绘制的直线对刚创建的曲面进行修剪，修剪后效果如图 12-154 所示。

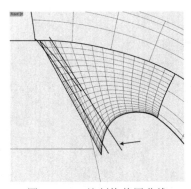

图 12-153　绘制修剪用曲线

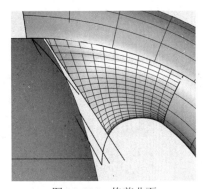

图 12-154　修剪曲面

（11）隐藏不需要的曲线，恢复与壶身相连把手曲面的显示（图 12-155），使用"可调式混接曲线" ![icon] 命令创建图 12-156 所示曲线，对得到的曲线使用"挤出封闭的平面曲线"命令进行挤出作为曲面连续性的参考（图 12-157）。

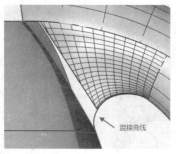
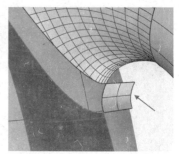

图 12-155　混接曲线前　　　　图 12-156　混接曲线后　　　　图 12-157　挤出混接曲线

（12）隐藏把手外侧的曲面，继续使用"可调式混接曲线"命令创建如图 12-158 所示的曲线，作为下一步创建四边面的边缘。

（13）使用"从网线建立曲面"  命令依次选择上一步的混接曲线和三个曲面的边缘（图 12-159），在打开的"以网线建立曲面"对话框（图 12-160）中 A、C、D 的边缘设置中选中"曲率"，形成的曲面如图 12-161 所示，如果曲面法线方向相反，使用"反转方向" 命令反转曲面的方向。

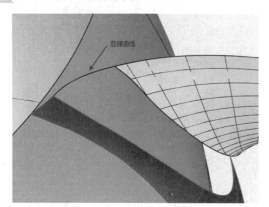
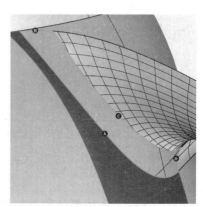

图 12-158　可调式混接曲线　　　　　　図 12-159　"从网线建立曲面"中选择的边

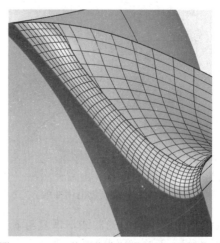

图 12-160　"以网线建立曲面"对话框　　　图 12-161　"从网线建立曲面"形成的曲面

6. 合并曲面

将修剪后的把手曲面组合到一起，并进行镜像，再合并，形成一个复合曲面。

（1）恢复修剪后的把手曲面及修补的曲面，使用"组合" 命令将曲面进行组合（图 12-162）。

（2）对组合后的把手内侧曲面进行镜像，如图 12-163 所示。

（3）将镜像前和镜像后的曲面组合成一个复合曲面。

图 12-162　组合曲面

图 12-163　镜像曲面

12.2.5　上盖造型

（1）恢复上盖曲线的显示（图 12-164）。

（2）使用"旋转成形"命令将上盖轮廓线沿旋转轴旋转 180°，注意旋转角的起始角度位置和终止角度位置，形成如图 12-165 所示曲面。

上盖.mp4

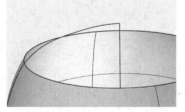

图 12-164　恢复上盖曲线显示

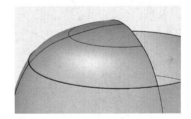

图 12-165　旋转 180°

（3）对把手外侧曲面使用过壶身中心的直线进行修剪，仅保留一半，与上盖形成四边面，如图 12-166 所示。

（4）使用"抽离结构线"命令抽离上盖中间的结构线。

（5）隐藏轴线，使用"可调式混接曲线"命令在上盖轮廓线和把手边缘间创建混接曲线（图 12-167）。

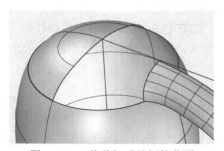

图 12-166　修剪把手外侧的曲面

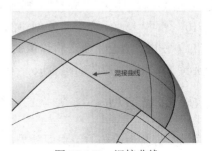

图 12-167　混接曲线

222

（6）使用"挤出封闭的平面曲线"命令挤出混接曲线，以创建曲面连续性的辅助参照面，如图 12-168 所示。

（7）在上盖曲线中，上盖底部与壶身具有一定的间隙，使用"复制边缘" 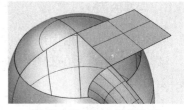命令提取上盖底部的边缘（图 12-169），并沿竖直方向镜像复制（图 12-170）。

图 12-168　挤出混接曲线

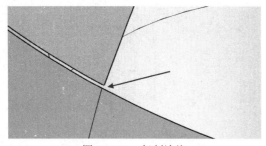

图 12-169　复制边缘

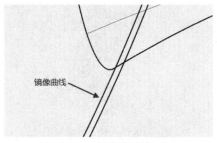

图 12-170　镜像复制的边缘

（8）镜像后的曲线和把手外侧曲面未相交于把手曲面角点上，还不能构成四边面，需要使用把手曲面对镜像后的曲线进行修剪（图 12-171），并编辑曲线，使曲线端点位于把手曲面角点上（图 12-172）。

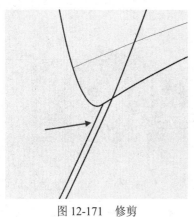

图 12-171　修剪

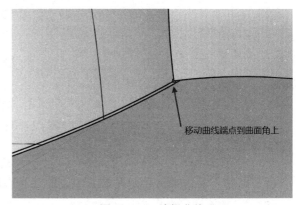

图 12-172　编辑曲线

（9）使用"从网线建立曲面" 命令依次选择混接曲线和三个曲面的边缘（图 12-173），在打开的"以网线建立曲面"对话框（图 12-174）中 A、D 的边缘设置中选中"曲率"，B 和 C 的边缘设置中选中"位置"，形成的曲面如图 12-175 所示。

（10）使用"镜像"命令将刚创建的四边面进行镜像复制，镜像轴以混接曲线作为参考。

（11）使用"组合"命令将镜像曲面和原曲面合并，继续使用"组合"命令将组合的曲面和旋转 180° 的上盖曲面组合成一个复合曲面。

12.2.6　壶嘴造型

壶嘴与壶身为简单的消失面效果，建模相对比较简单。

（1）仅显示壶身曲面上部分和壶身曲线，在 Right 视图中参照壶身中心线

壶嘴.mp4

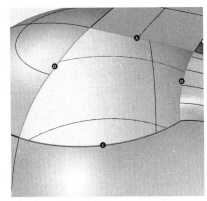

图 12-173　"从网线建立曲面"选择的四条边　　　图 12-174　"以网线建立曲面"对话框

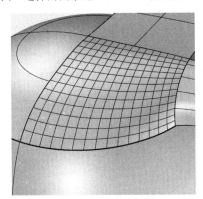

图 12-175　形成的曲面

绘制水平直线作为辅助线，如图 12-176 所示。为了避免物件锁点造成的空间线，可开启状态栏中的"平面模式"。

（2）以水平直线为参考，使用"内插点曲线"命令绘制如图 12-177 所示曲线，其起点与直线相切。

（3）将刚绘制的曲线以壶身中轴线进行镜像，并使用"多重直线" ∧ 命令将两曲线端点相连（图 12-178）。

图 12-176　绘制直线

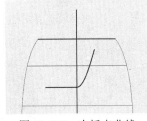

图 12-177　内插点曲线

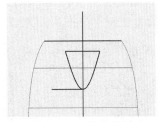

图 12-178　镜像曲线

（4）在 Right 视图中使用"投影曲线" 命令将绘制的曲线投影到壶身曲面上，投影后会同时在壶身前、后方向上产生投影曲线，删除多余的投影曲线，仅保留一侧即可，如图 12-179 所示。

（5）在 Front 视图中绘制如图 12-180、图 12-181 所示曲线。

（6）使用"放样" 命令将 3 条曲线进行放样，如图 12-182 所示。

  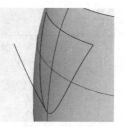 

图 12-179 投影曲线至曲面　　图 12-180 绘制曲线　　图 12-181 透视图　　图 12-182 放样曲线

（7）将步骤（4）中投影的曲线组合成一条曲线，使用"曲线"工具中"偏移曲面上的曲线" 命令将组合后的曲线沿壶身曲面偏移，偏移距离为 4（图 12-183）。

（8）使用"多重直线" 命令将偏移后的两曲线端点相连（图 12-184）。在 Right 视图中将连接后的直线投影到壶身曲面上。

（9）使用上步形成的偏移曲线和投影曲线对壶身曲面进行修剪，形成壶嘴的开口效果（图 12-185）。

（10）目前放样曲面和壶身切口曲面在 Front 方向上没有足够的间隙来创建混接曲面，要使用"圆管" 命令对放样曲面进行修剪，放样曲面边缘作为圆管的路径曲线，半径为 2（图 12-186）。

 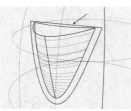 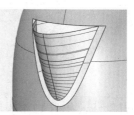 

图 12-183 在曲面上偏移　　图 12-184 连接曲线　　图 12-185 壶身切口　　图 12-186 圆管
　　　　　　曲线

（11）使用圆管对放样曲面进行修剪或者使用"物件交集" 命令求得圆管与放样曲面的交线，使用交线对放样曲面进行修剪，修剪后效果如图 12-187 所示。

（12）使用"复制边缘" 命令分别复制图 12-188 所示曲面的边，作为后续曲线的参考。

（13）在 Right 视图中使用"多重直线"命令绘制如图 12-189 所示两条直线，并将两直线投影到壶身曲面上（图 12-190），作为绘制曲线时相切的参考。

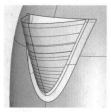 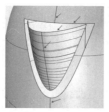 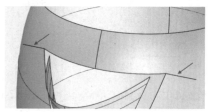

图 12-187 修剪曲面　　图 12-188 复制边缘　　图 12-189 多重直线

（14）使用"可调式混接曲线" 命令分别创建混接曲线，如图 12-191 所示。

（15）使用"从网线建立曲面" 命令依次选择三条混接曲线和二个曲面的边缘（图 12-192），在打开的"以网线建立曲面"对话框（图 12-193）中 A、C 的边缘设置中选中"位置"，B、D 的边缘设置中选中"相切"，形成的曲面如图 12-194 所示。

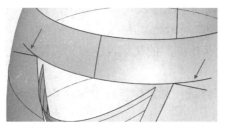

图 12-190　投影曲线到壶身曲面上

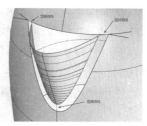

图 12-191　混接曲线

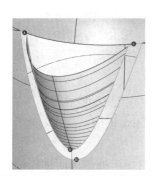

图 12-192　选择的曲线和边缘

图 12-193　"以网线建立曲面"对话框

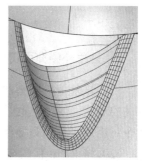

图 12-194　从网线建立曲面

至此完成了壶嘴渐消曲面的创建。

12.2.7　开关按钮造型

开关按钮.mp4

开关按钮主要分为两部分，一部分为开关按钮的造型，另一部分为在把手上制作开关按钮的孔，造型过程相对比较简单。

1．开关按钮

（1）隐藏不使用的物件，仅显示"参考图"图层，在 Right 视图中使用"内插点曲线"命令和"多重直线"命令参照参考图的开关形状及位置绘制如图 12-195 所示曲线 1。

（2）在 Top 视图中继续使用"内插点曲线"命令和"多重直线"命令绘制曲线 2，曲线 2 关于 Y 轴对称，如图 12-196 所示。

图 12-195　曲线 1

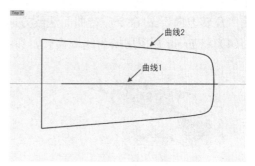

图 12-196　曲线 2

（3）分别将曲线 1 和曲线 2 使用"挤出封闭的平面曲线" 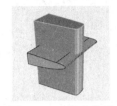命令进行挤出，曲线 1 挤出时选择"两侧＝是"，两曲线挤出后如图 12-197 所示。

（4）使用"布尔运算交集" 命令获得两挤出曲面的交集，得到开关按钮的基本形状（图 12-198）。

（5）使用"边缘圆角" 命令对相交的实体进行圆角操作，半径为 0.2（图 12-199）。

图 12-197　挤出曲线

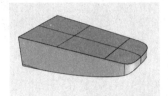
图 12-198　布尔运算交集

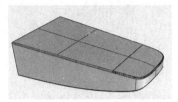
图 12-199　圆角

2．把手外侧曲面切口

（1）恢复把手外侧曲面的显示，将 Right 视图切换为着色模式或线框模式，便于观察开关的形状，使用"矩形" 命令参照开关曲面绘制切口用的矩形，使用"曲线圆角" 命令对矩形进行圆角操作（图 12-200）。

（2）将 Right 视图切换为着色模式，使用刚创建的圆角矩形对把手外侧曲面进行修剪，得到开关的切口（图 12-201）。

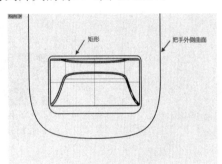
图 12-200　圆角矩形

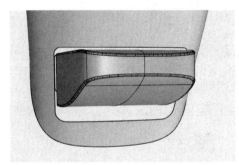
图 12-201　修剪曲面

（3）使用"挤出封闭的平面曲线" 命令将切口的边缘进行挤出，形成开关孔的内侧表面，因切口边缘为空间曲线，需要在挤出选项中选择"方向"，然后在 Front 视图中确定水平的两点为挤出方向，确定合适的挤出距离（图 12-202）。如挤出后曲面法线不正确，可使用"反转方向" 命令反转曲面法线方向。

（4）将 Front 视图切换为线框模式，参考开关位置绘制修剪用曲线（图 12-203）。

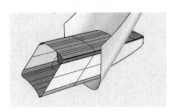
图 12-202　挤出曲面

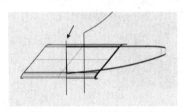
图 12-203　绘制修剪曲线

（5）在 Front 视图中，使用刚绘制的直线对挤出的切口边缘曲面进行修剪（图 12-204）。

（6）将修剪后的曲面与把手外侧曲面组合，使用"边缘圆角" 命令进行圆角操作（图 12-205）。

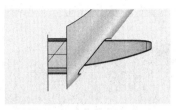
图 12-204　修剪挤出曲面

图 12-205　圆角

12.2.8　开盖按钮造型

1．开盖按钮

（1）仅显示开口后的把手外侧曲面，使用"抽离结构线"命令获得把手对称轴处的结构线（图 12-206）。

开盖按
钮.mp4

（2）将 Front 视图切换为线框模式，如不进行上一步的抽离结构线操作，在外轮廓处将不显示边界。使用"多重直线"命令绘制如图 12-207 所示两条直线，注意要选中状态列的"平面模式"以绘制平面曲线。

（3）在 Perspective 视图中使用"圆角矩形"命令，参照上一步绘制的两条直线，以 3 点方式绘制圆角矩形，并使用"移动"命令将圆角矩形沿 Y 轴移动短边一半的距离，使其关于 X 轴对称，如图 12-208 所示。

（4）使用"挤出封闭的平面曲线"命令将圆角矩形挤出，在选项中选择"双侧＝是"，以进行双侧挤出（图 12-209）。

图 12-206　抽离结构线

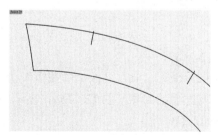
图 12-207　绘制直线

图 12-208　圆角矩形

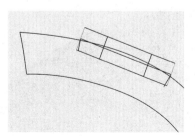
图 12-209　双侧挤出

（5）绘制创建按钮顶部曲面所需要的曲线和截面，可将抽离的结构线向外偏移，绘制截面时要关于 X 轴对称，如图 12-210 所示。

（6）使用"单轨扫掠" $\text{\scriptsize 1}$ 命令创建按钮顶部的曲面，因使用偏移的结构线作为路径，创建的曲面法线方向可能不正确，可使用"反转方向" 命令改变方向（图 12-211）。

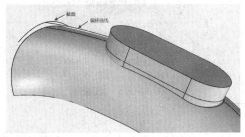 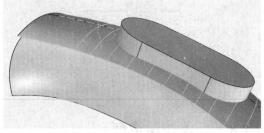

图 12-210　路径和截面线　　　　　　　　　图 12-211　单轨扫掠曲面

（7）将单轨扫掠曲面与挤出曲面互相进行修剪，在按钮顶部得到具有一定弧度的曲面，将修剪后的两个曲面组合成一个复合曲面（图 12-212）。

（8）使用"边缘圆角" 命令对组合后的曲面进行圆角操作（图 12-213）。

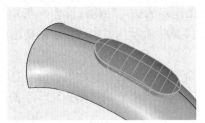 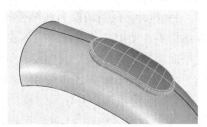

图 12-212　曲面互相修剪　　　　　　　　　图 12-213　圆角

2．把手切口

（1）仅显示开盖按钮和把手曲面，使用"物件交集" 命令求得按钮和把手的交线（图 12-214）。

（2）使用"偏移曲面上的曲线" 命令将交线沿把手曲面向外偏移 0.3 距离，以创建按钮与把手的间隙（图 12-215），显示曲线控制点，并编辑控制点以创建按钮的活动空间，如图 12-216 所示。

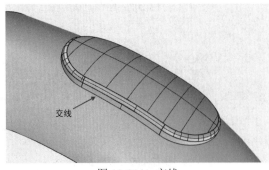 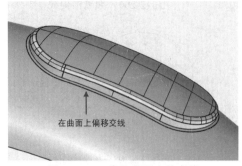

图 12-214　交线　　　　　　　　　图 12-215　偏移曲面上的交线

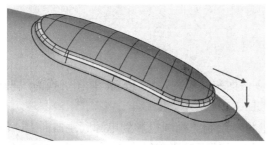

图 12-216　编辑控制点

（3）将编辑后的曲线在 Top 视图中投影到把手曲面上，如图 12-217 所示。

（4）使用投影的曲线对把手曲面进行修剪（图 12-218）。

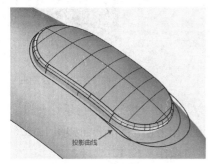

图 12-217　曲线投影至曲面

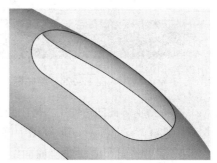

图 12-218　修剪把手曲面

（5）将 Front 视图显示模式切换为线框模式，使用"挤出封闭的平面曲线" 命令将修剪后的边缘沿指定方向挤出，创建侧面曲面效果，如图 12-219、图 12-220 所示。

（6）使用"边缘圆角" 命令对修剪后的曲面进行圆角操作，如图 12-221 所示。

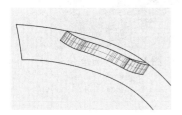

图 12-219　挤出边（线框模式）

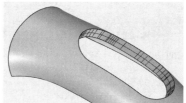

图 12-220　挤出边（着色模式）

图 12-221　圆角

12.2.9　电源底座造型

（1）恢复电源底座曲线的显示（图 12-222）。

（2）使用"旋转成形" 命令将电源底座曲线旋转 360°（图 12-223）。

电源底座、指示灯、壶身下部分曲面切口.mp4

图 12-222　底座曲线

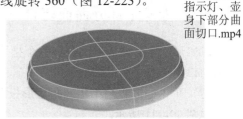

图 12-223　旋转成形

12.2.10　电源指示灯

1.　指示灯切口

（1）仅显示电源底座曲面和参考图，将 Front 视图切换为线框显示模式，以便于观看参考图，绘制椭圆，如图 12-124 所示。

（2）在 Front 视图中将刚绘制的椭圆投影到电源底座曲面上，删除多余的投影曲线。

（3）在 Perspective 视图中使用投影曲线将电源底座曲面进行分割，形成指示灯孔和指示灯顶部曲面（图 12-225）。

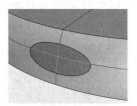

图 12-224　绘制椭圆　　　　　　　　　　　　　图 12-225　分割曲面

（4）隐藏指示灯曲面，使用"挤出封闭的平面曲线" ▣ 命令将分割的指示灯孔边缘挤出，挤出选项中选择"方向"，在 Top 视图中确定竖直方向为挤出方向，挤出曲面如图 12-226 所示。

（5）将挤出曲面和电源底座曲面组合，并进行圆角操作（图 12-227）。

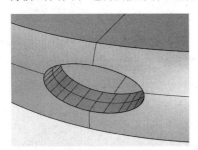
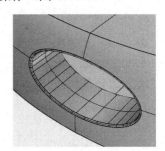

图 12-226　挤出曲面边界　　　　　　　　　　　图 12-227　圆角

2.　指示灯

（1）恢复分割得到的指示灯曲面的显示，并向外移动 0.5 距离。

（2）使用"挤出封闭平面曲线"命令将指示灯的边缘挤出，形成指示灯的立体效果，选择"方向"选项，并确定竖直方向为挤出方向（图 12-228）。

（3）将指示灯顶部曲面和挤出的边缘曲面组合，并进行圆角操作（图 12-229）。

12.2.11　壶身下部分曲面切口

（1）显示壶身曲面下部分和整个把手曲面，在 Right 视图中绘制圆角矩形作为把手曲面的切口用曲线（图 12-230）。

（2）在 Right 视图中将圆角矩形投影到壶身下部分曲面上，仅保留前侧的投影曲线即可，如图 12-231 所示。

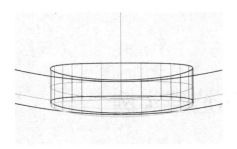

图 12-228　挤出曲线

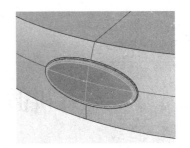

图 12-229　指示灯圆角后

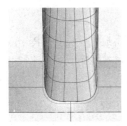

图 12-230　圆角矩形

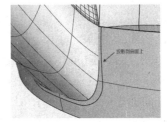

图 12-231　圆角矩形投影至曲面上

（3）使用投影的曲线修剪壶身曲面，得到把手的切口（图 12-232）。

（4）使用"挤出封闭的平面曲线"命令将修剪后的切口边缘在 Front 视图中沿水平方向上挤出，挤出后曲面如图 12-233 所示。

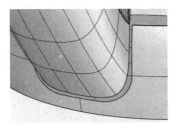

图 12-232　修剪壶身曲面

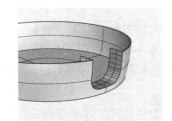

图 12-233　挤出边缘

（5）将挤出的曲面和修剪后的曲面组合，并进行圆角操作。

12.3　本章小结

本章第 1 节以电吹风为例，展示了使用 Rhino 进行家电产品造型的具体过程，主要是绘制曲线后，使用"从网线建立曲面"命令创建出电吹风整体曲面，在整体曲面上使用"修剪"命令对曲面进行修剪，再使用"双轨扫掠"命令建立装饰线，最后使用放样、挤出封闭的曲线、布尔运算等命令对出风口、进风口、开关、挂线环等进行细节造型。

本章第 2 节以电水壶为例，应用 Rhino 的旋转成形、从网线建立曲面等命令来创建复杂曲面。其主要造型难点是把手曲面的造型，涉及多个曲面的相连，需要对把手曲面进行多次切割并进行多个补面的操作，才能完成高质量的曲面造型。

通过电吹风和电水壶的造型实例，充分展示了 Rhino 常用的造型工具，可熟悉产品造型过程和常用命令的使用。只有经过不断的练习，才能熟悉软件的操作，提高产品的造型能力。

有机曲面产品造型实例

有机曲面使用传统的 Rhino 命令建模比较费时、曲面质量差，在 Rhino 建模中使用网格建模功能，结合 Rhino 6 新推出的细分曲面功能，通过塑形的方法进行建模，可提高建模速度和质量，并且在建模过程中可对产品造型进行调节，对造型设计方案进行推敲。本章以有机曲面产品为例，展示 Rhino 的网格建模及细分曲面建模方法在产品造型中的具体结合应用。

13.1　卡通台灯造型

卡通台灯.rar

13.1.1　造型思路分析

该款台灯主要由灯罩、底座、旋转轴、灯罩开关和底座开关组成，其中灯罩和底座为典型的有机曲面，使用 Rhino 传统工具建模具有一定的难度，使用 Rhino 6 的网格曲面及新增加细分曲面建模方法进行造型更容易实现（图 13-1）。

造型思路分析、建模准备工作.mp4

　　建模过程文件：本节二维码的"卡通台灯"文件夹\过程文件
　　建模结果文件：本节二维码的"卡通台灯"文件夹\卡通台灯完成.3dm
　　视频文件：本节二维码的"卡通台灯"文件夹\视频教程

配书文件中的 Rhino 文件按照台灯各部分建模的顺序来组织图层（图 13-2），在"图层"面板中从上向下打开或关闭图层及其子图层的显示，可查看每一部分的建模过程，快速了解每一步的具体制作过程及效果，通过此方法能从整体上把握建模过程及结果。

图 13-1　台灯主要组成部分

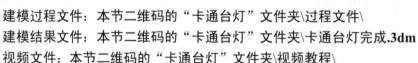

图 13-2　部分造型过程图

13.1.2　建模准备工作

1．新建图层

在"图层"面板中，新建图层，修改图层名称为"参考层"，将"参考层"作为当前层，继续建子图层，并分别修改图层名称为 Front、Top、Left、Right、参考线、参考点。

2．绘制辅助线

使用"单点"命令在（0,0,0）坐标原点放置一个点，作为后续绘图的参考，将点放入到"参考点"图层中。

3．导入参考图片

参考图片可作为曲线绘制的参考，检测曲面是否准确。在导入图片前，建议对欲导入的图片使用图像编辑软件进行处理，以图片中物件最大边界对图片进行剪裁；对于多个图片，保证其长、宽、高尺寸能互相对应上，方便导入图片的移动、对齐等定位操作。

（1）在 Front 视图中使用"图像" 命令导入卡通台灯的参考图（本节二维码的"卡通台灯"文件夹\参考图\front.jpg）作为造型的参考。

（2）导入参考图片后，根据图片的大小对图像物件进行缩放操作，使其尺寸与实物基本相同，然后对图像进行移动，调整位置。

（3）使用同样的方法将其他参考图导入相应的视图（图 13-3），并放入相应的图层，以便于管理。

（4）在绘制曲面及曲线的过程中，为了避免参考图对现有物件产生遮挡，可将参考图放置在视图所在工作平面的下面。

（5）将"参考层"的子图层锁定，防止绘图过程中影响其他物件的选择，或错误地移动参考图的位置。

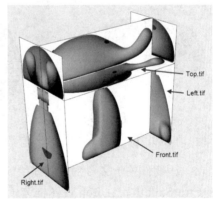

图 13-3　参考图

4．物件锁点

选中物件锁点中的"端点""点""中点""中心点""交点""四分点""节点"和"顶点"，以便于在绘图过程中捕捉现有的物件特定的点。

5．显示"建立网格"工具列

在 Rhino"工具"菜单的"工具列配置"中选中"建立网格"，显示建立网格工具列。

13.1.3　灯罩

灯罩的造型主要使用 Rhino 的网格曲面进行，以网格球体为造型的基础曲面，通过对控制点、网格面的缩放、移动和旋转等操作，以塑形的方式得到基本形，通过挤出网格的方式塑造"耳朵"效果，具体造型过程如下。

灯罩-1.mp4

1．灯罩网格面

（1）单击"建立网格"工具栏"网格球体" 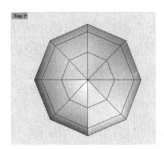图标，在 Top 视图中创建网格球体，选择垂直方向面数为 6，环绕面数为 8，球中心位于坐标原点处，开启"正交"模式，创建的网格球体如图 13-4 所示。

（2）显示"Front"图层，在 Front 视图中根据参考图片将网格球体移动到指定的位置，如图 13-5 所示。

（3）单击"显示物件控制点" 图标，显示网格球体的控制点，使用"变动"工具中的"设置 XYZ 坐标"命令，将图 13-6 所示矩形框内的节点压平到一个平面内，形成半球效果，如图 13-7 所示。

（4）选择网格球体，使用操作轴对半球网格沿 X 轴方向缩放（图 13-8、图 13-9）。

图 13-4　网格球体

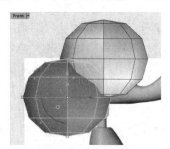
图 13-5　移动网格球体

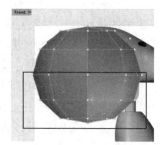
图 13-6　选择控制点

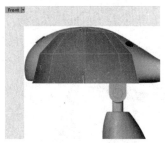
图 13-7　压平点

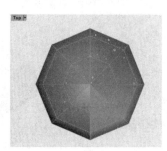
图 13-8　缩放前

图 13-9　缩放后

（5）因物件关于 Z 轴对称，先绘制一半网格面，再使用"镜像"命令复制得到另一半，按住 Ctrl+Shift 键，在 Top 视图框选一半的网格后删除（图 13-10）。

（6）显示物件控制点，在 Front 视图中参照参考图片对选择的控制点使用操作轴进行移动，此控制点调整过程需要重复数次，才能得到需要的效果（图 13-11、图 13-12）。

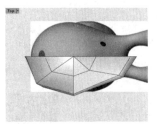
图 13-10　删除一半面

图 13-11　移动控制点

图 13-12　继续移动控制点

（7）按住 Ctrl+Shift 键，选择如图 13-13 所示面，使用操作轴进行挤出网格面的操作，需要挤出 3 次（图 13-14、图 13-15）。

图 13-13 挤出面一次

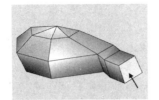

图 13-14 挤出面二次

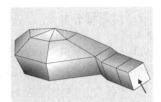

图 13-15 挤出面三次

（8）显示物件控制点，选择如图 13-16 所示节点，使用操作轴对所选控制点进行移动，调整控制点位置如图 13-17 所示。

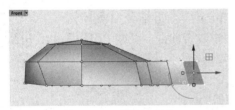

图 13-16 选择控制点

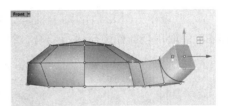

图 13-17 调整控制点

（9）切换到 Top 视图，根据参考图片，继续编辑控制点位置，如图 13-18、图 13-19 所示。

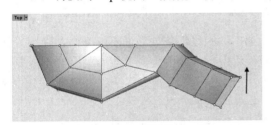

图 13-18 调整控制点 1

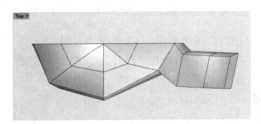

图 13-19 调整控制点 2

（10）在 Perspective 视图中，对选择的控制点进行旋转，使其顶部曲面与四周的边线大致垂直，如图 13-20、图 13-21 所示。

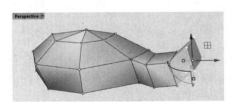

图 13-20 选择控制点

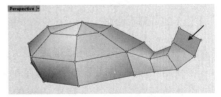

图 13-21 旋转控制点

（11）继续调整控制点和面，最终灯罩一半效果如图 13-22、图 13-23 所示。

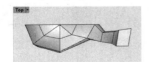

图 13-22 灯罩一半 Top

图 13-23 灯罩一半 Front

（12）使用"镜像"命令将调整好的网格面镜像，得到另一侧网格（图 13-24）。

（13）使用"组合"命令，选取所有网格进行组合。

2. 灯罩细分面

（1）在命令行输入 Alignmeshvertices，执行"以公差对齐网格顶点"命令，选择组合后的网格物件，对网格顶点进行整体对齐，以保证无缝。

（2）在命令行中输入 toSubD 命令把网格转成细分曲面。

（3）单击"显示物件控制点" 图标或按 F10 键打开细分曲面的控制点，根据参考图拖动控制点来进行外形细调，最终调整好的效果如图 13-25 所示。

3. 灯罩 NURBS 面

（1）把调整好外形后的细分曲面，使用 toNurbs 命令将细分曲面转成 NURBS 曲面，全选曲面后进行组合，得到一个多重复合曲面，新建"灯罩"图层，将灯罩 NURBS 曲面放入该图层中（图 13-26）。

灯罩-2.mp4

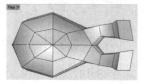
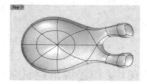
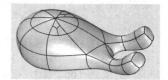

图 13-24　镜像网格面　　　图 13-25　细分曲面　　　图 13-26　NURBS 面

（2）将细分曲面转换为 NURBS 曲面后，顶部结构线汇集处曲面不够光滑，使用"炸开"命令将 NURBS 炸开，并删除不用的曲面，将保留的曲面使用"组合"命令形成复合曲面（图 13-27）。

（3）使用"复制边缘" 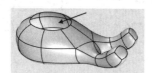 命令复制如图 13-28 所示的四条边。

（4）使用"可调式混接曲线"命令分别将对应的两条曲线相连（图 13-29）。

图 13-27　删除曲面 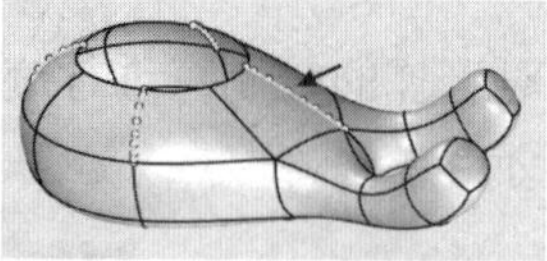　　　图 13-28　复制边 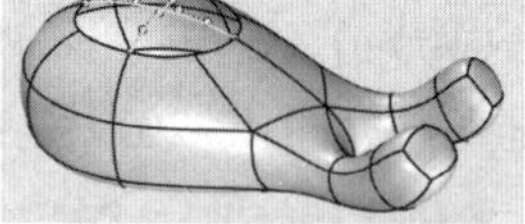　　　图 13-29　混接曲线

（5）在 Top 视图中，使用"单点" 工具在两条混接曲线的视觉交点处插入点（图 13-30）。

（6）使用"插入节点" 命令在另一条曲线的视觉交点处插入节点（图 13-31）。

（7）调整混接曲线，使其在插入的点处相交（图 13-32）。

（8）使用"复制边框" 命令复制顶部曲面缺口的边（图 13-33）。

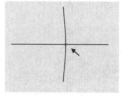
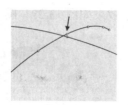
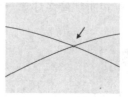

图 13-30　单点　　　图 13-31　插入节点　　　图 13-32　相交　　　图 13-33　复制边框

（9）使用调整好的一条混接曲线对复制的边框进行分割，分为两段曲线（图 13-34）。

（10）使用"放样"命令将曲线放样成曲面（图 13-35），使用"组合"命令将放样曲面与灯罩主体曲面组合成复合曲面，组合后曲面如图 13-36 所示。

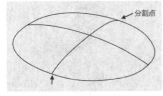

图 13-34 分割

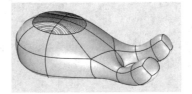

图 13-35 放样曲面

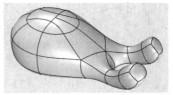

图 13-36 组合

13.1.4 底座

1. 底座基本形

（1）关闭"灯罩"图层的显示，仅显示 Front 和 Left 图层，新建"底座"图层，并设为目前的，在"底座"图层绘制如图 13-37 所示曲线。

底座-1.mp4

（2）使用 Rhino 的"双轨扫掠" 🔧工具将绘制的曲线创建曲面（图 13-38）。

（3）因创建的双轨扫掠曲面 UV 方向点数过多，使用"重建曲面"🔧工具对双轨扫掠曲面重建，设置点数：$U = 12$，$V = 6$，阶数均为 1，以便于后续的编辑（图 13-39）。

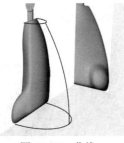

图 13-37 曲线

图 13-38 双轨扫掠

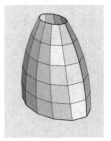

图 13-39 重建曲面

（4）使用"从物件建立曲线"🛢工具中的"抽离线框" 命令，提取重建曲面的线框（图 13-40）。

（5）使用"炸开"或"分割"命令将提取的线框炸开，形成一段一段相互连接的线；可使用 Rhino 6 新增加的"显示曲线端点" 🖊工具检查线的连接情况是否正确（图 13-41）。

（6）使用"网格工具"中的"从 3 条或以上直线建立网格" 🔲命令，选择所有的抽离的线框，形成网格面（图 13-42）。

（7）因物件关于 Z 轴对称，先绘制一半网格面，再使用"镜像"命令复制得到另一半，按住 Ctrl+Shift 键，在 Top 视图内框选一半的网格后删除（图 13-43）。

2. 调整网格面

（1）按住 Ctrl+Shift 键，点选网格面右侧的边，使用操作轴根据参考图调整物件的形状（图 13-44、图 13-45），使用同样方法，调整网格面左侧的边（图 13-46）。

底座-2.mp4

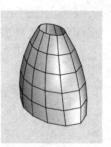
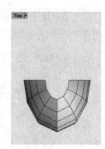

图 13-40　抽离线框　　图 13-41　显示线段端点　　图 13-42　网格面　　图 13-43　一半网格面

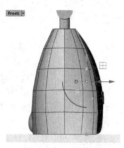

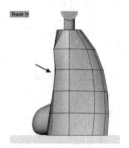

图 13-44　调整前　　　　　　图 13-45　调整后　　　　　　图 13-46　调整边

（2）按住 Ctrl+Shift 键，点选网格面如图 13-47 所示的边，使用操作轴调整边的位置，调整后如图 13-48 所示。

（3）按住 Ctrl+Shift 键，点选网格面如图 13-49 所示的面，打开"操作轴"，拖动轴上的小圆点，沿 X 轴方向挤出网格面（图 13-50）。

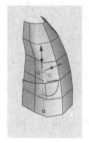
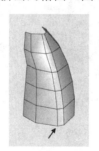

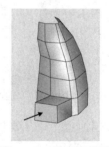

图 13-47　选择边　　图 13-48　移动边　　图 13-49　网格面　　图 13-50　挤出网格面

（4）按住 Ctrl+Shift 键，选择网格面的边，使用操作轴移动、旋转来调整边的位置，调整后如图 13-51、图 13-52 所示；继续使用操作轴调整网格面的边（图 13-53、图 13-54）。

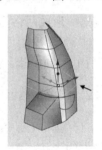

图 13-51　调整边 1　　图 13-52　调整边 2　　图 13-53　调整前　　图 13-54　调整后

（5）使用"镜像"命令将调整好的网格面镜像，得到另一侧网格（图 13-55）。

（6）使用"组合"命令，选取两个网格面进行组合。

3．创建底座顶部及底部网格面

底座-3.mp4

（1）使用"从物件建立曲线"工具中的"复制边框"命令，复制网格面的边，得到制作上、下面的边界（图 13-56）。

（2）仅显示复制边框得到的上部网格面的边（图 13-57），使用"偏移曲线"或者"缩放"命令，将边向内缩放并复制 3 份（图 13-58）。

（3）使用"多重直线"命令依次将外圈、中间圈和内圈的对应端点相连（图 13-59）。

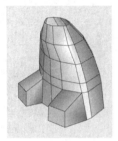 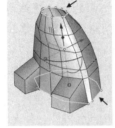 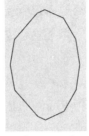  

图 13-55　镜像　　图 13-56　复制边框　　图 13-57　上部边　　图 13-58　复制边　　图 13-59　线

（4）使用炸开或分割命令将环形曲线和直线炸开或修剪，形成线与线间的连接，可使用"显示曲线端点"工具检查线的连接情况。

（5）使用"网格工具"中的"从 3 条或以上直线建立网格" ▣ 命令将线生成网格面，形成台灯底座顶部的网格面（图 13-60）。

（6）使用（2）～（5）的方法制作底部的网格面（图 13-61）。

（7）使用"组合"命令将顶部网格、中间网格和底部网格组合成一个复合网格（图 13-62）。

 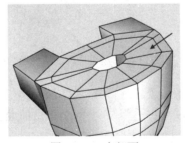 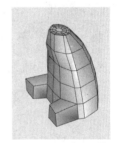

图 13-60　顶部面　　　　　　图 13-61　底部面　　　　　　图 13-62　组合网格面

4．转换成细分面及 NURBS

底座-4.mp4

（1）在命令行输入 Alignmeshvertices，执行"以公差对齐网格顶点"命令，选择组合后的网格物件，对网格顶点进行整体对齐，以保证无缝。

（2）在命令行中输入 toSubD 命令把网格转成细分曲面。

（3）单击"显示物件控制点" ▨ 图标或按 F10 键打开细分曲面的控制点，根据参考图拖动控制点来进行外形细调，最终调整好的效果如图 13-63 所示。

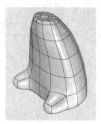
图 13-63　细分曲面

图 13-64　NURBS 曲面

（4）使用 toNurbs 命令将调整好外形的细分曲面转成 NURBS 曲面，全选曲面后组合，得到一个多重复合曲面（图 13-64）。

技巧提示：如果将组合后的网格面转成细分曲面出错，可以将组合后的网格面使用"从物件建立曲线"工具中的"抽离线框"命令抽离网格面的线，将线炸开或互相分割后，再使用"从 3 条或以上直线建立网格"命令重新建立网格，再将网格转成细分曲面。

13.1.5　旋转轴

旋转轴造型相对比较简单，使用 Rhino 的基本命令即可完成，主要造型过程如下。

旋转轴.mp4

（1）显示 Front 图层和刚绘制好的灯罩、底座曲面，在 Front 视图中绘制如图 13-65、图 13-66 所示的四条曲线，四条曲线均为封闭的曲线，关闭暂时不用的图层的显示。

（2）使用"挤出封闭的平面曲线"命令将曲线 1 挤出，挤出选项设置为"双侧＝是""实体＝是"（图 13-67）。

图 13-65　绘制曲线

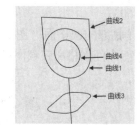
图 13-66　绘制曲线（透视图角度）

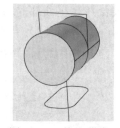
图 13-67　挤出曲线 1

（3）将曲线 3 单侧挤出成实体（图 13-68）。

（4）使用"布尔运算联集"命令将两个挤出曲面相加成为一个物件。

（5）使用"挤出封闭的平面曲线"命令将曲线 2 进行双向挤出，挤出为实体，如图 13-69 所示。

（6）使用"布尔运算差集"命令在布尔并集的曲面中切除挤出曲线 2 的曲面，在选项中选择"删除输入物件＝否"，即保留挤出曲线 2 的曲面，图 13-70 所示为隐藏挤出曲线 2 的曲面后的效果。

（7）使用"边缘圆角"命令对差集后的物件分别进行圆角操作，如图 13-71、图 13-72 所示。

（8）使用"挤出封闭的平面曲线"命令将曲线 4 进行双侧挤出，并挤出为实体，如图 13-73 所示。

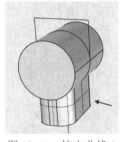
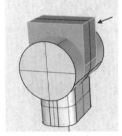
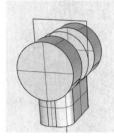
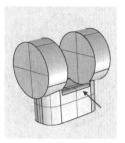

图 13-68　挤出曲线 3　　　图 13-69　挤出曲线 2　　　图 13-70　布尔运算差集　　　图 13-71　圆角 1

（9）恢复显示挤出曲线 2 形成的曲面，使用"布尔运算差集" 命令进行钻孔的操作，在选项中选择"删除输入物件=否"，即保留挤出曲线 4 形成的曲面，为便于观看，暂时隐藏挤出曲线 4 形成的曲面（图 13-74）。

（10）恢复显示挤出曲线 4 形成的旋转轴曲面，进行圆角操作（图 13-75）。

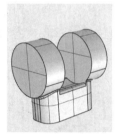
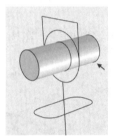
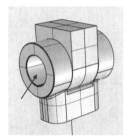
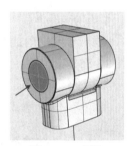

图 13-72　圆角 2　　　图 13-73　挤出曲线 4　　　图 13-74　布尔运算差集　　　图 13-75　圆角

13.1.6　底座开关

底座开
关.mp4

（1）恢复 Right 图层的显示，将 Left 视图切换为 Right 视图，参照 Right 参考图绘制开关曲线，如图 13-76 所示。

（2）在 Front 视图中将开关曲线移动到如图 13-77 所示位置，使用"挤出封闭的平面曲线" 命令将开关曲线挤出，挤出后曲面如图 13-78 所示。

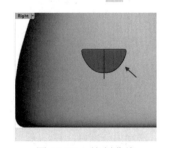

图 13-76　绘制曲线　　　图 13-77　Front 视图曲线位置　　　图 13-78　挤出曲面

（3）使用 Rhino 的"偏移曲面" 命令将底座 NURBS 曲面向外偏移 1.5 个距离，偏移选项中设置"实体=否"（图 13-79）。

（4）使用"修剪" 命令将偏移的曲面和挤出的曲面互相修剪，修剪后如图 13-80、图 13-81 所示。

（5）将修剪后的曲面进行组合，并进行圆角操作（图 13-82）。

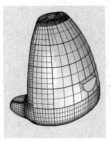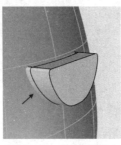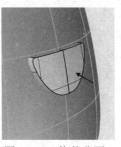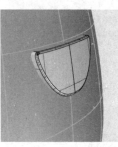

图 13-79　偏移曲面　　　图 13-80　修剪曲面 1　　　图 13-81　修剪曲面 2　　　图 13-82　圆角

13.1.7　灯罩开关

灯罩开关及
眼睛.mp4

使用绘制底座开关的方法绘制灯罩开关。

（1）显示"灯罩"、Top 图层，在 Front 视图中绘制辅助曲线，如图 13-83、图 13-84 所示。

（2）参照辅助曲线的端点，在 Front 视图中绘制椭圆，在选项中选择"垂直"方式（图 13-85）。

（3）挤出椭圆曲线（图 13-86）。

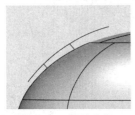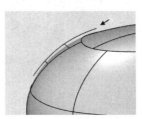

图 13-83　辅助曲线 1　　　图 13-84　辅助曲线 2　　　图 13-85　椭圆　　　图 13-86　挤出椭圆

（4）使用"偏移曲面"命令将灯罩曲面向外偏移 2 个距离（图 13-87）。

（5）将挤出椭圆形成的曲面和偏移曲面互相修剪（图 13-88）。

（6）组合后进行圆角操作（图 13-89）。

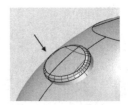

图 13-87　偏移灯罩曲面　　　图 13-88　互相修剪　　　图 13-89　圆角

13.1.8　眼睛

（1）在 Top 视图的线框模式下根据参考图绘制椭圆体，如图 13-90 所示。

（2）在 Front 视图中旋转椭圆体，并根据参考图移动椭圆体的位置（图 13-91）。

（3）将调整好位置的椭圆体沿 X 轴进行"镜像"复制（图 13-92）。

恢复完成的各部件的显示，并放入指定的图层中，卡通台灯最终效果如图 13-93 所示。

图 13-90　椭圆体　　图 13-91　旋转后　　图 13-92　镜像后　　图 13-93　卡通台灯最终效果

13.2　小鸭造型

小鸭玩具.rar

13.2.1　造型思路分析

　　该款小鸭玩具主要由头部和鸭身两大部分组成，可通过对头部的圆使用变形控制器进行编辑，由网格曲面创建鸭身基本形，转换为细分曲面后再调整形状，确定头部和鸭身的基本形，在基本形上进行细节的造型，在头部主体曲面上形成顶部、嘴（上喙）、嘴（下喙）、后盖、眼睛和音响孔的细节造型，在鸭身主体曲面上形成翅膀、旋钮、旋钮装饰、轮子、脚掌和开孔等细节造型（图 13-94）。

造型思路分析及建模准备工作.mp4

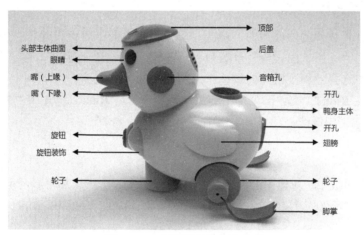

图 13-94　小鸭玩具各部分组成

　　建模过程文件：本节二维码的"小鸭玩具"文件夹\过程文件\
　　建模结果文件：本节二维码的"小鸭玩具"文件夹\小鸭玩具完成.**3dm**
　　视频文件：本节二维码的"小鸭玩具"文件夹\视频教程\

　　配书文件中的 Rhino 文件按照小鸭玩具各部分造型的顺序来组织图层，通过从上向下打开或关闭图层及其子图层的显示，可查看每一部分的造型过程，能快速了解每一步的具体制作过程及效果，通过此方法能从整体上把握造型过程，为学习 Rhino 造型提供了非常重要的帮助（图 13-95）。配书文件中的建模过程文件由多个文件按照造型顺序命名组成，每个文件基本上完成了整体中的一个主要部分的造型，使用此过程文件可从头或者从中间部分继续完成其他部分造型的工作。

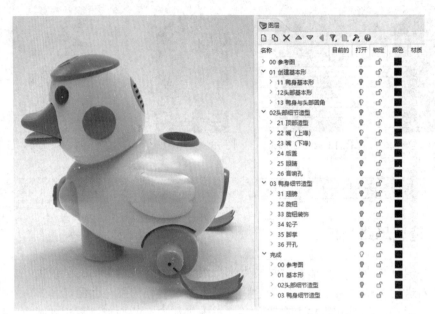

图 13-95　图层组织

13.2.2　建模准备工作

1．修改物件背面显示的颜色设置

为了便于观看物件的法线方向，修改"着色模式"的"着色设置"中的物件"背面设置"的颜色，由"使用正面设置"修改为"全部背面使用单一颜色"，在"单一背面颜色"的颜色调节器中选择一种不常用的颜色作为物件背面的颜色。

此步操作在 Rhino "文件"菜单中的"文件属性"|"Rhino 选项"|"视图"|"显示模式"|"着色模式"中修改。

2．新建图层

在"图层"面板中，新建图层，修改图层名称为"参考层"，将"参考层"作为当前层，继续建子图层，并分别修改图层名称为 Front、Back、Top、Bottom、Right、辅助线 1 和辅助线 2。

3．绘制辅助线

（1）使用"单点"命令在（0,0,0）坐标原点放置一个点，作为后续绘图的参考。

（2）使用"多重直线"命令绘制以原点为端点、沿 Z 轴和 Y 轴方向的两条直线。

（3）将绘制的两条直线分别放入辅助线 1、辅助线 2 的图层中。

4．导入参考图片

参考图片可作为曲线绘制的参考，检测曲面是否准确，在导入图片前，建议对欲导入的图片使用图像编辑软件进行处理，以图片中物件最大边界对图像进行剪裁，对于多个图片，保证其长、宽、高尺寸能互相对应上，方便导入图片后定位上的操作。

（1）在 Front 视图中使用"图像"命令导入小鸭玩具的前视图（本节二维码的"小鸭玩具"文件夹\参考图\front.jpg）作为造型的参考。

（2）使用同样的方法将其他参考图导入相应的视图，并放入相应的图层，以便于管理。

（3）导入参考图片后，根据图片的大小对图像物件进行缩放操作，使其尺寸与实物基本上相同，然后对图像进行移动，调整位置，具体如图 13-96 所示。

（4）在绘制曲面及曲线的过程中，为了避免参考图对现有的物件产生遮挡，可将参考图放置在各视图所在工作平面的后面。

（5）将参考层的各子图层锁定，防止绘图过程中影响其他物件的选择，错误地移动参考图平面的位置。

图 13-96　参考图

13.2.3　创建基本形

本节主要使用 Rhino 的网格建模功能及 Rhino 6 新增加的细分曲面建模功能来完成小鸭基本形的创建，以立方体网格造型的基础曲面，转换成细分曲面后，通过对控制点缩放、移动和旋转等操纵，以塑形的方式得到鸭身基本形，使用"变形编辑器"对 Rhino 球进行变形，得到小鸭头部的基本型，然后使用 Rhino 的常用命令完成细节的造型。

创建基本形.mp4

1．鸭身基本形

（1）在图层面板中新建图层，修改名称为"鸭身基本形"，并设为"目前的"，在该图层创建曲线及曲面。

（2）显示 Right 参考图及辅助线，单击 Rhino 菜单中的"网格"|"网格基本物件"|"立方体"![立方体图标]，在 Right 视图中根据参考图绘制立方体，在命令行选项中设置 X、Y 和 Z 边的数量均为 1（图 13-97）。

（3）因鸭身曲面沿 ZY 工作平面对称，使用移动命令将立方体网格沿 X 轴方向移动 X 方向边一半的距离，使其关于 X 轴对称，如图 13-98 所示。

（4）在命令行输入 toSubD 命令把立方体网格转成细分曲面，细分选项选择"删除输入物件=是"（图 13-99）。

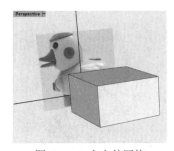

图 13-97　立方体网格

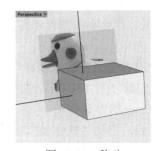

图 13-98　移动

图 13-99　细分曲面

（5）使用"显示物件控制点" 🔧 命令显示细分曲面的控制点，开启操作轴，在 Right 视图中参照参考图使用操作轴中的移动、缩放的功能调整细分曲面的控制点，经多次调整后，最终如图 13-100 所示，在选择控制点时，一定同时选择 X 轴对应侧的两个控制点（图 13-101）。

（6）显示 Front 参考图，在 Front 视图中参照参考图使用操作轴继续移动、缩放细分曲面的控制点，经多次调整后，最终如图 13-102 所示；在选择控制点时，也一定同时选择 X 轴对应侧的两个控制点（图 13-103）。

（7）在命令行输入 toNurbs，按 Enter 键后，选择细分曲面物件，将细分曲面转换为 Rhino 的 NURBS 曲面（图 13-104）；在转换选项中选择"删除输入物件=否"，保留原细分曲面，以便于后续的继续调整，使用"隐藏物件"命令将细分曲面隐藏。

图 13-100　调整细分曲面的控制点

图 13-101　选择控制点

图 13-102　调整控制点

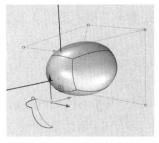
图 13-103　选择控制点

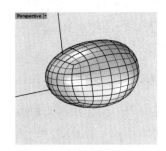
图 13-104　转换成 NURBS

（8）将细分曲面转换成 NURBS 时，一般形成多个面片，需要使用"组合"命令将多个面片组合成一个复合曲面。

2．头部基本形

（1）新建图层，修改图层名称为"头部基本形"，并设为"目前的"；显示 Right 参考图。

（2）在 Right 视图中使用 Rhino"实体工具"中"球"命令绘制球，打开"正交"模式，球大小根据参考图大约绘制即可（图 13-105）。

（3）使用"变动"命令中的"建立变形控制器" 🔲 命令对刚刚绘制的球创建变形控制器（图 13-106），控制物件为"边框方块"，其他设置按 Enter 键默认即可。

（4）选择要变形的控制点后，启动"操作轴"，移动或缩放部分控制点，对受控的球进行变形操作（图 13-107、图 13-108）；要根据变形后的曲面结构线方向来确定选择哪

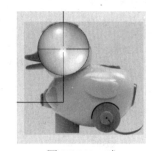
图 13-105　球

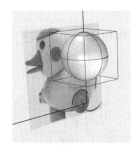
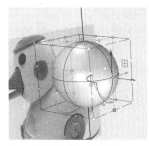
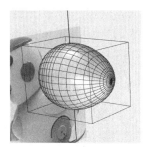

图 13-106　建立变形控制器　　　　图 13-107　变形中　　　　　图 13-108　变形后

些控制点，本例后续步骤中要将结构线汇集在一起的部分曲面切除，所以选择侧面的控制点进行变形，完成变形后使用"隐藏物件"命令将变形控制框隐藏。

（5）变形后曲面 UV 方向数量过多，不便于编辑，使用"曲面工具"中的"重建曲面"命令对变形后的球体重建曲面，在选项中设置点数 UV 方向均为 8，阶数均为 3，重建后如图 13-109、图 13-110 所示。

（6）在 Front 视图中选择变形后的球体，使用"操作轴"旋转球体，注意其结构线的方向和位置，如图 13-111 所示。

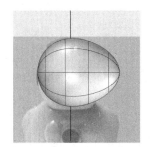
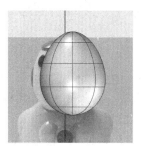

图 13-109　重建曲面　　　　　图 13-110　旋转前　　　　　图 13-111　旋转后

（7）旋转后的球体重建曲面在 Front 视图中未关于 Z 轴对称，使用"移动"命令将球移动，使其中心位于 Z 轴上（图 13-112）。

（8）将视图切换到 Right 视图，显示模式切换到线框模式，使用"操作轴"对重建曲面进行旋转、移动操作（图 13-113），旋转后的曲面着色模式显示效果如图 13-114 所示。

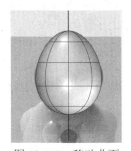

图 13-112　移动曲面　　　　图 13-113　旋转曲面线框模式　　　　图 13-114　旋转曲面着色模式

3．组合鸭身与头部

分别将鸭身和头部的 NURBS 曲面备份，方便后期重复编辑使用。

（1）仅显示鸭身曲面和头部曲面（图 13-115）。

（2）使用 Rhino 的"布尔运算联集" 命令将鸭身曲面和头部曲面相加成一个实体，（图 13-116）。

（3）使用"边缘圆角"命令进行圆角操作，如图 13-117 所示。

图 13-115　鸭身和头部基本形

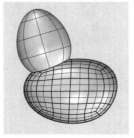
图 13-116　布尔运算联集

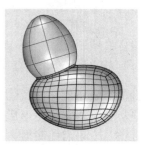
图 13-117　圆角

（4）使用"炸开"命令将圆角后的曲面炸开，再使用"组合"命令将鸭身、头部、圆角曲面分别组合到一起，供细节造型时使用。

13.2.4　头部细节造型

1. 顶部造型

（1）仅显示 Right 参考图和头部曲面，在 Right 视图中绘制如图 13-118 所示直线，隐藏 Right 参考图。

头部细节_
顶部.mp4

（2）在 Right 视图中使用"投影曲线"命令将直线投影到头部曲面上（图 13-119）。

（3）因投影后曲线控制点过多，不便于编辑曲线控制点，使用"重建曲线"命令将投影后的曲线重建，设置点数为 18，阶数保持为 3 不变（图 13-120）。

（4）在 Top 视图中编辑曲线控制点，调整控制点时可隐藏暂时不使用的物件，调整出头部的造型曲线，如图 13-121、图 13-122 所示。

图 13-118　直线

图 13-119　直线投影
至曲面

图 13-120　重建曲线

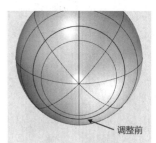
图 13-121　调整前

（5）恢复头部曲面的显示，在 Top 视图中将编辑后的曲线使用"将曲线拉回至曲面"命令拉回到头部曲面上（图 13-123）。

（6）变形后的球的顶部为多条结构线相交，为典型的三边面，使用拉回的曲线对头部曲面的顶部进行修剪，重新创建该部分曲面，修剪后如图 13-124 所示。

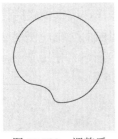

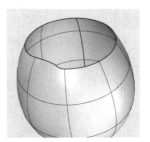

图 13-122　调整后　　　　图 13-123　拉回至曲面　　　　图 13-124　修剪顶部曲面

（7）在 Right 视图中使用 Rhino 的 "球" 命令参照修剪后的顶部曲面位置及大小绘制球体（图 13-125）。

（8）使用 "重建曲面" 命令对刚刚绘制的球体重建曲面，并移动和旋转到合适的位置，如图 13-126 所示。

（9）选择头部修剪后的曲面边界，使用 "直线挤出" 命令将曲面边界挤出，因该边界为空间曲线，在挤出选项中选择 "方向"，在 Right 视图中确定两点为挤出方向，设置合适的挤出值（图 13-127）。

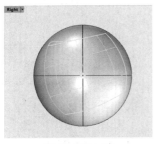
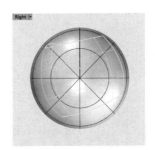
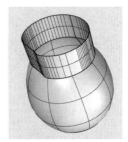

图 13-125　球　　　　　　图 13-126　球重建曲面　　　　图 13-127　挤出曲线

（10）显示重建后的球曲面和挤出的曲线，目前球的曲面接缝正好位于要修建的曲面内（图 13-128），使用 "操作轴" 工具将重建的球曲面绕 X 轴旋转 90°（图 13-129）。

（11）将旋转接缝位置的球曲面和挤出曲面互相修剪，修剪后如图 13-130、图 13-131 所示。

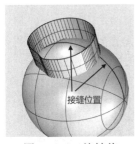
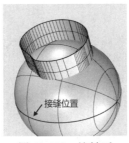

图 13-128　旋转前　　　图 13-129　旋转后　　　图 13-130　修剪 1　　图 13-131　修剪 2

（12）将互相修剪后的两个曲面使用 "组合" 命令组合，并进行圆角操作，如在组合或圆角过程中出现错误，可使用下面的方法解决。

（13）使用 Rhino 的 "圆管" 命令在顶部曲面相交处建立圆管作为修剪的边缘（图 13-132），将修剪边缘重新进行混接来创建圆角效果；故使用刚创建的圆管对重建的球曲面和挤出曲面进行修剪，因圆管遮盖了要选取的修剪处，所以此操作在线框模式时比较容易进行，也可使用"物件交集"得到圆管曲面与顶部曲面、挤出曲面的交线，使用交线来修剪顶部曲面及挤出的曲线曲面，修剪后隐藏圆管物件如图 13-133 所示；使用"混接曲面" 🔩 命令在修剪后的边界处进行混接，以创建圆角效果（图 13-134）。

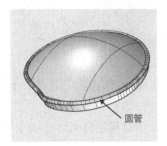

图 13-132　圆管

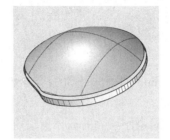

图 13-133　修剪

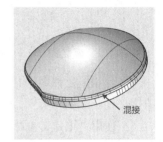

图 13-134　混接

（14）下面开始顶部曲面上的造型，仅显示顶部曲面，在 Top 视图中使用"内插点曲线" 🔲 命令绘制如图 13-135、图 13-136 所示曲线，注意曲线端点处相切。

（15）在 Top 视图中使用刚绘制的两条曲线对顶部曲面进行修剪，修剪后如图 13-137 所示。

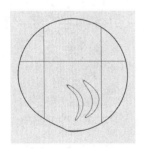

图 13-135　曲线

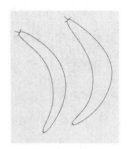

图 13-136　曲线

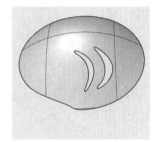

图 13-137　修剪

（16）使用"抽离结构线" 🔩 命令抽取球顶部曲面的结构线，如结构线方向不对，可切换抽离结构线的方向（图 13-138）。

（17）使用"内插点曲线" 🔲 命令绘制两条曲线，或使用"可调式混接曲线"命令将抽取的结构线在断处相连（图 13-139）。

（18）使用"显示物件控制点"命令显示曲线的控制点，使用"操作轴"分别编辑两条曲线的控制点，使其具有凸起的弧度（图 13-140）。

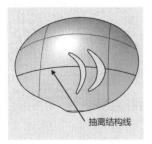

图 13-138　抽离结构线

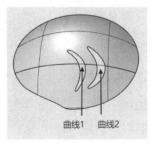

图 13-139　曲线

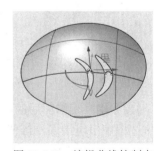

图 13-140　编辑曲线控制点

（19）使用"双轨扫掠" 命令依次选择修剪后形成的边作为轨迹，以交点、曲线和交点作为截面，创建双轨曲面（图 13-141）。

（20）重复步骤（19）的操作，创建另一个双轨面（图 13-142）。

（21）恢复顶部其他曲面的显示，将所有曲面使用"组合" 命令进行组合，至此完成了头部曲面的创建（图 13-143）。

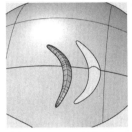
图 13-141　双轨扫掠 1

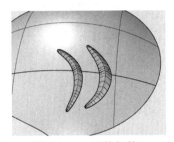
图 13-142　双轨扫掠 2

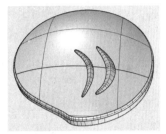
图 13-143　头部曲面

2．嘴（上喙）

（1）在图层面板中新建图层，修改名称为"嘴（上喙）"，并设为"目前的"，在该图层创建曲线及曲面。

（2）显示 Right 参考图及辅助线，单击 Rhino 菜单中的"网格"中的"网格基本物件"的"立方体" ，在 Right 视图中根据参考图绘制立方体，在命令行选项中设置 X、Y 和 Z 边的数量均为 2（图 13-144、图 13-145）。

头部细节_嘴(上喙).mp4

（3）因嘴（上喙）曲面沿 ZY 工作平面对称，使用"移动"命令将立方体网格沿 X 轴方向移动 X 方向边一半的距离，使其关于 X 轴对称，移动后如图 13-146 所示。

图 13-144　立方体网格

图 13-145　移动前

图 13-146　移动后

（4）在命令行输入 toSubD 命令，把立方体网格转成细分曲面，细分选项选择"删除输入物件=否"，使用"隐藏物件"命令将立方体网格隐藏，以便于后续的编辑，创建的细分曲线效果如图 13-147、图 13-148 所示。

（5）使用"显示物件控制点"命令显示细分曲面的控制点，开启操作轴，因曲面关于 X 轴对称，在选择控制点时，一定同时选择 X 轴对应侧的两个控制点（图 13-149）。

（6）在 Right 视图中参照参考图使用操作轴中的移动、缩放的功能调整细分曲面的控制点，经多次调整后，最终如图 13-150、图 13-151 所示。

（7）显示 Front 参考图，在 Front 视图中参照参考图使用操作轴继续移动、缩放细分曲面的控制点，经多次调整后，最终如图 13-152 所示；在选择控制点时，使用框选方式，也

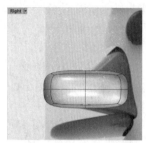

图 13-147　细分曲面 1

图 13-148　细分曲面 2

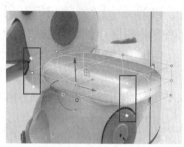

图 13-149　选择控制点

图 13-150　调整细分曲面的
控制点

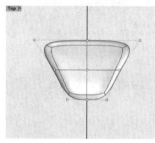

图 13-151　选择控制点

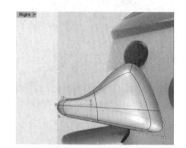

图 13-152　调整控制点

一定同时选择 X 轴对应侧的控制点。

（8）在命令行输入 toNurbs，按 Enter 键后，选择细分曲面物件，将细分曲面转换为 Rhino 的 NURBS 曲面（图 13-153，图 13-154）；在转换选项中选择"删除输入物件=否"，保留原细分曲面，以便于后续的继续调整，使用"隐藏物件"命令将细分曲面隐藏。

（9）将细分曲面转换成 NURBS 时，一般形成多个面片，需要使用"组合"命令将多个面片组合成一个复合曲面。

（10）使用"偏移曲面"命令将组合后的 NURBS 曲面向外偏移，以制作嘴与头部之间的间隙（图 13-155）。

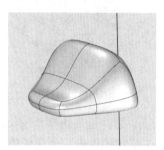

图 13-153　细分曲面转换前

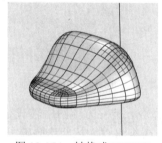

图 13-154　转换成 NURBS

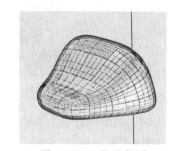

图 13-155　偏移曲面

（11）隐藏组合后嘴（上喙）曲面，恢复头部曲面的显示，使用"物件交集"命令，得到头部曲面与偏移后曲面的交线（图 13-156）。

（12）隐藏偏移的曲面，使用"修剪"命令将交线作为切割用物件，修剪头部的曲面，去除多余的部分曲面（图 13-157）。

（13）显示嘴（上喙）曲面和修剪后的头部曲面，完成的嘴（上喙）曲面如图 13-158 所示。

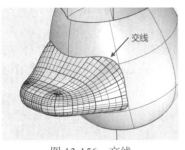
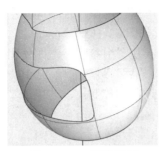
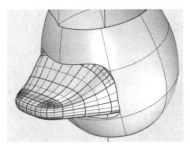

图 13-156　交线　　　　　　　图 13-157　修剪曲面　　　　　图 13-158　嘴（上喙）曲面

3. 嘴（下喙）

（1）在图层面板中新建图层，修改名称为"嘴（下喙）"，并设为"目前的"，在该图层创建曲线及曲面。

（2）显示 Right 参考图及辅助线，单击 Rhino 菜单中的"网格"中的"网格基本物件"的"立方体" ，在 Right 视图中根据参考图绘制立方体，在命令行选项中设置 X、Y 和 Z 边的数量均为 2（图 13-159、图 13-160）。

头部细节_嘴(下喙).mp4

（3）因嘴（下喙）曲面沿 ZY 工作平面对称，使用"移动"命令将立方体网格沿 X 轴方向移动 X 方向边一半的距离，使其关于 X 轴对称，移动后如图 13-161 所示。

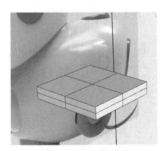
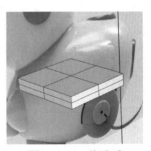

图 13-159　立方体网格　　　　图 13-160　移动前　　　　　　图 13-161　移动后

（4）在命令行输入 toSubD 命令，把立方体网格转成细分曲面，细分选项选择"删除输入物件=否"，使用"隐藏物件"命令将立方体网格隐藏，以便于后续的编辑，创建的细分曲线效果如图 13-162、图 13-163 所示。

（5）使用"显示物件控制点"命令显示细分曲面的控制点，开启操作轴，在 Top 视图中使用框选方式选择中间一列控制点（图 13-164）。

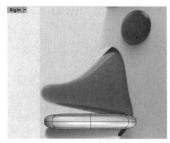

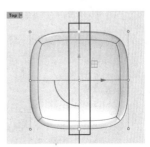

图 13-162　细分曲面 1　　　　图 13-163　细分曲面 2　　　　图 13-164　选择控制点

（6）在 Right 视图中参照参考图使用操作轴中的移动功能调整细分曲面的控制点，经多次调整后，Right 视图最终效果如图 13-165 所示。

（7）显示 Top 参考图，在 Top 视图中参照参考图使用操作轴继续移动、缩放细分曲面的控制点（图 13-166），经多次调整后，最终如图 13-167 所示；在选择控制点时，使用框选方式，也一定同时选择 Y 轴对应侧的控制点。

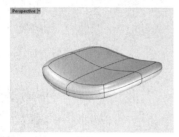

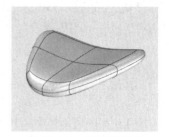

图 13-165　调整细分曲面的控制点　　　图 13-166　选择并调整控制点　　　图 13-167　调整控制点

（8）在命令行输入 toNurbs，按 Enter 键后，选择细分曲面物件，将细分曲面转换为 Rhino 的 NURBS 曲面（图 13-168）；在转换选项中选择"删除输入物件=否"，保留原细分曲面，以便于后续的调整，使用"隐藏物件"命令将细分曲面隐藏。

（9）将细分曲面转换成 NURBS 时，一般形成多个面片，需要使用"组合"命令将多个面片组合成一个复合曲面。

（10）使用"偏移曲面"命令将组合后的 NURBS 曲面向外偏移，以制作嘴与头部之间的间隙（图 13-169）。

（11）隐藏组合后嘴（下喙）曲面，恢复头部曲面的显示，使用"物件交集"命令，得到头部曲面与偏移后曲面的交线（图 13-170、图 13-171）。

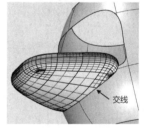

图 13-168　转换成 NURBS　　　图 13-169　偏移曲面　　　图 13-170　交线

（12）隐藏偏移的曲面，使用"修剪"命令将交线作为切割用物件，修剪头部的曲面，去除多余的部分曲面（图 13-172）。

（13）显示嘴（下喙）曲面和修剪后的头部曲面，完成的嘴（下喙）曲面如图 13-173 所示。

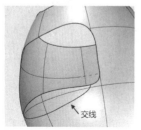

图 13-171　交线　　　图 13-172　修剪曲面　　　图 13-173　嘴（下喙）曲面

4．后盖

头部细节_
后盖.mp4

（1）在图层面板中新建图层，修改图层名称为"后盖"，并设为"目前的"。

（2）恢复 Back 参考图的显示，在 Front 视图的线框模式下，根据参考图绘制如图 13-174 所示的圆和圆角矩形。

（3）显示头部曲面，使用"投影曲线" 命令将刚绘制的曲线投影到头部曲面上，并删除不用的投影曲线（图 13-175）。

（4）使用投影后的大圆作为分隔边界，使用"分割"命令将头部曲面进行分割（图 13-176）。

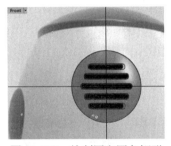
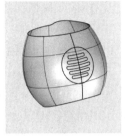

图 13-174　绘制圆和圆角矩形　　　　图 13-175　投影至曲面　　　　图 13-176　分割

（5）使用投影后的圆角矩形对分割后的小圆曲面进行修剪，修剪后的效果如图 13-177 所示。

（6）将修剪后的曲面使用"偏移曲面" 命令向内进行偏移，选项中选择"实体=是"，将曲面偏移为实体（图 13-178）。

（7）将偏移后形成的实体进行圆角操作，最终完成的上盖效果如图 13-179 所示。

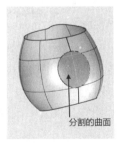
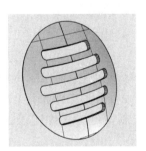
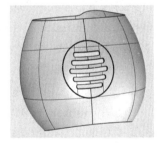

图 13-177　修剪　　　　图 13-178　偏移成实体　　　　图 13-179　圆角

5．眼睛

头部细节_
眼睛.mp4

（1）隐藏暂时不使用的物件，仅显示头部曲面和 Right 参考图，在 Right 视图中使用"内插点曲线" 命令，参照参考图绘制如图 13-180 所示曲线。

（2）在 Right 视图中将绘制的曲线投影到头部曲面上（图 13-181）。

（3）使用"椭圆体：直径" 命令，参照投影后曲线绘制椭球体，使用操作轴微调椭球体的位置（图 13-182）。

（4）隐藏参考图，使用"镜像" 命令将椭球体进行镜像复制，选择位于 Y 轴上的辅助线作为镜像轴（图 13-183）。

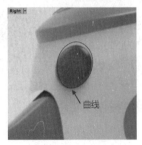
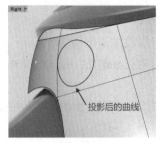

图 13-180　曲线　　　　　图 13-181　投影至曲面　　　　　图 13-182　椭球体

（5）使用"物件交集"命令获得两椭球体和头部曲面的交线，作为修剪的边界曲线。

（6）使用"修剪"命令将头部曲面和椭球体曲面进行修剪，在操作过程中可隐藏不使用的曲面，以便于选择物件（图 13-184、图 13-185）。

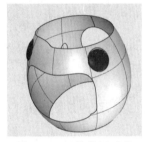

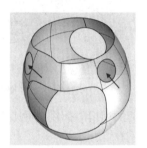

图 13-183　镜像椭球体　　　图 13-184　修剪椭球体　　　图 13-185　修剪头部曲面

6. 音响孔

（1）隐藏暂时不使用的物件，仅显示头部曲面和 Right 参考图片，切换为线框模式，在 Right 视图中使用"内插点曲线"命令，参照参考图绘制如图 13-186 所示曲线。

头部细节_
音响孔.mp4

（2）隐藏 Right 参考图片，在 Right 视图中使用刚绘制的曲线修剪头部曲面（图 13-187）。

（3）在 Right 视图中将刚绘制的曲线投影到头部曲面上，以作为放样的曲线。

（4）使用"内插点曲线"工具绘制如图 13-188 所示曲线，显示曲线控制点，使用操作轴调整控制点，如图 13-189 所示。

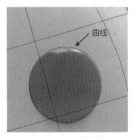
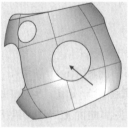
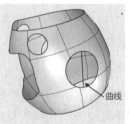

图 13-186　曲线　　　图 13-187　修剪　　　图 13-188　绘制曲线　　　图 13-189　调整曲线

（5）使用"分割"命令，以刚绘制的曲线作为分割边界，将投影曲线进行分割（图 13-190）。

（6）使用"放样"命令，依次选择三条曲线，形成放样曲面（图 13-191）。

（7）使用"镜像" 命令将放样曲面沿 Y 轴上的参考线进行镜像复制（图 13-192），至此完成了音响孔曲面的创建。

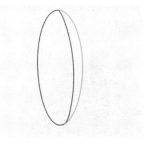

图 13-190　分割曲线

图 13-191　放样曲面

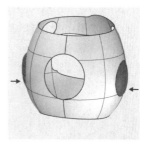

图 13-192　镜像放样曲面

13.2.5　鸭身细节造型

1. 翅膀

鸭身细节_
翅膀.mp4

（1）隐藏暂时不使用的物件，仅显示鸭身曲面和 Right 参考图片（图 13-193）。

（2）使用"炸开" 命令将鸭身曲面炸开，为了便于绘图，隐藏暂时不使用的曲面（图 13-194）。

（3）隐藏鸭身曲面，在 Right 视图中，使用"内插点曲线" 命令，根据参考图绘制如图 13-195 所示曲线。

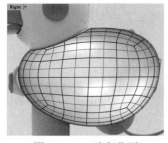

图 13-193　鸭身曲面

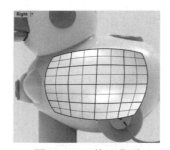

图 13-194　炸开曲面

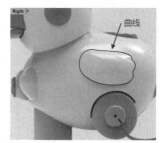

图 13-195　内插点曲线

（4）显示鸭身曲面，在 Right 视图中，将刚绘制的曲线投影到曲面上（图 13-196）。

（5）隐藏鸭身曲面，使用"内插点曲线" 命令绘制如图 13-197 所示两条曲线。

（6）使用"打开点"命令显示曲线控制点，分别编辑两曲线的控制点，调整后如图 13-198 所示。

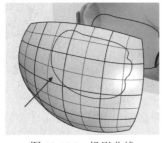

图 13-196　投影曲线

图 13-197　绘制曲线

图 13-198　编辑曲线

（7）使用"内插点曲线" 🔲命令绘制曲线，利用物件锁点使曲线与投影曲线和调整后的两条曲线分别相交（图 13-199）。

（8）使用"分割" 🔲命令将投影曲线、绘制的曲线进行分割，分割后如图 13-200 所示。

（9）使用"从网线建立曲面" 🔲命令创建如图 13-201 所示曲面。

 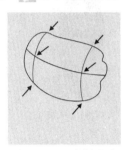 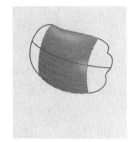

图 13-199　绘制曲线　　　　　图 13-200　分割曲线　　　　　图 13-201　从网线建立曲面

（10）继续使用"从网线建立曲面" 🔲命令创建如图 13-202 所示曲面。

（11）刚创建的曲面结构线交于两点，为典型的三边面，修剪尖部成为四边面，以提高曲面的质量，在 Right 视图中绘制修剪用曲线，曲线尽量与边垂直，如图 13-203 所示。

（12）使用刚创建的曲线对三边面进行修剪，修剪后如图 13-204 所示。

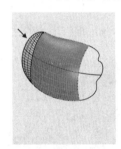 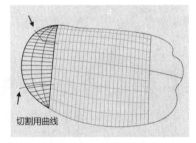 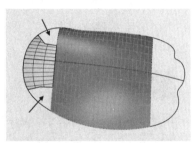

图 13-202　从网线建立曲面　　　图 13-203　修剪用曲线　　　　图 13-204　修剪曲面

（13）使用"从网线建立曲面" 🔲命令，依次选择四条边进行补面（图 13-205）。

（14）使用"分割" 🔲命令将曲线进行分割，如不分割将建立错误的面，分割后如图 13-206 所示。

（15）继续使用"从网线建立曲面" 🔲命令进行补面（图 13-207）。

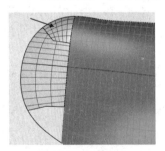 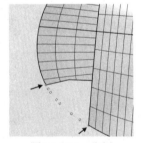 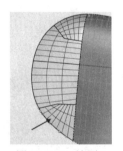

图 13-205　补面 1　　　　　　图 13-206　分割　　　　　　图 13-207　补面 2

（16）重复使用上面的步骤（10）～（15）创建翅膀右侧曲面并对三边面进行补面操作（图 13-208～图 13-211）。

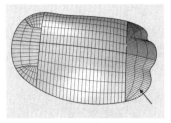

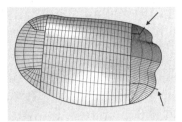

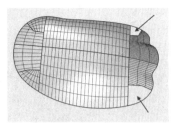

图 13-208　三边面　　　　　　图 13-209　绘制修剪用曲线　　　　图 13-210　修剪

（17）使用"组合" 命令将翅膀的所有曲面组合到一起，形成多重曲面（图 13-212）。

（18）使用翅膀的边界曲线修剪鸭身曲面（图 13-213）。

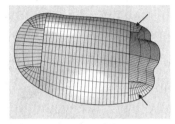

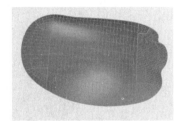

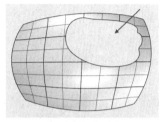

图 13-211　补面　　　　　　　图 13-212　合并　　　　　　图 13-213　修剪鸭身曲面

（19）将翅膀曲面和修剪后的鸭身曲面沿 Y 轴进行镜像复制，并取消鸭身其他曲面的显示，删除不需要的面，将修剪后的曲面组合到一起（图 13-214～图 13-216）。

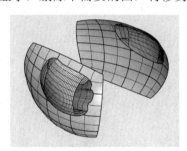

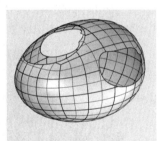

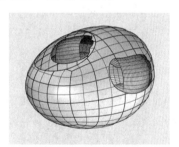

图 13-214　镜像　　　　　图 13-215　修剪后的曲面　　　　图 13-216　着色模式

2. 旋钮

（1）隐藏暂时不使用的物件，仅显示 Front 参考图和 Right 参考图，在 Front 视图中绘制圆，并参照 Right 参考图将圆移动到合适的位置上（图 13-217）。

（2）在 Right 视图中参照上一步绘制的圆，绘制如图 13-218 所示轮廓线。

（3）使用"旋转成形" 命令旋转刚绘制的轮廓线（图 13-219）。

（4）在 Right 视图中，将轮廓线向外偏移 1 个距离，打散后删除不需要的部分（图 13-220）。

（5）使用"旋转成形" 命令将偏移的轮廓线旋转成曲面（图 13-221）。

（6）隐藏两个旋转曲面和 Right 参考图，在 Front 视图中根据参考图绘制五角星（图 13-222）。

（7）使用"曲线圆角" 命令将五角星进行圆角操作（图 13-223）。

鸭身细节_
旋钮.mp4

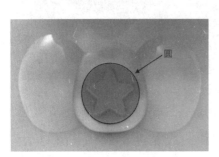

图 13-217 圆

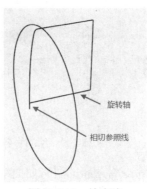

图 13-218 轮廓线

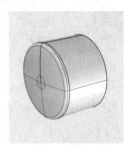

图 13-219 旋转曲面

图 13-220 偏移轮廓线

图 13-221 旋转成形

图 13-222 绘制五角星

（8）使用"偏移曲线" 命令将圆角后的五角星向外偏移 1 个距离（图 13-224）。

（9）恢复两旋转曲面的显示，在 Right 视图中，使用小五角星作为修剪物件，修剪偏移后的旋转曲面（图 13-225）。

图 13-223 五角星圆角操作

图 13-224 向外偏移五角星

图 13-225 修剪曲面

（10）继续使用"修剪"命令，使用大的五角星修剪旋转曲面，以创建下一步混接所需要的间隙（图 13-226）。

（11）使用"混接曲面" 命令将两个修剪曲面进行混接（图 13-227）。

（12）将旋钮所有曲面组合成一个多重曲面。

（13）显示鸭身曲面，使用"物件交集"命令，求得按钮曲面与鸭身曲面的交线，使用交线作为修剪的物件，切除按钮的多余曲面（图 13-228）。

3. 旋钮装饰

旋钮装饰可分为中间的旋钮装饰 1 及两侧的旋钮装饰 2，首先绘制旋钮装饰 1。

鸭身细节_旋
钮装饰.mp4

图 13-226　修剪曲面

图 13-227　混接曲面

图 13-228　按钮

（1）隐藏暂时不使用的物件，在 Front 视图中使用"内插点曲线" 命令绘制如图 13-229 所示曲线 1 和曲线 2，注意五角星处曲线 1 关于 Y 轴对称，并圆滑连接。

（2）在 Front 视图中，使用"投影曲线"命令将左侧曲线 2 投影到鸭身曲面上，隐藏上一步绘制的曲线（图 13-230）。

（3）使用"内插点曲线" 命令绘制曲线（图 13-231）。

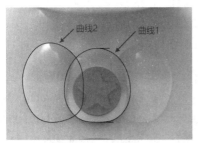

图 13-229　曲线

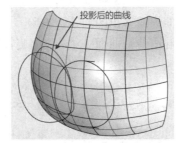

图 13-230　投影至曲面

图 13-231　曲线

（4）调整上一步绘制的曲线控制点得到如图 13-232 所示的曲线。

（5）使用"分割"命令，利用绘制的曲线将投影曲线进行分割（图 13-233）。

（6）使用"放样" 命令将三条曲线进行放样（图 13-234）。

（7）将放样曲面在 Front 视图中沿 Y 轴镜像，镜像后如图 13-235 所示。

图 13-232　调整曲线

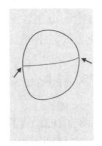

图 13-233　分割

图 13-234　放样

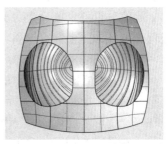

图 13-235　镜像

下面继续完成旋钮装饰 2 的绘制。

（1）隐藏暂时不使用的物件，显示旋钮装饰 1 绘制步骤（1）中的曲线 1，在 Front 视图中将曲线投影到鸭身曲面上（图 13-236）。

（2）显示旋钮造型步骤（1）中的圆，复制一份，在 Right 视图中移到图 13-237 所示位置上。

（3）在 Right 视图中使用"内插点曲线" 命令分别绘制两条曲线，分别连接投影曲线和圆的四分点，并通过编辑控制点得到如图 13-238 所示效果。

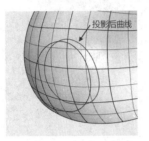  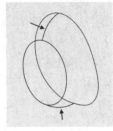

图 13-236　投影至曲面　　　　图 13-237　复制圆后移动　　　　图 13-238　曲线

（4）使用"双轨扫掠" 命令将四条曲线创建为曲面（图 13-239）。

（5）将步骤（2）中绘制的圆使用"挤出封闭的平面曲线" 命令挤出，挤出后检查曲面法线方向，使其方向向内，作为旋钮装饰的内部表面（图 13-240）。

（6）将挤出曲面和双轨扫掠曲面组合，并进行圆角操作。

（7）使用鸭身曲面修剪挤出的曲线，去除多余的曲面（图 13-241）。

（8）显示隐藏的旋钮装饰曲面 1，完成的旋钮装饰最终如图 13-242 所示。

 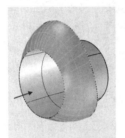 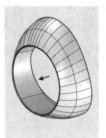 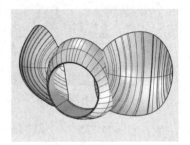

图 13-239　双轨扫掠　　图 13-240　挤出曲线　　图 13-241　修剪　　图 13-242　旋钮装饰曲面最终效果

4．轮子

鸭身细节_
轮子-1.mp4

此部分造型主要分为三部分，第一部分为两个后轮的造型，第二部分为在鸭身主体曲面上修剪出后轮轮子的空间，第三部分为前轮的造型。首先完成两个后轮的造型。

（1）隐藏暂时不使用的物件，仅显示 Front 参考图，在 Front 视图中，参照参考图绘制如图 13-243 所示曲线。

（2）使用"旋转成形" 命令将刚绘制的曲线旋转成曲面（图 13-244）。

（3）显示 Right 参考图，在 Right 视图中将旋转形成的曲面参照 Right 参考图片移动到指定的位置上。

（4）在 Right 视图中，在线框模式下参照参考图绘制如图 13-245 所示的矩形。

（5）移动矩形到恰当的位置上，使用"挤出封闭的平面曲线" 命令挤出矩形（图 13-246）。

（6）使用"布尔运算差集" 命令将轮子的旋转曲面去除挤出曲面部分（图 13-247）。

（7）对布尔运算后的物件进行圆角（图 13-248）。

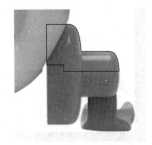
图 13-243　曲线

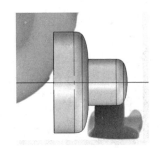
图 13-244　旋转成形

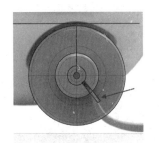
图 13-245　矩形

图 13-246　挤出矩形

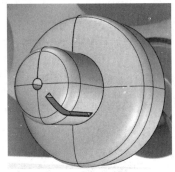
图 13-247　布尔运算差集

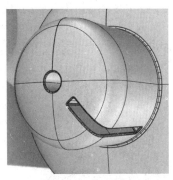
图 13-248　圆角

（8）隐藏 Right 参考图，将绘制好的轮子沿 Y 轴或 Y 轴上的参考线进行镜像复制（图 13-249）。

下面开始在鸭身主体曲面上修剪出两个后轮所占空间的造型。

（1）隐藏两个轮子，显示轮子的轮廓线，炸开轮廓线后，仅偏移与鸭身主体曲面接触的两条曲线（图 13-250）。

（2）使用"旋转成形" 命令将偏移的曲线旋转 360° 成曲面（图 13-251）。

图 13-249　镜像

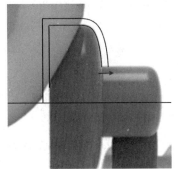
图 13-250　偏移曲线

图 13-251　旋转成形

（3）将上步旋转曲面沿 Y 轴或 Y 轴上的参考线镜像复制（图 13-252）。

（4）恢复鸭身主体曲面的显示，使用"布尔运算差集" 命令在鸭身主体曲面上去除两旋转曲面，以形成轮子的运动空间（图 13-253）。

（5）使用"边缘圆角" 命令对鸭身曲面的轮子空隙处进行圆角操作，同时完成另一侧轮子空隙处的圆角（图 13-254）。

图 13-252　镜像

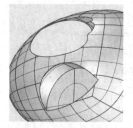

图 13-253　布尔运算差集

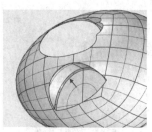

图 13-254　圆角

（6）在 Right 视图中根据参考图绘制圆（图 13-255），作为轮子轴的截面。

（7）使用"挤出封闭的平面曲线" 命令将圆进行双侧挤出，并挤出为实体（图 13-256）。

（8）使用"偏移曲面"命令将挤出圆的曲面向外偏移 0.5，使用"修剪"命令将鸭身曲面和偏移的挤出圆曲面互相修剪，形成轴与鸭身曲面间的缝隙（图 13-257）。

图 13-255　圆

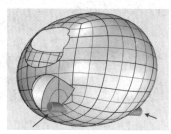

图 13-256　挤出圆

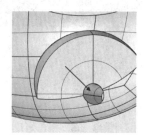

图 13-257　布尔运算差集

下面步骤将完成前轮的造型。

（1）恢复 Front 参考图的显示，在 Front 视图中绘制如图 13-258 所示的直线。

（2）将绘制的直线沿 Y 轴旋转成形，得到前轮的曲面（图 13-259）。

鸭身细节_轮子-2.mp4

（3）使用"物件交集"得到前轮曲面与鸭身曲面的交线，作为修剪用的物件（图 13-260），如求得的两条交线均由多段线组成，需要使用"组合"命令将交线组合成两条封闭的曲线。

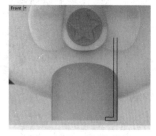

图 13-258　前轮曲线

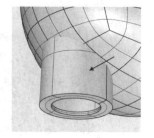

图 13-259　旋转成形

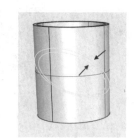

图 13-260　物件交集

（4）使用"修剪"命令，将交线作为切割用物件，切除前轮不用的曲面，修剪后效果如图 13-261 所示。

（5）使用"修剪"命令，使用交线切除鸭身不用的曲面，如图 13-262 所示。

（6）使用"组合"命令将鸭身曲面与前轮曲面组成一个复合曲面，完成前轮曲面的造型（图 13-263）。

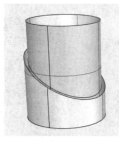

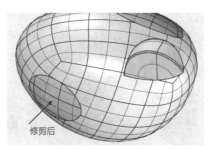

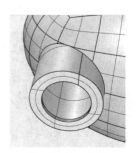

图 13-261　修剪 1　　　　　　图 13-262　修剪 2　　　　　　图 13-263　前轮

5．脚掌

（1）仅显示 Right 参考图，在 Right 视图中，使用"内插点曲线" ⬚命令分别绘制两条曲线，如图 13-264 所示。

（2）继续使用"内插点曲线" ⬚命令，参照上一步的曲线分别绘制八条曲线，如图 13-265 所示。

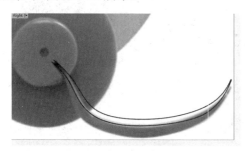

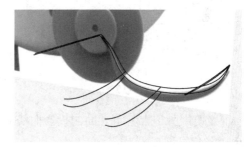

图 13-264　侧面曲线　　　　　　　　　　图 13-265　截面线

（3）使用"单轨扫掠" 🗝命令将上面四条曲线和一条边线创建曲面，作为脚掌的上表面（图 13-266）。

（4）继续使用"单轨扫掠" 🗝命令将下面四条曲线和一条边线创建曲面，作为脚掌的下表面（图 13-267）。

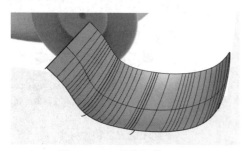

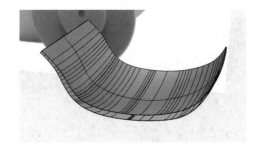

图 13-266　单轨扫掠（1）　　　　　　　图 13-267　单轨扫掠（2）

（5）恢复 Top 参考图的显示，在 Top 视图中，将脚掌上、下表面沿 X 轴正向移动（图 13-268、图 13-269）。

（6）在 Top 视图中，使用"内插点曲线" ⬚命令绘制如图 13-270 所示曲线，作为脚掌的轮廓。

鸭身细节_脚掌.mp4

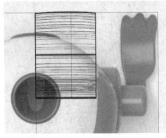

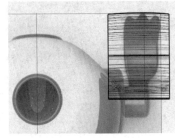

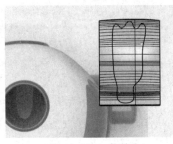

图 13-268　移动前　　　　　　　图 13-269　移动后　　　　　　　图 13-270　曲线

（7）隐藏参考图，在 Top 视图中，将绘制的曲线投影到脚掌上表面（图 13-271）。

（8）如将绘制的曲线也投影到脚掌下表面，则曲线变形较大，可使用"将曲线拉回至曲面" 命令将投影到上表面的曲线拉回到脚掌下表面（图 13-272）。

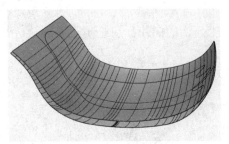

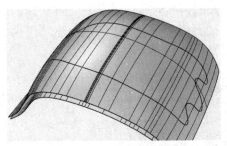

图 13-271　投影到上表面　　　　　　　　　　图 13-272　拉回至下表面

（9）使用脚掌上、下表面的投影曲线对脚掌上、下表面分别进行修剪，去除不需要的部分（图 13-273）。

（10）使用"混接曲面" 命令将上、下脚掌修剪后的曲面边界相连，创建混接曲面（图 13-274）。

（11）使用"组合" 命令将脚掌曲面和混接曲面进行组合。

（12）将组合后的脚掌曲面沿 Y 轴或 Y 轴上的参考线镜像复制（图 13-275）。

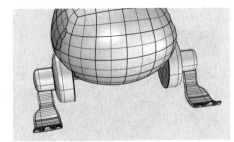

图 13-273　修剪曲面　　　图 13-274　混接曲面　　　　　图 13-275　镜像脚掌

6．开孔

（1）显示 Right 参考图，在 Right 视图中，绘制如图 13-276 所示曲线。

（2）在 Right 视图中，在曲线端点处分别绘制圆，在"圆"命令选项中选择"垂直"可绘制与当前工作平面垂直的圆（图 13-277、图 13-278）。

鸭身细节_
开孔.mp4

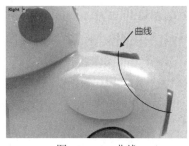
图 13-276　曲线

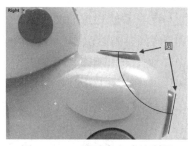
图 13-277　以垂直方式绘制圆

图 13-278　透视图

（3）使用"偏移曲线" 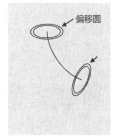 命令分别将绘制的圆向外偏移 1 个距离（图 13-279）。

（4）恢复鸭身主体曲面的显示，在 Top 视图中，将顶部偏移后的圆投影到鸭身主体曲面上，在 Front 视图中将尾部偏移的圆投影到鸭身主体曲面上（图 13-280）。

（5）使用投影后的曲线对鸭身主体曲面进行修剪，创建顶部和侧面的孔（图 13-281）。

图 13-279　偏移圆

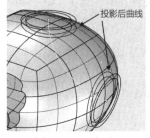
图 13-280　投影

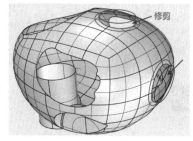
图 13-281　修剪

（6）隐藏暂时不使用的曲面，使用"内插点曲线"命令绘制曲线 1 和曲线 2（图 13-282、图 13-284），分别通过编辑控制点调整成图 13-283、图 13-285 所示曲线。

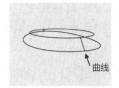
图 13-282　曲线 1

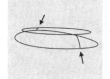
图 13-283　曲线 1 调整后

图 13-284　曲线 2

图 13-285　曲线 2 调整后

（7）分别使用"双轨扫掠"命令创建顶部和尾部的双轨面（图 13-286、图 13-287）。

（8）使用"单轨扫掠"命令，以步骤（1）中绘制的曲线作为路径、步骤（2）中绘制的两个圆作为截面，创建曲面效果如图 13-288 所示。

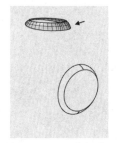
图 13-286　双轨扫掠 1

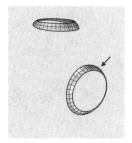
图 13-287　双轨扫掠 2

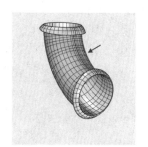
图 13-288　单轨扫掠

（9）将单轨扫掠曲面与两个双轨扫掠曲面组合，并进行圆角操作。

至此完成了鸭子玩具所有曲面的造型，显示所有的曲面，隐藏不使用的曲线或曲面，将各部分放入指定的图层，最终效果如图 13-289 所示。

图 13-289　小鸭玩具最终效果

13.3　本章小结

本章第 1 节以卡通台灯为例，详细讲解了 Rhino 网格曲面建模与 Rhino 6 新增加的细分曲面建模方法在有机曲面造型中的应用过程。灯罩和台灯底座主要使用 Rhino 网格曲面建模和细分曲面建模完成，灯罩的造型使用网格球体作为基本形，使用操作轴的移动、旋转和缩放对网格球体的点、边和面进行调整，然后对面进行挤出操作，经多次调整完成了灯罩的造型；台灯底座首先由 Rhino 的双轨扫掠工具创建出基本曲面，将双轨扫掠曲面转换网格面后，再使用操作轴移动、旋转和缩放网格曲面的点和面，经多次调整得到底座的造型；台灯的旋转轴、开关等细节通过 Rhino 的旋转成形、挤出和圆角等工具实现。

本章第 2 节以小鸭玩具为例，详细讲解了 Rhino 曲面造型的具体应用过程，也使用了网格建模及细分曲面建模方法。使用"变形控制器"命令对 Rhino 的球体进行变形操作，创建头部的基本形，将网格曲面转换成细分曲面后，调整节点创建出鸭身曲面的基本形，在此基础上使用 Rhino 的基本工具在头部制作出顶部、后盖、上喙、下喙、眼睛、音箱孔的造型，在鸭身曲面上制作出翅膀、轮子、旋钮和孔的造型。

家具造型实例

14.1 沙发椅造型

14.1.1 造型思路分析

根据物件的结构，确定使用哪些命令来完成造型，分析产品的组成部分，根据各部分特征来确定使用 Rhino 命令还是使用细分曲面命令。

本沙发椅造型相对比较简单，可分为头枕、椅身、坐垫、底座和头枕连接杆 4 部分。主要复杂部件为椅身、坐垫和头枕，因其主要为有机弧形曲面，使用 Rhino 网格面及细分曲面进行建模会更加方便（图 14-1）。

建模过程文件：本节二维码的"沙发椅"文件夹\过程文件\

建模结果文件：本节二维码的"沙发椅"文件夹\沙发椅完成.3dm

视频文件：本节二维码的"沙发椅"文件夹\视频教程\

配书文件中的 Rhino 文件按照沙发椅各部分建模的顺序来组织图层（图 14-2），在"图层"面板中从上向下打开或关闭图层及其子图层的显示，可查看每一部分的建模过程，快速了解每一步的具体制作过程及效果，通过此方法能从整体上把握建模过程及结果。

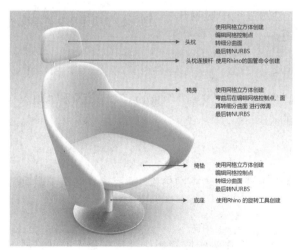

图 14-1　造型思路

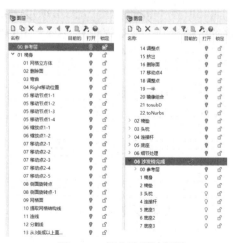

图 14-2　部分造型过程图

14.1.2　建模准备工作

1．新建图层

在"图层"面板中，新建图层，修改图层名称为"参考层"，将"参考层"作为当前层，继续建子图层，并分别修改图层名称为 Front、Right、参考线、参考点。

2．绘制辅助线

（1）使用"单点"命令在（0,0,0）坐标原点放置一个点，作为后续绘图的参考，将点放入到"参考点"图层中。

（2）使用"线段"命令绘制从（0,0,0）坐标原点出发，沿 Y 轴的直线作为参考线。

3．导入参考图片

对于比较复杂的模型，在建模前一般需要使用实物图片或概念设计草图作为绘图参考，以提高建模的准确性。

在 Rhino 中导入参考图片前需要选择合适的图片，尽量以正视图为主，为了便于后续的操作，一般可使用图像处理软件对图片进行处理，以物件最大轮廓裁剪图片。

（1）在 Front 视图中使用"图像"命令导入沙发椅的参考图（本节二维码的"沙发椅"文件夹\参考图\Front.jpg）作为造型的参考。

（2）导入参考图片后，根据图片的大小对图像物件进行缩放操作，使其尺寸与实物基本相同，然后对图像进行移动，调整位置。

（3）使用同样的方法将 Right 参考图导入相应的视图，并放入相应的图层，以便于管理。

（4）在绘制曲面及曲线的过程中，为了避免参考图对现有物件产生遮挡，可将参考图放置在视图所在工作平面的下面。

（5）将"参考层"的子图层锁定，防止绘图过程中影响其他物件的选择，或错误地移动参考图的位置。

图 14-3　参考图及参考线

4．物件锁点

选中物件锁点中的"端点""点""中点""中心点""交点""四分点""节点"和"顶点"，以便于在绘图过程中捕捉现有的物件特定的点。

5．显示"建立网格"工具列

在 Rhino"工具"菜单的"工具列配置"中选中"建立网格"，显示建立网格工具列。

6．修改格线设置

因沙发椅尺寸偏大，使用原有"小物件-毫米"作为绘图模板文件后，显示的网格线偏密，可在 Rhino"文件属性"中修改，将 "格线"选项的"格线属性"中"子格线间隔"设置值修改为 10。

14.1.3　椅身造型

椅身.mp4

椅身为本章造型难点，可在网格立方体的基础上进行折弯变形操作，然后再对部分面进行挤出，使用操纵工具调整节点或边，最后将网格面转成细分曲面再微调，达到要求的造型效果，再转换成 NURBS，进行其他细节的造型。

1．创建椅身基本形

（1）显示 Front 参考图及辅助线，单击 Rhino 菜单中的"网格"中的"网格基本物件"的"立方体" ，在 Front 视图中根据参考图绘制半个椅身的网格立方体，在命令行选项中设置 X 数量为 2、Y 数量为 4、Z 数量为 2（图 14-4、图 14-5）。

（2）因椅身关于 Y 轴对称，只制作对称轴侧一半模型即可，按 Ctrl+Shift 键选取立方体网格右侧的网格面，按 Delete 键删除选取的网格面（图 14-6）。

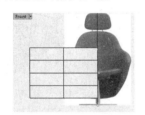
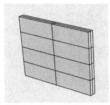
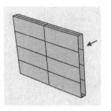

图 14-4　半个椅身的网格立方体　　　图 14-5　网格立方体　　　图 14-6　删除网格面

（3）在"变动"工具列中单击"弯曲" 图标，设置骨干起点在 Y 轴处，终点为最左侧端点（图 14-7），确定弯曲物件的通过点，最终弯曲效果如图 14-8、图 14-9 所示。

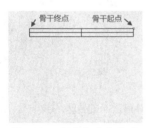
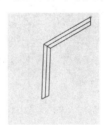

图 14-7　弯曲起点和终点　　　图 14-8　弯曲后　　　图 14-9　弯曲效果

（4）在 Right 视图中使用操作轴或"移动"命令将椅身（图 14-10）调整到如图 14-11 所示位置。

（5）显示物件控制点，分别选择椅身对称轴侧的控制点，使用操作轴对所选控制点沿 X 轴方向移动，调整节点位置如图 14-12～图 14-15 所示。

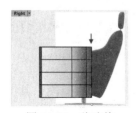
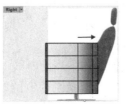

图 14-10　移动前　　　图 14-11　移动后　　　图 14-12　调整控制点 1　　　图 14-13　调整控制点 2

（6）将视图切换到 Perspective，选择如图 14-16 所示的控制点，使用操作轴的缩放功能对该部分控制点进行缩放，缩放效果后如图 14-17 所示。

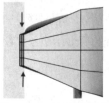

图 14-14　调整控制点 3　　图 14-15　调整控制点 4　　图 14-16　选择控制点　　图 14-17　缩放控制点

（7）缩放控制点后使用操作轴来调整选取的控制点的位置（图 14-18～图 14-22），最终效果如图 14-23 所示。

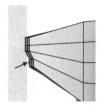

图 14-18　移动前　　图 14-19　移动过程（1）　　图 14-20　移动过程（2）　　图 14-21　移动过程（3）

（8）将视图切换到 Perspective，选择如图 14-24 所示的控制点，使用操作轴的旋转功能对该部分控制点进行旋转（图 14-25），旋转后微调此部分控制点，旋转后效果如图 14-26 所示。

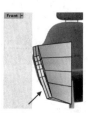

图 14-22　移动过程（4）　　图 14-23　调整好（5）　　图 14-24　选择　　图 14-25　旋转前　图 14-26　旋转后

2．椅身曲面

下面准备制作椅身后背凸起的效果，需要在椅身曲面增加 X 方向上的面数，因目前版本的 Rhino 网格功能及细分曲面还在完善中，无法直接使用插入边的方式来增加面的效果，需要通过抽离现有网格的线框，然后使用直线工具连接各线段，最后将网格线框重新生成网格面，再继续编辑网格面。

（1）使用"从物件建立曲线"工具中的"抽离线框"　命令，提取椅身网格曲面（图 14-27）的线框，抽离的线框如图 14-28 所示。

（2）使用"多重直线"命令分别沿抽离线框线的中点绘制线（图 14-29）。

（3）使用"炸开"或"分割"命令将提取的线框及刚绘制的线炸开，形成一段一段相互连接的线；可使用 Rhino 6 新增加的"显示曲线端点"　工具检查线的连接情况是否正确（图 14-30）。

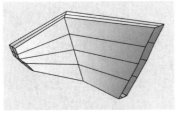
图 14-27　椅身网格面

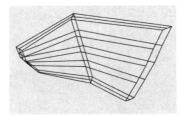
图 14-28　抽离线框

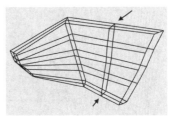
图 14-29　连线

（4）使用"网格工具"中的"从 3 条或以上直线建立网格" 命令，选择所有的抽离的线框，形成网格面（图 14-31）。

（5）继续使用"操作轴"移动选定的控制点，调整后如图 14-32 所示。

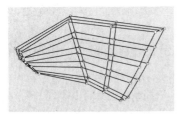
图 14-30　显示曲线端点

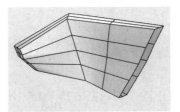
图 14-31　建立网格

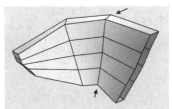
图 14-32　调整控制点

（6）按 CtrL+Shift 键选取如图 14-33 所示的面，启动操作轴，在 Front 视图中拖动 Y 轴上的小圆点，执行挤出曲面的操作（图 14-34、图 14-35）。

（7）按 CtrL+Shift 键选取如图 14-36 所示的面，按 Delete 键删除。

图 14-33　选择面

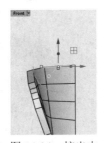
图 14-34　挤出中

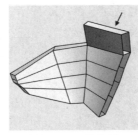
图 14-35　挤出面

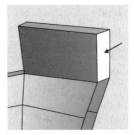
图 14-36　删除面

3．转换曲面

（1）继续使用操作轴对控制点进行微调，微调后网格面如图 14-37 所示。

（2）使用"镜像"命令将调整好的网格面镜像，得到另一侧网格（图 14-38）。

（3）使用"组合"命令，将两个网格面进行组合。

（4）在命令行中输入 Alignmeshvertices，执行"以公差对齐网格顶点"命令，选择组合后的网格面，对网格顶点进行整体对齐，以保证无缝。

（5）在命令行中输入 toSubD，把网格转成细分曲面。

（6）单击"显示物件控制点" 图标或按 F10 键打开细分曲面的控制点，根据参考图拖动控制点来进行外形微调，最终调整好的效果如图 14-39 所示。

（7）把调整好外形后的细分曲面，使用 toNurbs 命令将细分曲面转成 NURBS 曲面（图 14-40）。

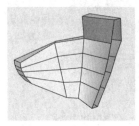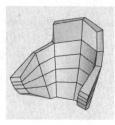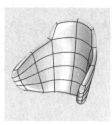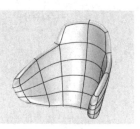

图 14-37　椅身一半网格面　图 14-38　椅身网格面　图 14-39　细分曲面　　图 14-40　NURBS

技巧提示：将网格物件转换成细分曲面的操作可以随时进行，来检测网格控制点、边调整后的效果。

14.1.4　椅垫造型

椅垫.mp4

椅垫造型比较简单，可在网格立方体的基础上使用操作轴工具调整控制点或边，达到期望的造型效果。

（1）单击"建立网格"工具中的"网格立方体" 图标，在 Top 视图中以参考图片及刚绘制好的椅身为基准创建网格立方体，X 方向数量为 2、Y 方向数量为 3、Z 方向数量为 2（图 14-41）。

（2）椅垫曲面沿 Y 轴对称，使用"移动"命令或者"对齐物件" 命令将椅垫网格体与 Y 轴上的参考线居中对齐。

（3）在 Front 视图中根据参考图使用操作轴将创建的网格立方体沿 Y 轴向上移动一定的距离，移动后如图 14-42 所示。

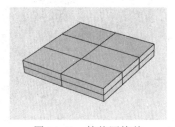

图 14-41　椅垫网格体

图 14-42　移动

（4）使用"显示物件控制点"命令显示网格曲面的控制点，开启操作轴，使用操作轴的移动功能分别调整 Y 轴左右两侧控制点的位置，最终调整效果如图 14-44 所示。

（5）在 Top 视图中选择如图 14-45 所示控制点，沿 Z 轴移动控制点（图 14-46）。

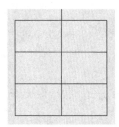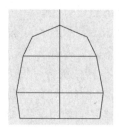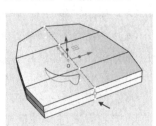

图 14-43　调整前　　　　图 14-44　对称轴左侧节点的调整效果　　　　图 14-45　选择控制点

（6）在命令行输入 toSubD 命令，把立方体网格转成细分曲面，细分选项选择"删除输入物件=否"，使用"隐藏物件"命令将立方体网格隐藏，以便于后续的编辑，创建的细分曲面效果如图 14-47 所示。

（7）使用"显示物件控制点"命令显示细分曲面的控制点，开启操作轴，因曲面关于 Y 轴对称，在选择控制点时，使用框选方式，一定同时选择 Y 轴对应侧的两个控制点。

（8）在命令行输入 toNurbs，按 Enter 键后，选择细分曲面物件，将细分曲面转换为 Rhino 的 NURBS 曲面（图 14-48）；在转换选项中选择"删除输入物件=否"，保留原细分曲面，以便于后续的调整，使用"隐藏物件" 命令将细分曲面隐藏。

（9）将细分曲面转换成 NURBS 时，一般会形成多个面片，需要使用"组合"命令将多个面片组合成一个复合曲面。

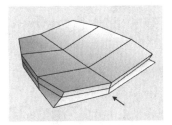

图 14-46　调整控制点 1

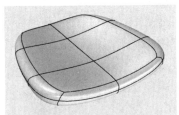

图 14-47　调整控制点 2

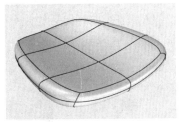

图 14-48　NURBS

14.1.5　头枕

头枕.mp4

头枕为比较圆滑的立方体，可将网格立方体转换为细分曲面来得到基本形，然后使用操作轴对控制点、边进行拖动，具体造型过程如下：

（1）单击"建立网格"工具中的"网格立方体" 图标，在 Front 视图中以参考图片为参考创建网格立方体，X、Y、Z 方向数量均为 2，因要对立方体的控制点进行调节，其尺寸与参考图片大致相同即可（图 14-49、图 14-50）。

（2）因头枕曲面沿 Y 轴对称，使用"移动"命令或者"对齐物件"命令将头枕网格体与 Y 轴上的参考线居中对齐。

（3）显示网格立方体的控制点，在 Front 视图中同时选择 Y 轴对称侧的控制点（图 14-51），使用操作轴的缩放功能，缩放控制点，调整后的效果如图 14-52、图 14-53 所示。

（4）使用同样方法对另一对控制点进行缩放，缩放后如图 14-54 所示。

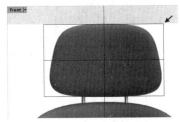

图 14-49　网格立方体

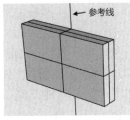

图 14-50　透视图

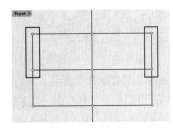

图 14-51　控制点

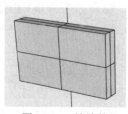 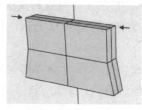 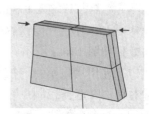

图 14-52　缩放前　　　　　　图 14-53　缩放后　　　　　　图 14-54　缩放控制点

技巧提示：因物件具有前后两个面，为了同时选择前后两个节点或边，一般使用 Rhino 的框选或叉选来选择控制点或边等物件。

（5）因物件在侧面默认以坐标轴对齐，在 Right 视图中，选择缩放控制点后的网格，根据参考图片确定移动的位置（图 14-55、图 14-56）。

（6）因头枕有向后的倾角，切换到 Right 视图，在保持选择物件的前提下，使用操作轴的选择功能沿蓝色轴旋转一定的角度（图 14-57）。

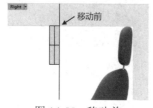  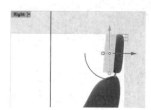

图 14-55　移动前　　　　　　图 14-56　移动后　　　　　　图 14-57　旋转后

（7）目前的头枕正面是平的（图 14-58），需要将其调整成具有一定的弧度，以符合人体头部的曲线，在 Top 视图中，选择 Y 轴上的所有节点（图 14-59），使用操作轴对选定的控制点沿 Y 轴（绿色轴）移动，最终效果如图 14-60 所示。

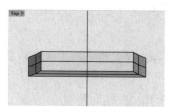 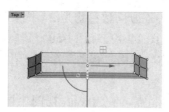 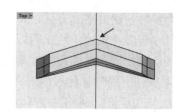

图 14-58　未调整前　　　　　　图 14-59　选择控制点　　　　　　图 14-60　弧度效果

（8）使用同样的方法调整头枕头部所示的控制点（图 14-61）。

（9）在命令行输入 toSubD 命令，把立方体网格转成细分曲面，细分选项选择"删除输入物件=否"，使用"隐藏物件"命令将立方体网格隐藏，以便于后续的编辑，创建的细分曲面效果如图 14-62 所示。

（10）在命令行输入 toNurbs，按 Enter 键后，选择细分曲面物件，将细分曲面转换为 Rhino 的 NURBS 曲面（图 14-63）；在转换选项中选择"删除输入物件=否"，保留原细分曲面，以便于后续的继续调整，使用"隐藏物件" 💡 命令将细分曲面隐藏。

（11）将细分曲面转换成 NURBS 时，一般形成多个面片，需要使用"组合"命令将多个面片组合成一个复合曲面，至此，完成了头枕的造型。

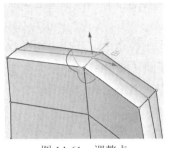
图 14-61　调整点

图 14-62　细分曲面

图 14-63　NURBS

14.1.6　头枕连接杆

头枕连接杆.mp4

头枕与椅身连接杆造型比较简单，使用 Rhino 的"圆管"命令即可完成。

（1）在 Right 视图中使用 Rhino 的"内插点曲线"命令参照 Right 图片绘制如图 14-64 所示曲线，此时可停用物件锁点功能，不用捕捉现有物件。

（2）单击 Rhino 的"圆管（圆头盖）"图标，选择上一步绘制的曲线作为圆管的曲线，分别输入起点半径和终点半径为 5，按 Enter 键后即完成圆管的创建（图 14-65）。

图 14-64　内插点曲线

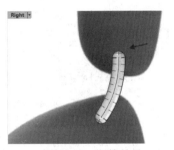
图 14-65　圆管效果

（3）在 Front 视图中使用操作轴根据参考图将圆管移动到合适的位置，使用 Rhino 的"镜像"命令工具将连接杆沿 Y 轴镜像复制（图 14-66～图 14-68）。

图 14-66　圆管移动前

图 14-67　圆管移动后

图 14-68　圆管镜像

14.1.7　椅垫支架及底座造型

椅垫支架及底座、细节处理.mp4

椅垫支架及底座造型比较简单，为简单的旋转体，使用 Rhino 的"旋转成形"命令即可完成。

（1）在 Front 视图中使用 Rhino 的"多重直线" 命令，参照图片绘制如图 14-69 所示形状，根据需要开启或停用锁点功能。

（2）选择刚才绘制的多重直线，使用 Rhino 的"旋转成形" 命令，选择中间直线为旋转轴，创建旋转体，形成底座、旋转套筒、椅垫支架 3 个部件（图 14-70）。

（3）分别将底座、旋转套筒、椅垫支架放入不同的图层中，以便于在渲染中赋予不同的材质。

（4）使用 Rhino 的"边缘圆角" 命令，设置合适的半径值，对底座、旋转套筒、椅垫支架分别进行倒圆角（图 14-71）。

图 14-69　多重直线

图 14-70　旋转成形

图 14-71　圆角

（5）根据参考图片，在 Right 视图中调节底座的位置（图 14-72、图 14-73）。

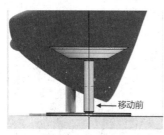
图 14-72　移动前

图 14-73　移动后

14.1.8　细节处理

（1）单击"布尔差集运算差集" 图标，选择头枕及椅身曲面为第一组曲面（图 14-74），按 Enter 键后选择两个头枕连接杆为第二组曲面，设置"删除输入物件"选项为"否"，布尔运算后可保留第二组曲面，布尔运算结果如图 14-75 所示。

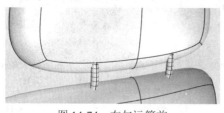
图 14-74　布尔运算前

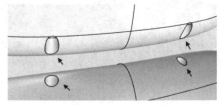
图 14-75　布尔运算后

（2）使用"边缘圆角" 命令对连接杆孔的边缘进行倒角（图 14-76）。

将各物件分别放入指定的图层，隐藏不使用的图层，最终完成的沙发椅如图 14-77 所示。

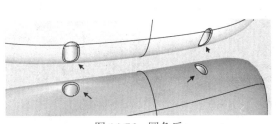

图 14-76　圆角后

图 14-77　沙发椅最终效果

14.2　沙发椅渲染

完成产品的造型后，还要进行渲染工作，以产生真实的产品效果图。Rhino 6 的渲染功能已经非常完善，可以满足一般设计表现的需要。KeyShot 采用真实的物理材质，使用 HDRI（高清动态贴图）作为环境的照明，使用实时渲染方式可在短时间制作出照片级的效果图，渲染效果相对 Rhino 更佳。

14.2.1　渲染前的准备工作

KeyShot 可直接读取 Rhino 的文件，也可使用 KeyShot 官方的插件 KeyShot for Rhino 将 KeyShot 渲染器集成到 Rhino 中，在菜单栏出现 KeyShot 菜单。将 Rhino 模型导入 KeyShot 进行渲染时，将根据 Rhino 的图层设置来分配材质。在 KeyShot 中赋予材质时，同一图层中的物体将使用一个材质，只要改变其中一个物体的材质，图层中其他物体的材质也会发生变化。因此，在 Rhino 建模完成后，需要将模型各部分放入不同的图层中，或者将欲使用同一材质的物体放入同一图层中。

目前 KeyShot 最新版已支持 Rhino 6，可能有部分物体在导入 KeyShot 中会出现缺面的现象，如导入后出现缺面或面错误，可将 Rhino 文件另存为稍低版本的 Rhino 文件（如 5.0 或 4.0），再将低版本的 Rhino 文件导入 KeyShot。

KeyShot 不支持 T-Splines 物体，因此使用 T-Splines 曲面创建的物体必须转换为 NURBS 曲面，才能正确导入 KeyShot 中。

渲染 Rhino 文件：上一节二维码的"沙发椅"文件夹\沙发椅渲染.3dm

渲染结果文件：上一节二维码的"沙发椅"文件夹\沙发椅渲染.ksp

将沙发椅所有曲面转换成 NURBS 后，删除不需要的参考层，将椅身、椅垫、头枕等部分分别放入到各自的图层中，欲使用同一材质的物体可放入同一图层，可将不同图层设置为不同的颜色，图 14-78 所示为将椅子各部分放入不同图层的效果。

14.2.2　导入沙发椅模型

启动 KeyShot 后，单击位于实时窗口下方主工具列中的导入 图标，在出现的"导入物体"对话框中选择"沙发椅渲染.3dm"文件，在"KeyShot 导入"选项卡的"向上"选项中选中"Z"（图 14-79）。

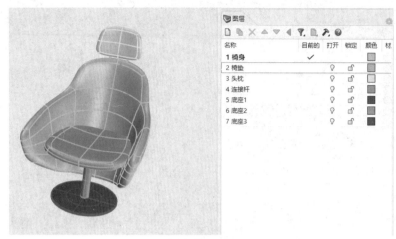

图 14-78　沙发椅渲染前准备工作　　　　　图 14-79　"KeyShot 导入"
对话框

　　导入椅子模型后需要检查椅子方向是否正确,如不正确需要重新导入模型,在"KeyShot 导入"对话框的"向上"选项中选中"X"或"Y",导入模型后如图 14-80 所示。

　　导入模型后可按住鼠标左键在实时窗口中拖动,可上下左右旋转视图,查看不同的视角效果;使用鼠标滚轮中键前后拖动进行视图缩放的操作。

　　单击主工具列中的"项目" 图标,进入"场景"选项卡,在场景中显示导入模型的名称,导入物体的名称继承了 Rhino 文件图层的名称,并以图层的颜色作为默认材质的颜色,不同的图层被视为不同的物体,在场景树的物体名称前选中或取消选中可显示或隐藏物体(图 14-81)。

图 14-80　导入沙发椅模型　　　　　　图 14-81　"场景"选项卡

14.2.3　沙发椅材质

　　KeyShot 提供了常用的真实物体材质,单击工具列中的"库" 图标,可进入 KeyShot 库,在"材质"选项卡中提供了宝石、玻璃、液体、金属、布和皮革等材质,可直接使用库中的材质,赋给沙发椅的各部分。

1．椅身材质

椅身材质为普通的丝绒材质，进入"库"|"材质"选项卡后，在 Materials（材质）中选择 Cloth and Leather（布和皮革）后，下方会出现布和皮革中的材质球，选择 Velvet Red 材质球，将此材质球直接从 KeyShot 库中拖到椅身上，将 Velvet Red（丝绒）赋给椅身，如图 14-82 所示。

在"项目库"|"场景"选项卡中双击 Velvet Red 材质球，会进入"材质"选项卡，可查看或修改材质属性，原材质的材质属性如图 14-83 所示，修改原材质的颜色，保持材质类型为"丝绒"，将"漫反射"修改为 RGB（240、220、150），修改"粗糙度"值为 0.5，"反向散射"值修改为 0.6，以显示纹理的粗糙效果，修改后的材质属性如图 14-84 所示。

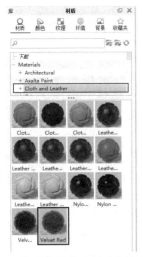
图 14-82　"库"的"材质"选项卡

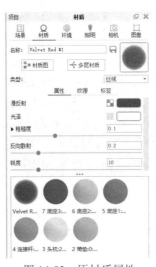
图 14-83　原材质属性

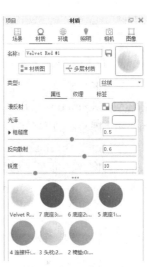
图 14-84　修改后的材质属性

2．椅垫材质

椅垫与椅身材质基本相同，也是丝绒材质，只是材质颜色比椅身略深，在"项目库"的"场景"选项卡中按住调整好的椅身材质球后直接拖动到椅垫上，将椅身材质赋予椅垫。如现在调整椅垫材质，椅身材质也会发生同样的变化。欲分别调整椅身和椅垫材质，须使用"解除链接材质"命令解除椅身和椅垫材质的链接，右击场景树中的"椅身"，在出现的快捷菜单中选择"解除链接材质"（图 14-85），解除链接材质前在"场景"的材质中只有一个 Velvet Red 材质球，解除链接材质后会增加一个 Velvet Red 材质球，材质球名称会自动增加编号（图 14-86）。

根据场景树中物体名称后的"详情"，查看各物体的具体材质名称，在材质属性中修改椅垫材质，将"漫反射"修改为 RGB（240、140、100），其他不变（图 14-87）。

3．头枕材质

头枕材质与椅身材质相同，在"项目库"|"场景"选项卡中按住调整好的椅身材质球后直接拖动到头枕上，将椅身材质复制给头枕。

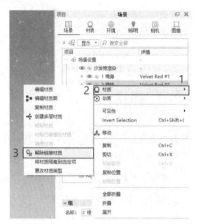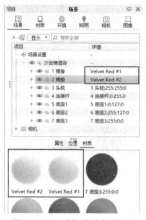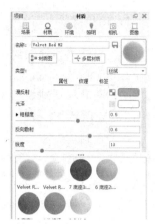

图 14-85　解除链接材质　　　图 14-86　材质球的变化　　　图 14-87　椅垫材质

4．底座材质

进入 KeyShot 库，在"材质"选项卡中的 Materials（材质）中选择 Metel（金属）后，选择 Aluminum brushed 材质球，将此材质球直接从 KeyShot 库中拖到底座上，将 Aluminum brushed 材质赋予底座下部曲面；同样将金属中的 Aluminum Polished 材质球拖到底座套筒上，将 Metel Brushed Grey 材质球拖动到底座上部分曲面上，因椅垫遮挡了底座上部分的旋转曲面物体，可在"场景树"的"场景设置"中单击椅垫名称前的"眼睛" 👁 图标，隐藏椅垫物体（图 14-88），给被遮挡的物体赋予材质后，再恢复椅垫的显示底座各部分材质如图 14-89 所示。

5．头枕连接杆材质制作

进入 KeyShot "库"，在"材质"选项卡的 Materials（材质）中选择 Metel（金属），选择 Chrome Polished 材质球，将此材质球直接从 KeyShot 库中拖到头枕连接杆上，将抛光镀铬金属材质赋予头枕连接杆。

椅子各部分赋予材质后的"场景树"如图 14-90 所示。

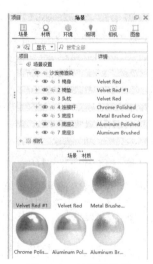

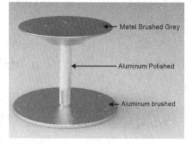

图 14-88　隐藏椅垫　　　图 14-89　底座各部分材质　　　图 14-90　沙发椅各部分材质

14.2.4　环境设置

KeyShot 主要通过"环境"的 HDRI 图像为场景提供照明，可在 KeyShot 库中选择合适的照明文件，一般产品可使用 Studio 文件夹中的 HDRI 文件，直接将选定的 HDRI 文件拖动到场景中，即可指定环境的照明。

14.2.5　相机设置

在"项目"|"相机"选项卡中提供了相机设置的功能，可分别设置多个相机的参数，调整相机的位置和方向、镜头设置、立体环绕及景深等，调整后的相机设置可保存。

可使用主工具列中"翻滚""平移""推移""添加相机"和"切换相机"等相机的操作，快速调整相机设置（图 14-91）。

图 14-91　主工具列常用相机设置

14.2.6　渲染输出

渲染设置完成后，可将文件保存，除保存为 BIP 格式外，还可以选择"保存文件包"的方式，将材质所使用的贴图等文件一起保存，方便在其他计算机上使用。

导入模型后，经过赋予材质并调整材质、选择合适的环境照明文件、调整环境选项等一系列操作，可进行渲染的操作。

单击主工具列中的"渲染"  图标，在弹出的"渲染"对话框（图 14-92）中的"输出"选项卡中设置渲染文件名称、渲染文件输出目录、文件格式及分辨率；在"Monitor"选项卡中进行队列渲染，在"输出"选项卡中选择"添加到 Monitor"的渲染方式，将多幅图片进行队列渲染，指定好队列后，在"Monitor"选项卡中选择要处理的任务，按"处理Monitor"按钮执行处理队列工作（图 14-93）。

图 14-92　渲染输出设置

图 14-93　队列渲染

渲染后的文件保存位置可在 KeyShot "渲染"选项卡中查看（图 14-92），可将"文件夹"后的文件路径选择后复制，然后在 Windows 资源管理器的地址栏中粘贴复制的路径，快速找到渲染的文件夹。

也可使用截屏的方式得到渲染图，待场景中的实时显示达到可使用的效果后，使用主工具列中"截屏"功能进行截屏操作，此操作中需要修改实时渲染选项，以选择不同的截屏尺寸。

沙发椅渲染效果如图 14-94 所示。

图 14-94   沙发椅渲染效果

14.3   本章小结

本章第 1 节的椅身、头枕和椅垫为造型难点。头枕和椅垫在网格立方体的基础上，通过对控制点的编辑，然后转换成细分曲面，形成有机曲面效果，对控制点微调后，再转换成 NURBS 曲面，进行细节的处理；而椅身造型比较复杂，在网格立方体的基础上，对网格立方体进行弯曲的操作，在此基础上编辑控制点，转换成细分曲面，形成有机曲面再微调控制点，最后转换为 NURBS 曲面，再通过基础曲面进行复杂的造型操作。在网格曲面建模过程中对控制点、边和面的调整为核心内容，比较复杂的造型可在对控制点"拖和拉"的过程中完成。

本章第 2 节主要在 KeyShot 中完成了沙发椅的渲染。详细讲解了将 Rhino 物件导入 KeyShot 中的方法和注意事项，从材质库中调出材质赋予沙发椅各部分，完成沙发椅材质的赋予，并设置渲染环境，最终完成了沙发椅的渲染。